建筑形态的结构逻辑

卫大可　刘德明　郭春燕　著

中国建筑工业出版社

图书在版编目(CIP)数据

建筑形态的结构逻辑／卫大可，刘德明，郭春燕著.
北京：中国建筑工业出版社，2013.1
ISBN 978-7-112-14972-8

Ⅰ.①建…　Ⅱ.①卫…②刘…③郭…　Ⅲ.①建筑形式—
关系—建筑结构　Ⅳ.①TU

中国版本图书馆CIP数据核字（2012）第289132号

建筑结构与建筑形态之间存在着复杂而密切的内在联系，本书的着眼点在于如何看待结构在建筑形态发展中的作用，以及在设计创作过程中如何以结构的逻辑来产生建筑形态的形式逻辑。

主要内容分为两大部分：

发展辨析部分按照建筑发展的历史脉络，通过对原始建筑、中西方古代经典建筑、现代主义建筑、强调结构表现的当代建筑以及大空间建筑和高层建筑的形态特征进行辨析，总结出结构在建筑形态发展中的作用。

建构创作部分遵循设计思维的系统性特征，首先建立起体现结构逻辑又符合建筑系统化要求的结构建构方法模式，在此基础上进一步论述建筑形态建构的结构作用机制、结构整合方式和结构物化表现方式，并对相关设计手法进行总结归纳。

本书适用于高等院校和科研院所建筑设计及其理论、建筑历史与理论、建筑技术科学方向的学生、教师和研究人员；建筑设计机构中的职业建筑师和结构工程师；对建筑设计感兴趣的相关人员。

责任编辑：石枫华
责任设计：赵明霞
责任校对：陈晶晶　赵　颖

建筑形态的结构逻辑
卫大可　刘德明　郭春燕　著
*
中国建筑工业出版社出版、发行（北京西郊百万庄）
各地新华书店、建筑书店经销
北京嘉泰利德公司制版
北京市安泰印刷厂印刷
*
开本：787×1092毫米　1/16　印张：15¾　字数：393千字
2013年2月第一版　2013年2月第一次印刷
定价：**48.00**元
ISBN 978-7-112-14972-8
　　（23014）

作者简介

卫大可 1971年生于黑龙江省哈尔滨市，建筑设计及其理论专业工学博士、副教授、国家一级注册建筑师。1995年起在哈尔滨工业大学建筑学院（原哈尔滨建筑大学建筑学院）任教至今，长期从事教学、科研和生产实践工作。致力于大空间公共建筑、老年人建筑、既有建筑改造等方面研究，先后发表学术论文30余篇；作为负责人和主要设计者参与大型工程设计项目20余项。

刘德明 建筑设计及其理论专业工学博士、国家一级注册建筑师。1961年出生于黑龙江海伦。1982年毕业于哈尔滨建筑工程学院建筑学专业并留校任教至今，曾赴美国麻省理工学院和宾夕法尼亚大学、比利时卢汶大学、德国魏玛鲍豪斯大学等地访问学习。现任哈尔滨工业大学建筑研究所所长，建筑学院教授、博士生导师。主要致力于大空间公共建筑、医疗卫生建筑、冰雪体育设施和寒地城市公共环境的教学、研究和工程设计。多项建筑设计作品获省部级优秀勘察设计奖或国际国内建筑设计竞赛奖。

郭春燕 建筑设计及其理论专业硕士、讲师、国家一级注册建筑师。2003年起在东北林业大学土木工程学院城市规划专业任教至今，长期从事建筑设计及相关的教学、科研和生产实践工作。致力于公共建筑设计、建筑形态学、生态建筑等方面研究，先后发表学术论文20余篇；作为负责人和主要设计者参与大型工程设计项目20余项。

自　序

近三十年来，由于时逢改革开放这一特定历史境遇，国内建筑界快速吸取了国外的思想与实践成果，取得了空前的大发展。巨大的发展成就是令人欣喜的，但在发展背后仍然存在一些令人担忧的现象和问题，这是不争的事实。要想推动中国建筑理论与实践的进一步健康发展，就有必要用批判的眼光来审视国内目前建筑创作自身存在的问题。

（1）对"多元化"的盲从

当代西方的建筑思潮呈现出多元化发展的态势，与之相关联的建筑美学观念也相应地表现出多元化，各种建筑形式异彩纷呈，让人耳目一新，这对国内的建筑创作产生了极大影响。但盲目追求建筑形式的多元化，甚至把多元化作为建筑创作可以不求甚解的借口，也是造成当前国内建筑出现混乱局面的主要原因。应当认识到，多元化的提出是以世界范围作为背景的，它首先是对不同地域、不同国家、不同民族的不同文化和价值体系的反映，进而才作为一种世界性的思想和价值标准。也就是说，源于西方的各种建筑思想与实践成果是有其特定的文化和价值基础的，其中许多与中国的情况并不符合，即便能为我所用也需要经过本土化改造，否则就只能成为一些无根的理论和无根的形式。另一方面，当代对多元化的强调，是作为抵制全球化所带来的文化趋同现象的一种手段，以此来保留多样性的文化基因。然而，全球化的趋势是不可避免的，尤其是全球化对科学技术的发展和应用所起到的促进作用，让人们认识到对多元化的探讨是无法与全球化割裂开来单独进行的。科学无国界，全球化使科技成为全人类所共有，新结构、新材料、新设备一经产生，便广为传播、推广，极大地推动了各地区建筑的发展。当今，大跨度建筑、摩天大楼、智能建筑已在世界各地大量涌现，节能建筑、绿色建筑也在不断推陈出新，这些都与建筑技术的进步密不可分。由此可见，多元化建筑观在当代的主要任务应该是催生"批判的地域主义建筑"，提倡普适的技术与特定的地域文化相结合，而不是让世界各地在摆脱"千城一貌"式的单调之后，又呈现出"万国博览会"式的混杂。

（2）对"存在即合理"的错误理解

面对当前国内建筑发展的混乱局面，许多人感到忧心忡忡，但也有人用"存在即合理"这一具有哲学高度的论断来一言蔽之。显然，后者仅是从字面上来理解"存在即合理"的含义，这样的理解表现在认识层面，则是一切存在的建筑现象都是合理的，而拓展到方法层面，又可以推论为"可行"即可能"存在"，进一步"可行"即"合理"，也就是说只要能够实现的设计就都是合理的。实际上，仅依据一些朴素的标准已不难判断出后者认识上的错误，但出于批驳错误观点的需要，仍有必要在理论的高度上来把握这一论断的正确含义，还它以本来面目。黑格尔从因果关系认识论的角度曾提出："凡是合理的都是现实的（real），凡是现实的都是合理的"，后来这句话被概括为"存在即合理"。博登海默在他的《法理学》一书中对源于黑格尔的这句名言做过如下解读："……对黑格尔来说，只有理念才是真正现实的。他认为，在通向其目标的逐渐的、不懈的过程中，只要历史事件可以表明是在向着自由理念迈进，即使特定的、也许是无关紧要的事件表现出相当程度的不合理性，那么历史就是现实的和合理的"。所以，"存在即合理"按照黑格尔原意并不是为现状辩护，而是对一种理念的说明。现状并不能以其存在证明其合理性，合理性是依据一定的价值评判的标准来判定的，存在本身可能是不合理的，因为存在完全可能落后于人类的理想目标。这就是"存在即合理"的含义，"合理"是理念的合理，而不是存在本身合理。当前对"存在即合理"的错误理解始于当代存在主义哲学家萨特对此论断的歪曲式解读，他把原本表达凡是存在的事物都可能找到其所以存在的"合理"的解释，即"有果必有因"的认识论真理，解释为凡是存在的事物的"本身"就是"合理"的。由此可见，已存在的建筑现象本身可能以不合理的方式存在，进而，具有可行性的设计也并不等于就是合理性的设计。

（3）对商业化和庸俗文化的屈从

近年来，商品经济高度发达的市场经济时代已经来临，处在商品经济大潮中的建筑师及其设计行为随着大众消费文化的兴起，被动地屈从于商业化要求，建筑设计盲目追求形式的视觉表现力，以所谓的"标新立异"和"个性化"来换取一时的视觉愉悦，以迎合代表市场因素的业主要求当作最高目标，似乎建筑形式创作真的到了"只有想不到，没有做不到"的时代。与此同时，西方建筑文化中丰富的形式语言被大量引入到中国，让人眼花缭乱。有些建筑师在没能深入理解这些形式语言的产生背景情况下，只是简单地奉行"拿来主义"，从视觉角度出发来设计"脸谱化"、"符号化"的建筑形象。在"欧陆风格"风靡一时之后，国内又出现了把原本在国外建筑中真实的结构构件外露也当成纯粹的"符号"来看待的现象，虚假的技术表现又成为一种"最能体现时代精神"的流行风格而大行其道。二者在外观形式上虽然迥异，但实质上都是商业化和庸俗的文化象征主义在作祟。应当认识到，建筑商业化的趋势仍将持续，建筑也应该成为文化的载体，但这并不代表建筑师除了对外来压力一味屈从之外就无所作为，实际情况是国内外一些优秀的建筑师已经通过理性而又富有激情的实践探索，在"理想追求"和"现实需求"之间找到了自己适宜的定位。

（4）对科学技术和理性精神的忽视

建筑兼具艺术与技术的双重特征，是情感与理性的综合体现，这样的建筑观早已在世界范围内被接受。但由于种种复杂的历史与现实原因，长期以来国内在建筑创作方面却一直对科学技术和理性精神持忽视的态度，重形象轻技术、以非理性的个性化表现来取代理性的思考已成为当前国内许多建筑师相当普遍的做法，他们认为艺术就是非理性的，建筑艺术主要应凭感性来判断。其中也有一些人折服于国外"高技派"建筑所带来的技术美学魅力，因此对"技术"感兴趣，但却只重表象不重本质，往往采用绕过技术本身的做法来进行所谓的技术表现创作，实际上也是假科学、理性之名，行形式主义之实。这种现象已严重制约了中国建筑的发展。建筑应该是有理性的，这个理性就是科学，而技术是对科学的运用。纵观现代建筑产生和发展的全过程，科学技术的推动作用是显而易见的，几代西方主流建筑师也都表现出对科学技术和理性精神的尊重，崇尚科学和理性早已在西方建筑界根深蒂固。遗憾的是，在20世纪80年代当中国重新向先进国家搜寻最现代的建筑理论时，正值西方处在现代建筑发展过程中的调整反思期，后现代建筑理论作为最新理论的代表引入国内，它出自现代建筑理论中的非理性、非工业化的一翼，渐渐让我国建筑界陷入片面追求形式的误区。之后，各种国外最新的理论思潮和形式探索又不断地介绍到国内，让人感到似乎了解了世界上最新的建筑发展动向，我们就能实现跨越式发展，变后进为先进，最终迎头赶上，实现中国建筑的现代化。但几十年的发展结果表明，这种想法是过于理想化的，一些需要解决的基础性问题是不容回避更无法逾越的。在建筑技术滞后和理性精神缺失的情况下，单凭引进国外新潮的建筑理论无法真正彻底解决中国建筑存在的问题，让国内的建筑创作达到国际先进水平需要摒弃浮躁的心态，付出扎扎实实的努力。"技术是双刃剑"是近年来对技术所起作用的辩证概括，考虑到国内目前整体建筑技术水平落后的现实状况，我们仍应更多地重视这把"双刃剑"积极、有益的一面，并在建筑创作中大力倡导以科学技术为依托的理性精神。

（5）对"图像化"设计方法的单一应用

形式主义泛滥是当前国内建筑创作中表现出来的主要问题，造成这一现象的原因是多方面的，除前面提到的几个点外，建筑师在形式创作中过于倚重"图像化"的设计方法也是一个重要原因，唯美的视觉形象和构图成为其追求的主要目标，而这又与"鲍扎"（巴黎美院）式建筑教育体系在国内拥有的难以动摇的地位有关。"鲍扎"建筑教育体系是在20世纪20年代移植到国内的，之后一直占据着主导地位。"鲍扎"建筑教育的本质是把建筑作为一种与绘画密切相关的艺术形式来看待，这种影响主要表现在那种通过绘画来学习建筑设计的方式，自然也就让学生（后来的建筑师）把注意力主要集中在外观形象，并建立起一种让建筑也"如画"的审美态度。在20世纪80年代以后，虽然"包豪斯"的建筑教育体系也引入国内，但其中注重工艺技术和材料性能的成分却被或有意或无意地抛弃掉，真正得以保留的仅有抽象的形式构成内容，这样一来国内的"包豪斯"和"鲍扎"在本质上并无二致，仍然以"图像化"建筑作为关注的对象，二者唯一的区别或许就在于"包豪斯"所倡导的"图像化"具有了现代美学的特征。近年来，计算机作为辅助设计的工具已在建筑创作中普遍应用，计算机凭借其在虚拟现实方面的超强能力又进一步对"图像化"设计方法的单一应用起到推波助澜的作用。应当指出的是，我们不能把目前国内建筑创作中出现的片面追求"视觉化"、"图像化"的倾向简单归咎于先前引进的建筑教育体系本身，更无法迁怒于仅作为工具的计算机，解决问题的关键在于如何建立一种符合当今要求并对"图像化"设计具有抵抗或补充作用的设计方法。令人欣喜的是，自从20世纪90年代以来，伴随着对于建筑学基本问题的关注和追索，建筑在世界范围内出现了由"图像化"向"物质化"的转变，"建构"理论也被引入到国内并受到广泛关注，由此引发的建筑教育和建筑设计方法的变革正方兴未艾。

上述问题的提出是相对零散的，而要在设计创作中解决上述问题，需要首先找出这些问题共同的作用特征，再进行有针对性的、系统的研究。建筑中本体与表现的分离是上述问题共同的作用特征，也是当前建筑创作需要解决的主要矛盾。本体关乎建筑自身，即构成一个建筑的整体的各个部分如何组织在一起的基本规律；表现关乎建筑形式。本体内容是相对稳定的，而表现形式则是可以千变万化的，要解决这对矛盾，就要求从本体研究入手，来探寻让表现与本体相契合的方法机制。

现代建筑以来，理论界一直把空间问题当作建筑的首要问题来看待，强调"当其无，有室之用"的空间性正是建筑与其他事物门类相区别的主要特征，但这也让人们对建筑的认识长期陷入空间与实体孰轻孰重的二元争论之中。因为建筑中的空间与物理学中的绝对空间是有所不同的，它需要通过实体的限定而成，没有限定的绝对空间对于建筑来说没有实际意义，也就是说物化的实体是建筑空间存在的先决条件，并且建筑的一切意义也都需要由物化的建筑形态来承载，由此表明物质性仍然是建筑本体的第一属性。

与建筑本体的物质第一性相对应，如何构思出符合本体规律的物化形态也就成了建筑创作所应关注的首要问题。总的来看，建筑形态的物化问题可以归结为结构、材料、设备及营造方式四个方面的线索，并包含与之相关的技术和美学问题。其中，结构和材料因素对建筑形态创作的影响比设备和营造因素更为突出。结构本身受力学规律支配，其整体形状、受力特点、构件的粗壮与精巧、适用范围等都体现着建筑本体的内在规律。同时，结构与材料也总是有着密切的关系，建筑的结构甚至建筑本身都是材料按照结构规律组织起来的物化实体。并且，在方案设计阶段，建筑专业与结构专业的关联程度最大，结构专业介入的时间也最早，如果以积极的态度看待结构、善加运用结构，则可以由被动变为主动，让结构上升为建筑创作的一种表现手段。这表明，基于结构因素的建筑形态创作可以成为实现建筑本体与表现相契合的一种途径，而其中的关键则在于作为创作主体的建筑师如何在设计中运用体现结构逻辑的设计方法，以结构的逻辑来形成建筑形态的形式逻辑。

所谓结构逻辑，它首先代表着合乎力学规律、材料特征、建造方式的建筑结构组织关系。并且，结构逻辑还可以与建筑形态的形式逻辑相对应，成为基本结构规律在建筑创作中的体现。对于建筑师来说，结构逻辑是通过对结构基础知识的综合运用来获得的，这些结构基础知识侧重于"建立清晰的结构概念而非结构计算；了解结构形式几何特征而非具体的结构尺寸；辨析受力特点而非力学演算；把握力的传承方式而非具体的支承形式"。

艺术创作的相关理论表明，艺术活动是一个由一系列环节或阶段组成的动态系统，这些环节或阶段大体上包括有：创作过程—作品存在—欣赏过程—批评过程—研究过程。在上述诸环节中，"创作过程"和"作品存在"是两个中心环节，其他环节均由此派生出来并依附于它们。虽然前者表现为动态过程，后者表现为静态存在，但静态存在的作品是动态的创作过程的结果，它们的结构是相同或相似的，可以说，二者存在着同构关系，作品的结构在一定意义上就是创作活动的结构。本书同样也把针对"创作过程"和"作品存在"的研究作为两个核心议题，但理论研究与实践操作在思维逻辑上表现为一种相反的程序，也就是说创作方法的总结是建立在对作品深刻认识的基础上的。鉴于此，本书的内容主要分为两大部分：发展辨析和建构创作。

目　录

发展辨析篇

建构创作篇

发展辨析篇

　　通过对建筑形态发展脉络的梳理，明确结构技术发展对建筑的产生及发展所起的推动性作用，辨析历史各时期建筑艺术与它所附丽的材料、结构等技术条件之间相互适应、相互依存的关系。

第 1 章　古代建筑形态发展的结构因素辨析

1.1　原始建筑

在建筑形态产生、发展和演变的历程中，原始时期的建筑处于第一个环节，是人类征服自然、改造自然的建造活动迈出从无到有的第一步。作为建筑本源的原始时期建筑及其构筑方式，既体现着建筑的本质，又影响着世界各原生古代建筑体系的形成。

1.1.1　自然原型

班尼斯特·弗莱彻爵士（Sir Banister Fletcher）在其编著的英文建筑历史著作《弗莱彻建筑史》中写道："建筑，虽然经历了极为多样化的风格时期和复杂的演变过程，但是它一定有一个最为简单的起源，那就是为人类提供保护，使其免受严寒酷暑和洪水猛兽的侵害，以及抵御异族的入侵"。弗莱彻描述了三种原始构筑物，即洞穴、茅屋和帐篷。洞穴最初是天然形成的，后来人们仿效天然的洞穴形态或在岩石山土中开凿，或以石块砌筑；茅屋是出于对自然藤架的模仿；帐篷则是由人们躺在动物毛皮下的习惯发展而来的。

在中国，据文献记载生活在森林和沼泽地带的原始人最初依靠树木作为栖居处所，而在河谷和山地的原始人则栖居在天然形成的岩洞中。当时借以栖居的树木和岩洞都是自然界本身，随着生活经验的积累，原始人开始对树木的枝干和岩洞中的石块进行简单的修整以改善栖居条件。这以后，原始人又逐渐懂得使用一些粗制的生产工具采伐枝干摹拟自然，在树上构筑简陋的窝棚，或在黄土断崖上掏挖人工洞穴，开始了自主营造活动，从此诞生了"构木为巢"的"巢居"和"穴而处"的"穴居"两种主要构筑方式，"巢"和"穴"成为中国古代建筑的自然原型。与此类似，世界上的原始构筑物都源于对自然原型的模仿，它们暗含着自然形态的结构合理性。

1.1.2　原始建筑模型

人类的建造活动始于新石器时代，由于时间久远，流传至今的原始构筑物遗迹极少，一些建筑历史学家和建筑师或是根据文献记载进行推测，或是源于以往的考古发现对代表建筑起源的原始建筑模型进行描绘，以探求建筑的本源。

在西方，公元前 1 世纪罗马建筑师维特鲁威（Marcus Vituvius Pollio）所著的《建筑十

图 1-1　最早的棚屋，维特鲁威

图 1-2　第一舍，维奥莱特－勒－杜克

图 1-3　原始屋架，阿贝·洛吉埃

书》中记录了最早棚屋的建造过程："最初，立起两根杈形树枝，在其间搭上细木树枝，用泥抹墙。另有一些人用太阳晒干的泥块砌墙，把它们用木材加以联系，为了防避雨水和酷热而用芦苇和树叶覆盖。因为这种屋顶在冬季风雨其间抵挡不住下雨，所以使用泥块做成三角形山墙，使屋顶倾斜，雨水流下"。维特鲁威的推论是在他看到土耳其克里米亚半岛以及法国马赛附近的茅草屋后得出的（见图 1-1）。

19 世纪伟大的法国建筑理论家维奥莱特－勒－杜克（Viollet-le-Duc）曾凭想象绘制出被他称为"第一舍"的原始茅屋。茅屋的结构用等距排列的树枝搭建成圆锥形，横向也用树枝加固，外面蒙上毛草（见图 1-2）。遗憾的是，与杜克绘制的原始茅屋想象图相同原理的结构形式是在近代以来才开始多见的。

阿贝·洛吉埃长老（Abbé Laugier）在其著作《论建筑》中也曾用版画描绘出一个由四棵相互缠结的大树支撑的类似三角形坡屋顶的原始屋架（见图 1-3）。不难看出，洛吉埃的原始屋架是一种纯理论的推导，是以希腊神庙建筑形式为原型的，更多具有文化色彩，但具有相同结构逻辑的简易构筑物在当代仍能找到。

在中国，古代文献中也有许多关于远古时期巢居和穴居的记述，为中国古建筑起源提供了佐证。《韩非·五蠹》："上古之世，人民少而禽兽众，人民不胜禽兽虫蛇。有圣人作构木为巢以避群害，而民乐之师亡天下，号之曰有巢氏"。《墨子·辞过》："古之民未知为宫室时，就陵阜而居穴处，下润湿伤民，故圣王作为宫室"。《孟子·滕文公》："下者为巢，上者为营窟"。

长江流域中下游是我国古代文明发源地之一，这一带河网纵横，沼泽密布，地下水位很高，不适于用挖洞的方式来解决居住问题，而是主要借助树木的支撑，用砍伐的树枝架起有居住作用的窝棚，形成所谓

"巢居"，这样既能避免毒蛇猛兽的袭击，又能脱离潮湿的地面。由于时间久远，构筑物又高出地面，原始人的建造痕迹早已不复存在，但在当代的一些偏远地区类似的简易构筑物仍在修建。

黄河流域中游是我国文化发展较早的又一地区，因其地处黄土高原，为穴居的发展提供了有利条件。在此区域中，黄土层广阔而丰厚，土质细密，易于挖掘而不易塌陷，且地下水位较低，土层较干燥，适合建造"穴居"。在黄土崖壁上开凿洞窟是对自然洞穴的简单模仿，随着农耕活动成为人们的主要生产方式，房屋需要建造在地面上，而仅用黄土又难以做成屋顶，当时的黄河流域林木茂盛，为解决这一问题便出现了以枝干茎叶覆盖的地穴，后又将黄泥涂抹在加密的枝干上做成晒面，即形成"营窟"。

另外，当今世界上仍有一些远离现代文明的地区，由于种种原因当地的传统建筑形式千百年来少有改变，与原始建筑形成之初相差无几，如爱斯基摩人的雪屋、贝都因人的帐篷以及蒙古人的毡房等，它们也都可以作为不同的原始建筑模型来看待。

上述的原始建筑模型都是从实用的角度出发建造出来的，且建筑形式实际上就是利用原始材料构筑的结构形式。

1.1.3　原始建筑材料衍生出的基本结构方式

原始时期建筑都是就地取材建造的，且材料都是天然的，其中以树枝、芦苇、黏土、卵石等应用最为普遍。不同地域环境中可利用的建筑材料不同，时间一久，人们逐渐积累了一些适合当地材料特性的处理方式和建造习惯，这对后续建筑发展产生了直接影响，并成为世界各古代建筑体系的技术渊源和形式渊源。正如梁思成先生曾指出："建筑之始，产生于实际需要，受制于自然物理，非着意创制形式，更无所谓派别。其结构之系统，及形式之派别，乃其材料环境所形成。古代原始建筑，如埃及、巴比伦、伊琴、美洲及中国诸系，莫不各自在其环境中产生……"。

1.1.3.1　基于木料的结构方式

木料是一种普遍易得的原始建筑材料，原始建筑中木料的支撑与搭接方式，成为后来得以广泛应用的梁柱结构体系的重要起源。在世界各古代建筑体系中，有许多用木料建造房屋的经历，其中，中国古代木构建筑体系是发展最为完善、最为典型的。

由于很少受其他建筑体系的影响，数千年来中国木构建筑呈和缓、渐进的演变态势，与原始时期建筑一脉相承。在考古发现的基础上，杨鸿勋复原出我国原始时期建筑的"巢居发展序列"和"穴居发展序列"（见图1-4）。巢居经单树巢、多树巢向干阑建筑演变，穴居由原始横穴、深袋穴、半穴居向地面建筑演变。穴居发展系列所积累的土木混合构筑方式成为中国古代木构建筑的主要渊源，巢居发展序列所积累的木构技术经验成为木构架建筑的另一渊源。

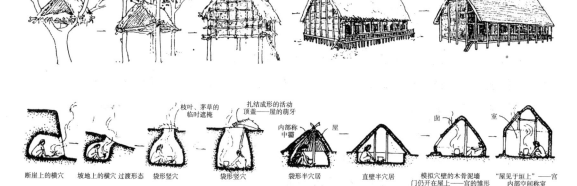

断崖上的横穴　坡地上的横穴　过渡形态　袋形竖穴　袋形竖穴　袋形半穴居　直壁半穴居　模拟穴壁的木骨泥墙门仍开在屋上——宫的雏形　"屋见于垣上"——宫内部空间称室

枝叶、茅草的临时遮掩　扎结成形的活动顶盖——屋的萌牙

内部称中霤　屋

囱　室

图1-4　"巢居发展序列"和"穴居发展序列"

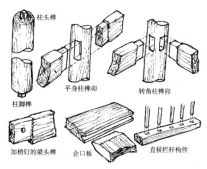

柱头榫

柱脚榫　平身柱榫卯　转角柱榫卯

加梢钉的梁头榫　企口板　直棂栏杆构件

图1-5　余姚河姆渡遗址的建筑构件

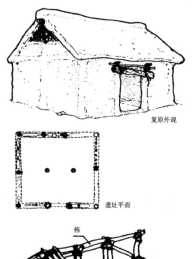

复原外观

遗址平面

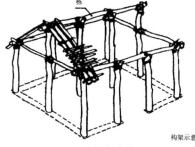

栋

构架示意

图1-6　西安半坡遗址F24

距今6900年的浙江余姚河姆渡遗址是原始时期干阑建筑的代表。在没有金属工具的情况下，仅用石、骨、角、木等原始工具制作出了带有榫卯的木梁和木柱，有的榫头还带有梢孔，以及企口的厚木地板（见图1-5）。不难看出，这些反映当时木作技术成就的构造节点与后来的木构连接方式同出一辙。从世界范围来看，同在新石器时期，位于东南亚和欧洲的某些水网、湖泊地区也出现过与我国长江流域干阑建筑相似的原始木构建筑。

建于公元前4800年至公元前4300年，属仰韶文化时期的西安半坡聚落遗址正处于半穴居向地面建筑的演变时期，土木相结合的构筑方式已表现出以木为主，其中，后期建造的24号房遗址是明确的地面建筑，房屋结构已分化出承重大柱和木骨小柱，且12根大柱组成较为规整的柱网，显现出"间"的雏形（见图1-6）。这标志着中国以间架为单位的木构架体系已趋形成。

历史上一些著名的石质建筑形式也深受原始木构建筑影响。古希腊的神庙建筑最初是木结构的，后完全用石材代替，但仍在表面保留了木构建造的痕迹。

1.1.3.2　基于黏土的结构方式

黏土因其质地松软、容易成形，成为另一种得到广泛应用的原始建筑材料。直到现在，世界上仍有1/3~1/2的人口居住在直接或间接由黏土建造的房屋中。人类早期利用黏土的方式大致有三种：（1）通过挖掘形成洞窟；（2）通过夯实形成墙垣、台基；（3）用晾晒过的土坯砌筑房屋。土坯是烧制砖的前身，在一些缺少优质木材和石料的平原地区大量应用，由此产生出砌筑的建造方式，也促成了拱和穹顶这些结构形式的出现，对后来砖石建筑的发展产生了极其深远的影响。

最初的土坯几乎是天然形成的，在尼罗河、底格里斯河和幼发拉底河流域，人们利用河滩中干裂的淤泥块建造原始房屋。后来，人们把黏土和麦秆混合在一起，经过晾晒和阴干制成今天称之为"Pisé"或"Adobe"的土坯。这种做法在世界上其他地理环境适宜的地区也出现过（见图1-7）。古埃及的金字塔和神庙形制受到过上埃及早期土坯住宅形式影响，形成下大上小的稳定体量。位于底格里斯河和幼发拉底河流域的古巴比伦住宅沿用了土坯材料建造墙垣。河水泛滥后土坯墙被浸泡倒塌，形成一堆土，后又在土堆上重新建造房子，经几次反复房子下就出现了土台，由此引发了高台上的纪念建筑形制。为了增强土坯墙抵抗洪水浸泡的能力，古巴比伦人又发明了许多加强外墙表面的做法，以此衍生出的建筑表面装饰手法对后世影响很大。

1.1.3.3 基于石块的结构方式

在石头容易找到的地区，原始人也用粗糙的石块建造房屋。石块的构筑方式与土坯类似，多用在墙体和基础处。由于受当时技术条件的限制，搬运、加工石料十分困难，这是原始时期石构建筑发展缓慢的重要原因。但石材与土坯相比具有更好的坚固性和耐久性，一些原始宗教建筑和纪念建筑用石块建造（见图1-8）。石头和土坯的应用共同形成了后来的砌体结构体系。

图1-7 土坯建筑

1.1.3.4 基于苇草的结构方式

芦苇和苇箔也是最古老的建筑材料。据记载，在尼罗河谷和三角洲地带，古埃及人的祖先把沼泽中的芦苇和纸草捆扎或编织起来制成茅屋。至今，

图1-8 英格兰巨石聚落

图1-9 沼泽阿拉伯人的芦苇房

在伊拉克南部两河流域的沼泽地带，古老的阿拉伯人部落仍在使用类似的方式建造简易住宅（见图1-9）。由于苇草强度差又极易损坏，无法制成耐久性的建筑结构，在后来的发展中逐渐被木材等其他材料替换，但作为装饰题材却长期在建筑中出现。

经过长时间的演进发展，最终木料与砖石材料逐渐成为古代建筑的主要结构材料，并形成了与材料性能相适应的各种结构方式，这对不同地域、不同时期的古代建筑形态产生了直接影响。

作为后世建筑的本源，原始时期的建筑形式几乎不能体现除功能和技术之外的其他含义。为了实现使用功能而对材料及材料组织方式（结构）的应用是原始建造活动的核心内容，其特征可以归纳为以下几个方面：（1）最初的人工构筑物是源于对自然原型的模仿，因此它们一定程度上暗含着自然形态的合理性；（2）原始人建造房屋总是因地制宜，就地取材，应用易获得、易加工的天然材料，有什么样的材料，也就有什么样的相应结构方式，建筑形式与建筑材料的特征及结构方式直接关联，可以说，结构形式即建筑形式；（3）在不同的原始文明区域，相同的材料环境可以产生出相似的结构方式，而相似的结构方式又可以形成相似的建筑形式，这说明建筑首先是物质生产的产物，材料、结构、施工等技术因素是推动建筑最初生成、发展的决定性因素；（4）与原始建筑的材料、结构应用方式一脉相承，基于材料、结构的合理使用，形成了隶属于后续不同古代文明的建筑体系渊源。

1.2 古代经典建筑

古代时期的东西方建筑是与各自地域的原始建筑一脉相承的，经过漫长的演进，中国逐步建立起完备的木构建筑体系，西方则发展出一系列以砖石结构为主的建筑体系，并且二者都取得了壮丽辉煌的艺术成就。以结构因素的视角来审视古代时期建筑形态的发展历程，可以清晰地辨析出建筑艺术与它所附丽的材料、结构等技术条件之间相互适应、相互依存的关系。

1.2.1 中国古代木构建筑——臻于完善的梁柱式木结构体系

中国古代建筑作为一个独立的体系，其发展经历了数千年的历史，分布区域极为广阔。在此期间，中国虽常与外来文化接触，但直到19世纪后期，建筑的基本结构及布置原则

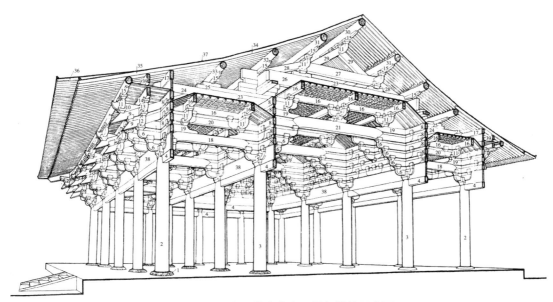

图 1-10　五台山佛光寺大殿梁架结构示意图

的变化却连续而缓慢，可谓循序渐进，一脉相承。中国古代建筑的最大特点就是建筑采用木结构体系。在中国古代建筑史的研究中，梁思成先生用结构技术的兴衰作为评价中国传统建筑兴衰的主要标准，这种将建筑的科学性作为判断建筑形式发展及其优劣的思想正是结构理性主义学说的精髓所在。

1.2.1.1　木构体系的主要结构特征

按照梁思成先生的观点："凡一座建筑物皆因其材料而产生其结构，更因此结构而产生其形式上之特征"。中国古代木构建筑的所有显著特征都是建立在材料和结构，即木料和木构架的应用基础之上（见图 1-10），具有以下主要特征：

（1）中国始终保持木材为主要建筑材料，建筑的结构方式尽木材之所能，并结合实际需要，达到了臻于完善的程度，建筑形式也是木构的直接体现。

（2）既然以木材为主要结构材料，形成梁柱式结构体系，又称"构架制"，也就顺理成章了。在平面布局中，以四根上有梁枋联结的立柱所限定的范围为一"间"，并可以平行扩展。在高度上，梁可重叠形成"架梁"，并结合"举折"做法支撑上部凹曲的屋顶。建筑物中一切荷载均有立柱和梁枋承担，墙体部分只起围合作用，这与现代的钢和钢筋混凝土框架结构在原理上相同。

（3）斗栱是中国古代木构体系中的关键性构件，它在汉代时应用已较为普遍，不但作为梁与柱之间的转换节点，还可以减小木梁跨度，而且是屋檐出挑的技术保证。到唐、宋时期，斗栱的形制已经发展成熟，样式趋于统一。为了实现建造的规范化，在宋代《营造法式》中，以"材"（栱的断面尺寸）为基本尺度单位，建立了一整套模数化的构件尺寸体系，一幢房屋从宽度、深度、立柱的高低、梁枋的粗细到几乎一切房屋构件的大小，都可由标

9

准化的斗栱推算出来。到明、清时期，斗栱的结构作用逐步丧失，但"斗口"仍然是模数制的基本单位。作为悬挑构件，斗栱大致符合悬臂梁对截面变化的要求，但如果单纯用现代结构科学来分析，又不能不说它是一种复杂且效率不高的结构构件，实际上只需用一根木棍从柱头上斜撑住屋檐就能起到斗栱同样的效果，难怪斗栱到后来从结构构件蜕变成没有实际用途的装饰构件，仅成为建筑等级的标志。斗栱的发展、完善和蜕变过程正是中国古代木构建筑兴衰过程的缩影。

（4）在遇到地震或遭受突然猛烈的冲击时，由于木结构各构件之间都是由榫卯构成的软性连接，富有韧性，可以吸收能量，不至于发生断裂，以至于出现"房倒屋不塌"的现象。

（5）砍伐树木比开山取石、制坯烧砖自然要简便一些，用木材做柱子、梁枋比用砖、石作立柱，用发券的方法做房顶要便利的多，木门窗、木雕刻要比砖石雕刻简捷。

与西方古代建筑的砖石结构体系相比，（4）、（5）两项代表了中国古代木结构建筑的突出优点。

1.2.1.2　木构体系的形态特征及其美学基础

材料不同，结构方式不同，建造出的建筑形态自然不同。凹曲的大屋顶是中国古代建筑在建筑形态上最显著的特征，之所以出现这样的独特形式，确切的原因众说纷纭，但一般认为这是结构、实用和美观要求共同作用的结果。林徽因先生在为梁思成先生的著作《清式营造则例》所写的序言中也谈到了这一问题："历来被视为极特异极神秘之中国屋顶曲线，其实只是结构上直率自然的结果，并没有什么超出力学原则以外和矫揉造作之处，同时在实用及美观上皆异常的成功。屋角的翘起是结构法所促成的。……这道曲线在结构上几乎是不可信的简单和自然，而同时在美观上不知增加多少神韵。不过我们须注意过当或极端的倾向，常将本来自然合理的结构变成取巧和复杂。为审美者所不取。但一般人常以愈巧愈繁必是愈美，无形中多鼓励这种倾向"。

在同一本书中，林徽因先生在论及中国古代木构建筑的结构与形式的关系时进一步指出："故这系统建筑的特征，足以加以注意的，显然不单是其特殊的形式，而是产生这特殊形式的基本结构方法，在技艺上，经过最艰巨的努力，最繁复的演变，登峰造极，在科学美学两层条件下最成功的，却是支承那屋顶的柱梁部分，也就是那全部木造的骨架。这全部木造的结构法，也便是研究中国建筑的关键所在"。进而又写道："以现代眼光，重新注意到中国建筑的一般人，虽然尊崇中国建筑特殊外形的美丽，却常忽视其结构上之价值。……我们知道一座完善的建筑，必须具有三个要素：适用，坚固，美观。所以建筑艺术的进展，大部也就是人们选择，驾驭，征服天然材料的试验经过。所谓建筑的坚固，只是不违背其所用材料之合理的结构原则，运用通常智识技巧，使其在普通环境之下——兵火例外——能有相当永久的寿命的"。

林徽因先生在对中国建筑之美的论述中，采取了同样的立场："至于论建筑上的美，浅而易见的，当然是其轮廓，色彩，材质等，但美的大部分精神所在，却蕴于其权衡中：长与短之比，平面上各部分大小之分配，立体上各体积各部分之轻重均等，所谓增一分则太长，减一分则太短的玄妙。但建筑既是主要解决生活上的各种实际问题，而用材料所结构出来的物体，所以无论美的精神多缥缈难以捉摸，建筑上的美，是不能脱离合理的，有机能的，有作用的结构而独立。能呈现平稳，舒适，自然的外像；能诚实的坦露内部有机的结构，各部的功能，及全部的组织；不事掩饰；不娇揉造作；能自然的发挥其所用材料的本质的特性；只设施雕饰于必须的结构部分，以求更和悦的轮廓，更调谐的色彩；不勉强结构出多余的装饰物来增加华丽；不滥用曲线或色彩来求媚于庸俗；这些便是'建筑美'所包含的各条件"。最后她写道："中国建筑的美就是合于这原则；其轮廓的和谐，权衡的俊秀伟丽，大部分是有机的，有用的，结构所直接产生的结果。并非因其有色彩，或因其形式特殊，我们才推崇中国建筑；而是因产生这特殊式样的内部是智能的组织，诚实的努力"。

1.2.1.3　木构体系的缺欠

中国古代木构建筑曾经有辉煌的过去，但作为一个体系最终走向消亡也代表着历史的必然，其中原因发人深省。吴焕加先生曾对中国古代建筑体系存在的缺点进行了阐述，可概括如下：（1）数千年来，建筑材料主要为木材，导致中国现在森林奇缺；（2）缺乏力学和结构知识，木构架用料多而大，很不经济；（3）选用木材为主要建筑材料，致使单体建筑难以做高、做大，层数、跨度均受材料限制，因此大规模建筑只能通过院落向水平方向扩展，占地较多；（4）构造相当粗糙，建筑设备几乎谈不上，像太和殿这类高等级建筑的门扇也仍采用"户枢不蠹"的老构造。从上述四点可以看出，同样是材料和结构技术方面的因素使中国古代建筑体系无法延续而走向消亡。并且，近代以来缺乏必要的科学手段和科学思想，也让中国古代建筑体系无法获得新生的动力。因此，从 20 世纪开始，向发源于西方的现代建筑体系转型就成为中国建筑的必然出路。

1.2.2　希腊神庙——精心装饰的石质梁柱结构体

古希腊是西方文明的摇篮，希腊建筑是西方建筑最重要的起源之一，而神庙建筑是希腊建筑中最最具代表性的一类，取得了极高的艺术成就。

1.2.2.1　适应梁柱结构体系的神庙形式

梁柱结构是希腊神庙的基本结构方式，当时主要用木材和石材建造，具有技术简单、施工方便的特点。与墙体承重相比，立柱的出现把承重结构和围护结构分离开，内部空间能够更加开敞，也可以创造出内外更加通透的建筑。但梁中的内力以弯矩为主，结构跨度的大小往往取决于材料的抗拉强度，尤其对于石材这类密度大、抗拉强度低的材料，梁的结构跨度只能限制在较小的范围内。梁柱结构的这一特征成为希腊神庙建筑形式的主要影

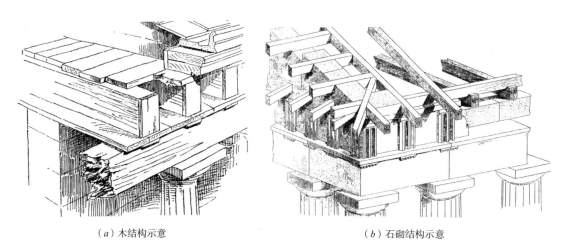

（a）木结构示意　　　　　　　　　　　　　（b）石砌结构示意

图 1-11　由木结构转化为石砌结构的多立克神庙建构示意

响因素。

　　早期的希腊神庙为木质梁柱式结构，受木材自身力学性质的限制，木质梁柱结构难以做高做大，故建筑规模较小。后来石质材料渐渐用于神庙建筑，先是土坯墙和乱石墙逐渐被工整的石砌墙代替，之后石材又用来做柱子，起初石柱是整块石头制成的，后来为了方便建造改为由多段石鼓叠合而成。在檐部，石材先被用作填充材料和围护材料，这时的楣梁仍采用轻质的木材制作，外包的石材完全游离于木结构之外，说明此时的匠师们对于石材的运用仍是十分谨慎的。之后，楣梁也逐渐用石材建造，到公元前 6 世纪，希腊神庙除屋架仍为木质外，其他部分都成功地完成了向石质材料过渡（见图 1-11）。使用石材作为主要结构材料后，神庙仍沿袭了梁柱式结构体系，这在一定程度上解决了建筑坚固耐久的问题，建筑的规模也明显加大。

　　在结构体系不变的情况下，以一种结构材料去代替另一种结构材料，这在技术上是十分困难的。在材料转变之初，一些小型的爱奥尼克神庙只是在用石结构去仿效原来的木结构，柱子、楣梁仍较纤细，建筑形象与木结构时期基本没有变化，之后的爱奥尼克神庙规模也多较小。但这种完全的模仿对于大型希腊神庙是不适用的，由于石材的物理性质：较大的密度、中等的抗压强度和很低的抗拉强度，决定它只适宜做成墙体、柱子一类的受压构件，而不适宜做成主要用来抵抗弯矩的水平楣梁。为了解决这种构件受力不利的问题，大型的希腊神庙一直采用木质屋架，而在外周的石质柱廊上则只能通过加大楣梁截面、减小跨度、强调受力节点的方式来加以改进，因此在大型神庙中出现了排列紧密的列柱外廊和粗壮的石柱。这种情况在早期的石制多立克神庙中尤为明显，柱子大都排列紧密而粗壮，檐部显得沉重而压抑。之后多立克神庙的这种厚重形象才渐渐有所改善。可见，希腊神庙所采用的材料和结构特征对神庙的建筑形式产生过决定性影响。

到公元前 5 世纪的希腊古典时期，神殿的形式演进已趋于完善，在之后的一百多年时间里相对稳定，带山花的列柱围廊式长方形平面成为希腊神庙的典型形制，说明这一时期人们对石质梁柱结构形成的柱廊十分钟爱，已把它看作是建筑形式表现的重要对象。古典时期的希腊神庙在建造工艺方面也达到了很高水准，匠师们对石材的物理性质更加了解，对构件截面、构造节点和制作工艺的处理更加合理。

在神庙形式的演变过程中，梁柱结构的布置对神庙内部空间的组织也产生过重要影响。最初，由于受屋盖结构跨度限制，神庙规模要么很小，要么很狭长。之后，为了扩展内部空间，在神庙正中沿长轴方向加了一排柱子。如果仅从受力的角度来看，列柱在屋脊的正下方承托着屋架，并在内部与山花相对应，这种结构布置是合理的，但这样一来神庙的内部空间被均分成了两条狭长的部分，使用上很不方便，这时的结构布置与功能要求出现了矛盾。为了解决这一问题，进一步适应宗教活动的需要，后来的神庙内部中轴位置上的列柱消失了，演变成两侧各一排，内部空间也更加宽阔，形成一个用来放置神像的中央空间——"内殿"。通过对神庙内部列柱位置的调整，在结构布置作出一定让步之后，实现了与使用功能的统一。这种转变在公元前 6 世纪上半叶就开始出现在一些大型的环廊式神庙中，并在以后的希腊神庙中逐渐成为惯例。

1.2.2.2 柱式的结构本质

柱式是石质梁柱结构体系各部件的样式和它们之间组合搭接方式的完整规范。在希腊古风时期，神庙中同时出现了两种典型的柱式：流行于小亚细亚的爱奥尼克柱式（Ionic Order）和流行于意大利、西西里及伯罗奔尼撒的多立克柱式（Doric Order）。这两种柱式都起源于木结构，它们最初的形式都是木结构建造逻辑的反映，后经长期演变逐渐过渡成石结构。这样，在柱式上就不可避免地反映出一些木构件的特点，如多立克柱式的三垄板和钉板本来是木结构要素，用石材制作柱式后这些形式被保留下来；爱奥尼克柱身纤细；早期的多立克柱式收分显著，柱头出挑大而弯曲等，这些不符合石质材料和结构特征的做法到公元前 6 世纪才逐渐得到改善。在希腊早期神庙的木构件上经常使用陶片贴面作为保护面层，久而久之就把制陶工艺的特点带到后来的石质柱式上，如爱奥尼克柱式的曲面线脚和上面的雕饰，它们很容易在泥坯上模制，后来改作石雕。这正是多立克柱式清晰地表达着木结构的逻辑，而爱奥尼克柱式则又多一些类似陶瓷工艺的装饰和变化的原因。

希腊古典时期的多立克柱式和爱奥尼克柱式达到了成熟，并在之后的千百年中一直保持强大的艺术生命力，其原因可归纳如下：柱式首先是一种结构方式，在建筑中发挥着结构作用，并体现着严谨的构造逻辑，后来柱式才演变为一种依附于结构方式的艺术形式；其次，柱式的发展定型深受人文主义影响，在艺术上也非常成熟，古希腊人认为没有比人体更美的东西，并在柱式的设计中引入人体比例关系（把男人的比例赋予多立克柱式，把

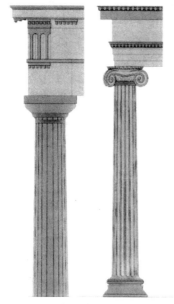

图1-12 多立克、爱奥尼克柱式

女人的比例赋予爱奥尼克柱式），有些数据甚至直接通过量取人体各部分的比例关系获得，于是在整体、局部和细节上，多立克柱式的比例显出男子身材的刚劲雄健，而爱奥尼克柱式则带有女性的清秀柔媚；再次，柱式的适应性很强，在经过希腊晚期和古罗马时期的发展后，产生了多层组合和与拱券结构结合的方式，让柱式具有了更加广泛的应用范围。总的来说，以多立克柱式和爱奥尼克柱式为最高成就的希腊柱式是由原本单纯的结构方式演变成依附于结构方式的经典艺术形式，在实现技术与艺术的统一后，才完成了由物质向精神的升华（见图1-12）。

大约在公元前430年左右，希腊的神庙中开始出现了一种新的柱式——科林斯柱式（Corinthian Order）。古典时期科林斯柱式的柱头是由茂盛的忍冬草叶片组成，如花篮一般，而檐部和基座则照搬爱奥尼克式。与多立克和爱奥尼克柱式不同，科林斯柱头形式完全源于对自然形式的摹仿，而并非反映某种材料结构的建造逻辑，这种做法体现出对结构构件进行艺术化处理的另一种方式。

1.2.2.3 装饰与结构

在早期木结构希腊神庙的檐部已出现了平面彩绘装饰，但平面彩绘不适合石质建筑，首先由陶塑取代，后又用石构件上的浮雕代替。除三角形山花和其顶部的尖饰外，在多立克神庙的檐壁上，垄间板也出现了雕刻并镶嵌在三垄板之间。原本在木结构爱奥尼克柱式额枋上部用来承载屋顶边梁的齿形小方块，演变成石结构后则被一圈连续的浮雕装饰代替，进而也形成檐壁。在希腊古风时期，神庙上可以进行装饰的范围并没有完全确定，有一些表现得过于繁琐，甚至在廊柱下端的鼓座和柱础上都有浅浮雕。这种对结构构件进行装饰化处理的尝试，由于题材和位置选择不当，出现了装饰过度现象。

到了希腊古典时期，神庙建筑上的装饰已趋于定型化，装饰艺术在整体上达到了很高水平。总体上看，神庙上的装饰由两套不同的体系组成，即附加装饰和本体装饰。附加装饰是一些形象化的雕刻，它们被严格控制在填充部分和非承重构件上，没有试图遮蔽或隐藏结构构件，如山花内部及尖饰、多立克柱式檐壁的垄间板、爱奥尼克柱式的整个檐壁和檐部的线脚等；本体装饰则集中在对结构构件的艺术化处理方面，一般不采用具象的形式（科林斯柱头除外），它们或是反映结构构件的受力状况，或是强化构造节点的形象，或是体现曾经有过的建造工艺，如多立克和爱奥尼克柱头和柱身的凹槽，以及多立克柱式檐壁的三垄板等。可以看出，附加装饰和本体装饰体系的应用范围是以构件是否参与结构传力来界定的，这样就把结构的逻辑成功地反映到建筑装饰的运用中。因此，希腊古典时期的

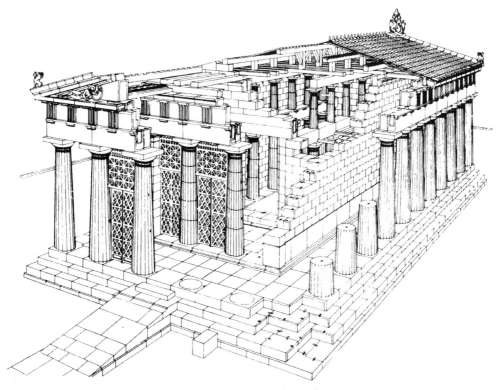

图 1-13　希腊神庙建构示意

神庙建筑可以看作为一个经过精心装饰的结构体。（见图 1-13）

1.2.3　罗马建筑——混凝土与拱券技术的辉煌成就

古罗马人发明了天然混凝土结构材料，以及创造了完善的拱券结构体系，是罗马建筑取得伟大成就的技术基础。

1.2.3.1　混凝土工程技术

"罗马混凝土"（Roman Concrete）是一种以火山灰（维特鲁威称之为"采掘砂"）为活性材料，并与碎石、断砖和砂子等骨料用水搅拌形成的天然混凝土，它硬化后有很高的强度，既可以用作填充材料，也可以单独作为结构材料。通过对骨料的选择，还可以调节混凝土整体的重度，从玄武岩到火山浮石，骨料可以分成若干等级，重骨料混凝土一般用于建筑基础，而轻骨料混凝土则用于顶部。

浇筑混凝土需要模板，混凝土随模板成形，拱券和穹顶用木板做模板，墙体则用砖石做模板，成形后不用拆除，直接作为墙体的面层。按照面层砖石的不同砌筑方式，罗马混凝土的浇筑大体可以分为两种（见图 1-14）：一种是在结构体内外两面先各垒一层大石块，这些石块之间要形成结构关系，然后将混凝土浇入其间，这种方法混凝土所占体积很小，类似一种灌缝材料，罗马大斗兽场即按此方法建造；第二种是在混凝土浇筑之前，先用角

15

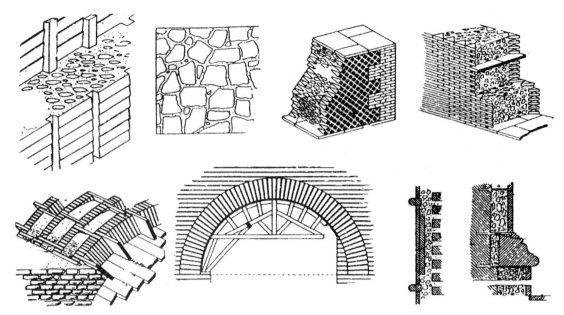

图1-14　混凝土墙和拱券的做法

锥形的砖砌好结构体的内外表层，形成内侧犬牙交错而外部平整的模板，浇筑混凝土后两者融为一体，不易脱离，罗马的公共浴场大都采用这种方法，它更加实用也最为常见。在第二种方式中，混凝土体积较大，因此需要分段砌筑面层，并分段浇筑混凝土，但起结构作用的仅是中间的混凝土芯层。显然，罗马混凝土的建造过程要比切割石块然后直接砌筑简单，技术也容易掌握，且具有成本低廉、施工进度快的优点，适于大规模建设。在古罗马宏伟壮丽的城市中，工程量极其巨大，如果仅像希腊人那样用石头一块块地砌筑，那是无论如何都无法实现的。

另外，许多流传至今的建筑装饰艺术方法，也都源于罗马的混凝土工艺。直接做出的混凝土结构体表面比较粗糙，特别是在室内，无法满足美观的要求。为了解决这一问题，古罗马人发明了多种饰面做法，常见的有：

（1）磨光大理石薄板饰面，将经过精细加工的石板贴在墙体表面，最薄可以做到几毫米，这样做不但实现了华丽美观的装饰效果，也让质地精美但产量不大的石材得到充分利用；

（2）马赛克，用小块的彩色大理石进行镶嵌，这种做法比拼贴大理石板更加自由，不但可以适应复杂的曲面，还可以产生各种图案甚至写实的画面效果；

（3）水磨石，将火山灰和天然大理石碎渣掺合在一起，抹到墙面或地面上，干后再进行人工抛光；

（4）抹灰，在墙面或拱券底面抹一层胶泥，并进行粉刷，有的还在上面做壁画。

1.2.3.2　拱券结构

拱券能最大限度地发挥材料的抗压能力，符合砖石材料的力学性质。但在罗马之前，拱券都是由楔形砖石直接砌筑而成的，要求对每一块砖石都做精确的加工，施工难度较大，且拱券的形状也不统一。古埃及人有一句谚语："拱从来不睡觉"，就反映了人们对楔块拱安全性能的担忧。正是混凝土技术的出现，让拱券结构在罗马建筑中发挥了前所未有的作用。

在罗马早期，也曾大量使用砖石直接砌筑，或用砂浆砌筑的拱券结构，拱券的形状几乎全是半圆形，这样就实现了制作施工的单纯性和统一性，使在广阔领土的任何地方，任何人都可以更加容易地去建造，反映了古罗马人的务实态度。随着混凝土技术的日趋成熟，越来越多的拱券改用混凝土浇筑，混凝土工程技术促进了拱券结构在罗马建筑中的普及。除了不用精确切割石料，以及避免石砌拱在封顶合龙前无法自承重等问题外，混凝土拱券还可以充分利用凝固前在胎膜中的流动性，制成各种更加复杂的形状，特别是适合制作大规模的筒形拱、十字拱和穹顶。在罗马建造大型的拱顶工程时，一般要先间隔一定距离分段或分层砌筑砖石拱券，然后利用标准化且可以重复利用的木模板在各拱券之间逐格浇筑混凝土，避免了一次性浇筑混凝土体积过大，也减少了模板使用量，并有利于保证施工精度。为了防止混凝土向低端滑落，还经常在模板上插一层薄砖以增加摩擦力，混凝土凝固后砖就留在其中。著名的罗马万神庙和各大型浴场都是按此方法化整为零逐段建造的，且施工速度相对于完全砌筑拱顶也要快得多。

拱券结构的普遍应用，成就了罗马辉煌的建筑艺术。首先，拱券结构使空间在建筑中的重要地位真正确立起来。与梁柱结构相比，拱券和穹顶结构的受力方式更加合理，结构跨度大大增加，可以覆盖更大的内部空间，从而促进了建筑内部空间艺术的发展。罗马万神庙（直径43.2m）那巨大的、具有强烈向心力的集中式内部空间是无法用梁柱结构实现的。万神庙只是一个单一空间，以公共浴场为代表的多种拱券结构的组合和相互平衡的技术成熟后，罗马的建筑艺术又达到了一个新境界，建筑的规模更加庞大，形体更加丰富，而内部的空间则成为连续而富于变化的序列。第二，拱券结构改变并丰富了罗马的建筑形制。除神庙外，罗马剧场的形制也发生了很大变化。在希腊时期，剧场总是依山而建，利用山体的坡度形成观众席，剧场的选址很受限制，观众席的人流疏散也很不方便。罗马人凭借强大的技术力量，把剧场的观众席用一系列的筒形拱架起来，而不再依靠山坡，观众人流出入可以就近利用设在观众席下部空间的楼梯，疏散秩序大为改观。另外，圆形或椭圆形的角斗场是完全依托拱券结构产生的建筑类型，它们建于城市的平地上，同样为了视线起坡的需要，罗马人用两层或三层斜向排列的喇叭形拱把周围的观众席架起来，在中央设置表演区，表演区的地下室是兽槛和奴隶囚室，也由拱券结构制成（见图1-15）。可以说，没有拱券结构就不会有角斗场。第三，拱券结构为罗马带来了全新的建筑形象。券洞和穹顶是拱券结构产生的两种典型造型元素。券洞本身具有优美的圆弧形造型，并且还可以同方形的柱式构图融合，组成连续券和券柱式，表现形式极为丰富；穹顶则可以成为集中式建筑构图的中心，一直以来被西方重要的纪念性建筑所采用，在建筑造型中占据重要

（a）外观 　　　　　　　　　　　（b）平剖面

图 1-15　罗马大角斗场

图 1-16　古罗马输水道

的地位。另外，采用拱券结构的大型公共建筑，外观端庄稳重，给人以不可动摇的永恒感，这正是罗马建筑形式的典型性格特征。第四，拱券结构为罗马的城市发展做出了贡献。城市的选址和人口规模都要受到水源的限制，有了高高架起在拱券上的疏水道，罗马的城市选址就有了更大的自由，城市规模也几乎不受供水限制。以罗马城为例，它建于一片丘陵地带，附近的河流水位很低，取水困难，因此罗马城的规模本来不可能很大，但在鼎盛时期，城中人口达到一百多万，用水全靠总共 14 条累计长达 2080km 的输水道供应，每天供水量 160 万 m^3，其中最长的一条输水道长达 60km，有 20km 架在连续拱券上（见图 1-16）。

1.2.4　中世纪教堂——砖石砌体结构的典范

在中世纪，西方建筑又达到了一个新的巅峰，在技术上和艺术上都取得了伟大成就，其中的代表就是全部由砖石砌筑而成的教堂建筑。

1.2.4.1　结构技术的演进

西方中世纪教堂的发展主要分为罗马风时期（9~12 世纪）和哥特时期（12~15 世纪）。虽然两者在结构形式、内部空间和外部形体上均有很大差别，但却具有密切的血缘关系，可谓一脉相承。

（1）罗马风时期

在结构方面，罗马风时期教堂的结构主要继承了古罗马的拱券体系，包括筒形拱和十字拱。拱顶的荷载一般较大，建筑中不得不采用大量支柱和开有狭窗的厚墙来传递荷载。除采用拱券体系外，也有一些教堂采用帆拱支撑的穹顶进行覆盖，内部是一个单跨大厅，帆拱支撑的穹顶沿教堂的进深方向布置。直至罗马风后期，渐渐形成了更为符合教堂结构受力特点的结构构件——扶壁、肋骨拱和束柱。在形式方面，由于教堂在结构方面采用拱券体系，窗和入口上部均采用拱结构，建筑外部形象保留了很多古罗马建筑遗风，形体沉重、敦实、富有体积感。由于墙体厚重，开窗狭小，因此造成内部空间光线暗淡，而拱券或穹顶沉重厚实，沿纵向排列，节奏感很强。罗马风时期教堂主要以沉重的体积和幽暗的空间表现宗教的力量与神秘。

（2）哥特早期

在结构方面，教堂中厅的结构方式由筒形拱演变为肋架拱。中央拱顶的荷载依然由侧厅顶部的暗廊来传递。由于肋架拱的采用，下部的支柱由粗变细，具有了框架结构的特征，墙体围护结构与框架承重结构实现分离。在形式方面，廊台仍然使用，以支撑拱顶荷载。外观因结构变细后开窗增加而变得轻快，水平和竖直方向的划分更加清晰。教堂的内部空间明亮，中厅自下而上表现为四个层次：拱廊或连拱廊、讲坛、拱门上的拱廊或暗廊台、高侧窗。因双圆心尖矢券和框架结构的使用，内部空间出现了向上的动势。但由于束柱的横向分隔线很多和中厅立面被横向划分为四层，从而又削弱了向上的动势。平面上中央穹顶的肋架券单元与侧厅的单元大小相间，中厅两侧的立柱大小交替，开间套叠，形式的节奏混乱，韵律感不强。

（3）哥特盛期

在结构方面，飞扶壁得以充分应用。飞扶壁是一种支撑在高架拱支撑点上的桥形构件。飞扶壁跨越侧廊，把中厅拱顶的侧向力转移到教堂外侧的墩柱上，从此侧厅上部的暗廊消失。双圆心尖矢肋架券的造型优势得以充分发挥，十字拱顶不必逐间隆起，甚至十字拱间也不必做成正方形。在形式方面，独立的飞扶壁横跨在侧廊上空，外观向上飞腾的形式感激增，外墙上也因减少荷载而开启更大面积的窗，形象越发变得轻快。立面上由早期平稳的水平划分线条也渐渐变得淡化，向上跳动的构件占据了显著地位，形象更富于动感。在内部空间中，由于暗廊的消失，中厅立面层次划分由四层变为三层，束柱上的水平划分减少。随着结构越来越轻，教堂中厅的高度也越来越高，如巴黎圣母院 32.5m（约 1170 年始建），夏尔特尔教堂 36m（1194 年始建）（见图 1-17），兰斯教堂 38.1m（1211 年始建），亚眠教堂 42m（1220 年始建），博韦教堂 47.6m（1247 年始建，后部分坍塌），科隆教堂 45.5m（1248年始建）。到 13 世纪后期，哥特教堂中厅追求向上的动势所形成的艺术感染力达到顶峰。同时，由于十字拱的间不必是方形，中厅的开间与侧廊进深统一，不再需要横分，开间套叠的现象就此消失，中厅立面更富于韵律感和节奏感。至此，哥特教堂的结构体系也发展成熟，肋架拱、飞扶壁和束柱实现了传力上的最大合理化。同时，哥特教堂的形式所用的

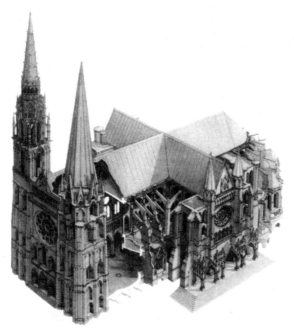

图 1-17　夏尔特尔主教堂结构示意

形体语言也与罗马风风格完全脱离，形成了自己一套成熟的独立体系。哥特教堂的轻盈、明亮与罗马风时期沉重、幽暗的形体与空间形成鲜明的对比，在形式上达到了结构技术与艺术表现的高度统一。

（4）哥特晚期

在结构方面，构件形式向着脱离结构需要的方向发展。具体表现为二圆心尖矢券向四圆心券发展，晚期哥特式建筑在尖券四分拱上添上许多辅助肋，形成星形或其他形状，飞扶壁也由砖砌实拱转变为镂空构件。在形式方面，四圆心尖矢券使拱券更富于动感，垂直线条被各种装饰物柔化，但堆砌的装饰已经显得过多。外部形体由盛期垂直向上的升腾感被一种跳跃波动感所取代。拱顶的结构被各种放射的装修所覆盖，内部空间由盛期的简洁、向上飞动变得琐碎而华丽。

1.2.4.2　结构技术和艺术表现的互动

通过对罗马风教堂及哥特教堂各时期建筑形态的分析，可以看出中世纪教堂的建筑形式在结构技术和艺术表现两方面的互动特征。

一方面，结构技术的发展对中世纪教堂的艺术表现演进起着决定性的贡献作用。罗马风式教堂采用沉重、阴暗的结构形式，它使中世纪虔诚的人们对地狱充满恐惧，冥冥之中祈求神的保佑。而哥特式教堂的内部空间氛围发生了很大变化，轻快、明亮的体量与空间，以及生动、艳丽的彩色玻璃窗，射入的光线与阴影产生出奇异的效果，把宗教的精神赋予了美好的视觉形象。在哥特式教堂中，同样用粗重的石材却在与重力的抗争中实现了空前高耸、轻盈的形象，并获得了具有神秘性与透明感的内部空间，这不能不说是一个奇迹。拱顶作为拱的连续形式，同样要解决拱脚的水平推力问题，一般的做法是在拱脚处设置厚重的扶壁，要做成透光的墙体比较困难，这正是罗马风式教堂沉重、阴暗的主要原因。与罗马风式教堂相比，哥特式教堂在形式上的突破主要取决于一系列结构技术方面的革新（见图 1-18）：首先，将拱自身的断面形状由半圆形改为由两个圆弧构成的尖矢形拱，这样一来跨度和高度可以自由结合，水平推力也相应减少；第二，使用了交叉型的肋架券，也就是把整体的罗马风式筒形拱分解成承重的券和非承重的"蹼"两部分，结构传力更加明确，并有效地减轻了结构自重，同时在视觉上也更加轻盈，施工工艺更加简便；第三，采用了飞扶壁，中厅拱顶产生的侧推力直接由飞扶壁传递到外缘的墩柱上，让外墙从水平推力的作用下解放出来，可以大面积开窗；第四，在外缘墩柱上设置小尖塔，使向外的推力方向在小尖塔重力的作用下形成向下的合力，并且合力的矢量线没有逸出墩柱边缘，让墩柱在整体上不受弯曲

（a）剖面示意　　　　　　　　（b）建造示意

图 1-18　哥特教堂肋架券、墩、柱、飞券示意

型内力。在哥特教堂发展的各个时期，教堂形体空间的组合关系不断被调整、修正，使其更附和形式美的原则。例如，由于技术的限制，在哥特早期，中厅的肋架券单元与侧厅肋架券单元大小相间，中厅支柱大小交替，开间大小套叠，空间比较混乱。随着结构的发展，至哥特盛期，中厅与侧厅单元大小相间的问题得以解决，教堂的中厅空间更趋完整统一，富于韵律感。再如，中厅两侧束柱的横向装饰线条在发展中逐渐减少，使束柱向上的动势更趋明确。随着形体空间趋于完整统一，向上的动势越来越强烈。随着构件之间形式构成的日趋完善，形体空间的升腾越来越强，人们对宗教的热情体现得越来越鲜明，中世纪教堂的艺术性越来越得以充分地展示，最终形成震撼人们心灵的教堂空间。

另一方面，艺术表现的需要又反过来促进了中世纪教堂结构技术的不断进步。宗教精神在中世纪人们的精神领域占据着主导地位，因此表现宗教精神氛围成为中世纪教堂建筑艺术的核心内容。罗马风时期的教堂中供奉着基督耶稣，教堂是纯粹的宗教活动场地，象征着耶稣的棺木，所以教堂建筑形式粗糙、沉重、阴暗、表情忧郁。而到了哥特时期，教堂虽然还是宗教场所，但它们大部分是献给圣母的，是天堂的象征，建筑形象需要明亮、轻快、宽阔、富有色彩。正是这种宗教精神的转变对建筑形式不断提出新的要求，促使哥特教堂的结构体系向传力越来越合理，构件越来越纤细的方向发展。在哥特教堂进一步发展过程中，同样是出于对宗教精神的表现推动着对教堂建筑高度的追求达到了无以复加的地步，高耸的中厅和尖塔一次次地向砖石砌体结构的高度极限发起挑战，如博韦主教堂塔高 150m（建成后不久坍塌），科隆主教堂塔高 157m，乌尔姆主教堂塔高竟达 161m。建筑高度的不断激增显然不是为了满足教堂的物质功能需要，而是力图更充分地表现形象的雄伟，以使宗教精神得以更充分的展现。在高度不断增加的过程中对结构体系不断提出新的

要求，从而在客观上推动了结构技术的发展。

在中世纪教堂近六百年的演进过程中，结构形式对艺术表现的决定以及艺术表现对结构形式的促进总是相互作用、互为动力的，贯穿于整个中世纪的历史过程，推动中世纪教堂的形式逐步走向成熟，最终形成了建筑技术与艺术的融合统一。

1.2.5 穹顶大空间建筑——抗压结构材料建造的大跨度结构

砖石穹顶结构的受力方式十分合理，能充分发挥抗压材料的力学性能，它是在钢铁材料大量应用于建筑结构之前最适于建造大空间建筑的结构方式。从罗马万神庙，君士坦丁堡索菲亚大教堂，到文艺复兴时期佛罗伦萨主教堂穹顶和圣彼得大教堂，它们均代表了不同时期大空间建筑发展的巨大成就，也是当时人们对结构技术极限的成功挑战。

1.2.5.1 罗马万神庙

建成于公元 128 年的罗马万神庙，顶上覆盖着一个直径达到 43.2m 的半球形大穹顶，其内部的巨大圆厅直到 19 世纪之前一直保持着世界上最大单一建筑空间记录。一个 43.2m 直径的，支承在高度大体等于半径的墙垣之上。与拱券体系相同，穹顶结构也需要解决侧推力的平衡问题，万神庙采取的方式是：（1）支撑穹顶的墙体厚度达 5.9m，有效地增加了支撑结构的稳定性；（2）在拱肩外部一周加大体量，以防止穹顶底部侧移或开裂。另一个制约大跨度结构的因素是能否获得相对轻质高强的结构材料。万神庙从基础到穹顶都是用罗马混凝土浇筑而成，虽然这种材料的强度很高，但由于用量大，结构自重也会很大。为了减轻结构自重，万神庙在建造过程中采取了一系列巧妙措施：（1）从穹顶根部起混凝土壳体厚度逐渐变薄，穹顶上端只有 1.5m；（2）在浇筑混凝土过程中，根据需要有意识地选用不同密度的骨料，到穹顶的顶部由于除自重外不再承担其他荷载，混凝土的骨料采用浮石；（3）万神庙内部是一个巨大的单一空间，为了把恢宏壮大的尺度准确地显现出来，穹顶内表面用 5 层凹格进行了细致的划分，这样做的另一个好处在于通过减少混凝土的用量来减轻结构自重，增加结构实效（见图 1-19）。

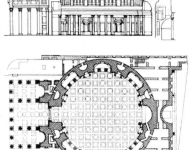

（a）室内　　　　　　　　（b）平、剖面

图 1-19　罗马万神庙

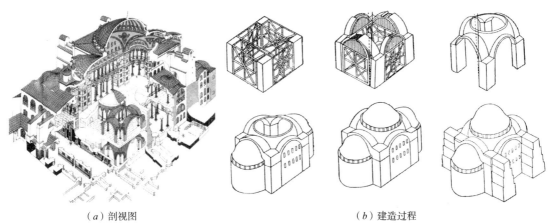

（a）剖视图　　　　　　　　　　　　　　　　　（b）建造过程

图 1-20　君士坦丁堡索菲亚大教堂结构示意

1.2.5.2　君士坦丁堡索菲亚大教堂

到了拜占庭时期，以帆拱技术为核心的穹顶结构开始得到应用，主要成就突出表现在两方面：（1）通过使用帆拱解决了把圆形平面的穹顶架在方形或多边形排列的柱墩上，穹顶下部的空间不再是封闭的；（2）创造了以帆拱上的穹顶为中心的复杂而又巧妙的拱券结构平衡体系。君士坦丁堡索菲亚大教堂是这一时期穹顶建筑的典范，它由 4 个帆拱承托穹顶，直径为 33m，顶点高约 60m，在大穹顶的前后各用一个 1/4 球形穹顶平衡侧推力，它们的侧推力又各用一个 1/4 球形穹顶去平衡，而大穹顶的左右则各用四片厚墙和由两个十字拱组成的筒形拱去平衡侧推力（见图 1-20）。这个由穹顶、半穹顶、筒形拱顶组成的力的平衡体系层次井然，十分巧妙，所有的重量最后都支撑在柱墩上，不需要连续的厚墙。因此，整个建筑对外表现为主次分明、高低错落的集中式建筑形态，而内部则形成流转贯通、开放宽敞的向心型空间序列。

1.2.5.3　佛罗伦萨主教堂穹顶

佛罗伦萨主教堂穹顶平面为八角形，对角直径为 42.2m，穹顶体量呈尖矢形而非半球形，本身高 40.5m，建在 12m 高的鼓座之上。穹顶的结构分内外两层，体现了哥特式构筑法和罗马穹顶构筑法的融合，具有以下几个特征：（1）外侧穹顶的作用是对抗严酷的气候条件，内侧穹顶则起到展示庄严的内部空间的作用；（2）施工过程中地面不设脚手架，采用砖模的简单工艺；（3）在八角形的隔部设八条主肋，将承重和被承重部分明确区分，并增加整体的稳定性；（4）为减轻整体重量做成双层壳，内外壳体之间的间隙可作为施工作业空间和通道使用；（5）运用特殊的砖砌筑方式，增加结构的整体性；（6）在内壳中设水平方向的压力环，使结构在施工过程中可自成体系；（7）穹顶下部设置木制拉力环，以抵抗水平推力。佛罗伦萨主教堂的穹顶在造型和结构方面都有大幅度的创新，在当时是真正的高技术建筑，并且实现了技术与艺术的完美融合（见图 1-21）。

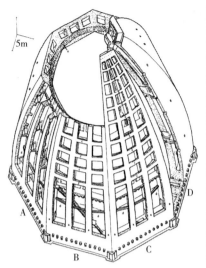

图 1-21　佛罗伦萨主教堂穹顶结构剖
　　　　 视图

图 1-22　罗马圣彼得大教堂

1.2.5.4　罗马圣彼得大教堂

圣彼得大教堂的穹顶直径为 41.9m，内部顶点高 123.4m，穹顶下面与希腊十字式的拱顶结合，拱顶跨度 27.5m，高 46.2m，140m 通长，整体建筑规模十分巨大。穹顶也采用双层壳体，设有加强环，与佛罗伦萨主教堂穹顶相同，不同的是穹顶平面为圆形，利用圆形的优势，采用了比佛罗伦萨主教堂更为简洁的构造，如减少内壳的厚度、取消环拱、减少纵肋等。不足之处在于，建筑的造型主要从构图的角度来确定，与结构逻辑有不符之处。正是这一原因，造成穹顶在建成数十年后，下部出现许多明显的裂缝，通过多位数学家和工程师的计算与分析，应用了当时已被广泛认同的科学手段——假设位移原理，最终决定对穹顶上增加五根铁索环来平衡超出的侧推力，才使穹顶安然无恙。这一加固事件，预示着长期靠经验积累和感觉的建造时代已经结束，导入科学的客观评价方法时代开始了。（见图 1-22）

西方古代大空间建筑的技术特征可概括为以下四点：（1）曾经取得过辉煌的成就，但长期以来数量稀少，进展缓慢，建筑形制种类极其有限，明显受到材料、结构和施工技术的制约；（2）凭经验建造，缺乏科学的设计手段，现存的古代大空间建筑结构冗余度一般较大，额外耗费了大量建材，而圣彼得大教堂穹顶的开裂，又从另一侧面反映出凭经验建造的局限性；（3）结构方式最大程度地符合材料的力学特征，由于当时广泛使用的石头、砖、天然混凝土材料的抗压强度较高，而抗拉强度低，因此只适合建造穹顶和拱顶之类的结构形式，其力学上的合理性在于结构材料只抵抗结构体内部的轴向压力；（4）古代各时期大空间建筑都是对当时人们所掌握的结构技术极限的挑战，所以大都采用穹顶和拱顶结构体系，避免压力线逸出结构体的核心，并且都有行之有效的侧推力平衡措施，建筑形式也都尽可能地符合一整套合理的结构方式。

1.3 本章小结

在整个古代阶段，与建筑艺术的丰富多彩相比，建筑技术发展相对缓慢，建筑材料也较为单一，主要使用砖石、天然混凝土和木材，但利用它们仍然建造出了代表东西方各时期最高艺术成就的经典建筑。其中，中国古代的木构建筑在世界建筑史上独树一帜，表明不同的材料、不同的结构方式会形成不同的建筑形态；希腊神庙代表着石质梁柱结构实现的建筑艺术成就；罗马建筑的全面发展得益于拱券结构与天然混凝土工程技术；西方的中世纪教堂，特别是哥特式教堂代表着古代砖石砌体结构的典范，其恢宏的建筑艺术形式也是附丽于结构技术之上的；古代的大空间建筑形式需要与材料的受力特征和结构方式的传力特征高度一致，否则就无法建造或出现问题。

第 2 章　现代建筑形态发展的结构因素辨析

现代建筑革命无论在深度还是广度上都是历史空前的，而结构技术及其相关因素对现代建筑革命的产生起到了决定性的推动作用，一方面结构科学的发展，新材料、新结构的出现为创造全新的建筑形态提供了可能和手段，另一方面科学技术进步改变了人们的思想意识和审美取向，从而促进了建筑向更高阶段发展。

2.1　技术的先导

在文艺复兴之后到现代建筑出现之前的较长时间内，西方建筑一直在各种复古主义的道路上徘徊，总体上没有产生出具有时代气息的新形式。但在这一时期，以结构科学和新材料为代表的建筑技术，以及符合科学理性精神的新型设计思想相继取得了长足进展，它们的出现分别在客观条件和主观愿望两个方面为产生面貌焕然一新的现代建筑奠定了基础。

2.1.1　近代力学的发展

2.1.1.1　概述

力学是结构科学的基础，对建筑结构进行定性的分析和定量的计算离不开力学的发展。西方从文艺复兴开始，先后有一批科学家对早期力学科学做出过承前启后的探索。

15 世纪末，达·芬奇（Leonardo da Vinci）曾研究过一些与工程有关的力学问题，并成为最先应用数学方法分析力学问题的人之一。到了 17 世纪，意大利科学家伽利略（Galileo Galilei）在观测和实验的基础上，进行了一系列卓有成效的力学理论研究。他曾在比萨斜塔做过著名的落体实验，推翻了亚里士多德的错误见解。他还建立了自由落体定律和惯性定律，奠定了动力学的基础。在工程结构方面，伽利略最先把梁抵抗弯曲的问题作为力学问题，通过实验和分析，研究杆件尺寸与所承受荷载之间的关系。

在伽利略之后，英国科学家胡克（Robert Hooke）根据对弹簧所做的实验，提出了著名的胡克定律，奠定了弹性力学的基础。英国另一位伟大的科学家牛顿（Isaac Newton），在总结前人成就的基础上，建立了完备的经典力学体系。在 17 世纪后期，牛顿和德国人莱布尼兹（Leibniz）共同创立了微积分，微积分及其他数学方法的应用促使力学在 18 世纪沿着数学解析的方向进一步发展，一批数学家先后从数理分析的角度研究力学问题，丰富和深化了力学内容，其中，瑞士人约翰·伯诺里（John Bernoulli）以普遍的形式表述

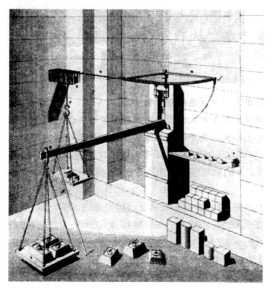

图 2-1 对悬臂梁做力学实验（1780 年）

了虚位移原理；雅各布·伯诺里（Jocob Bernoulli）提出梁变形时的平截面假定；另一位瑞士人欧拉（Euler）建立了梁的弹性曲线理论，压杆的稳定理论等；意大利人拉格朗日（Lagranze）提出广义力和广义坐标的概念；等等。

在结构力学方面，17 和 18 世纪的人们主要是研究简单杆件的问题，即梁或柱，其主要理论和计算方法到 19 世纪初已经大体完备（见图 2-1）。后来，有若干杆件组成的杆件系统成为重要的研究对象，形成结构力学的主要内容。从建立连续梁和桁架理论开始，结构力学于 19 世纪中期从力学中划分出来，成为一门独立工程学科。到 19 世纪末期，材料力学和结构力学方面取得的成果，使人们掌握了一般杆件结构的基本规律和工程中实用的计算方法。

自 18 世纪中期以后，凡遇到重大工程问题，都要运用科学的方法进行分析及计算，不再单纯依赖经验、法式和感觉办事。但直到 19 世纪，在建筑结构设计中进行力学计算的做法仍然十分少见，当时的人们都把建筑当成纯粹的艺术看待，对建筑与科学的结合普遍反应冷淡，甚至一些建筑师和工程师也公开反对科学方法的介入。因此，近代的结构科学成就，首先用于铁路桥梁工程和工业设施设计，而不是在建筑中获得大量应用。

2.1.1.2 几种一般性结构方式的理论发展

（1）梁

17 世纪初，伽利略出于造船业发展的需要，着重研究过梁的强度问题。他指出简支梁受一集中荷载时，荷载下面弯矩最大，其大小与荷载距两支座距离的乘积成正比。他提出梁的抗弯强度与梁的高度的平方成正比，还推导出等强度悬臂梁（矩形截面）的一个边应是抛物线形。伽利略时期，人们还不了解应力与变形之间的关系，缺少解决梁的弯曲问题的理论基础。

1678 年，胡克通过科学实验提出变形与作用力成正比的胡克定律。他明确地提出梁的弯曲概念，指出凸面上的纤维被拉长了，凹面上的纤维受到压缩。1680 年，法国物理学家马里奥特（Mariotte）经过对木材、金属和玻璃杆所作大量的拉伸和弯曲试验，也发现物体受拉时的伸长量与作用力大小成正比关系。他在研究梁的弯曲时，考虑弹性变形，得出梁截面上应力分布的正确概念，指出受拉部分的合力与受压部分的合力大小相等。由于引入弹性变形概念，马里奥特改进了梁的弯曲理论。

1713 年，法国人拔伦特（Parent）在关于梁的弯曲的研究报告中，纠正了以前人们在中性轴问题上的错误，指出正确决定中性轴位置的重要性，他对截面上应力分布有了更正确的概念，并指出截面上存在着剪力，实际上解决了梁弯曲的静力学问题。拔伦特还提出从一根圆木中截取强度最大的矩形梁的方法，将直径分成三等分，从中间两个分点分别作两垂线与圆相交，便得出 ab^2 为最大值的木梁。

法国的库伦（Coulomb）作为从事过多年实际建筑工作的工程师和科学家，于 1766 年发表了关于梁的研究成果。他运用三个静力平衡方程式计算内力，导出计算梁的极限荷载算式。他证明如梁的高度与长度相比很小时，剪力对梁的强度影响可以忽略不计。库伦提出了和现代材料力学中通用的理论较为接近的梁的弯曲理论，适用于一般性工程问题。

19 世纪上半叶，许多研究者进一步把弹性理论引入梁的弯曲研究中，发展出精确的弯曲理论。在这方面，法国工程师纳维埃（Navier）在 1819 年首先提出拉应力与压应力在中和轴处力矩相等。对一般结构工程的应用来说，梁的理论和计算方法，在 19 世纪中期已经成熟。

（2）连续梁

对连续梁的科学研究始于 18 世纪后期，是随着钢铁材料在桥梁上逐渐广泛应用而发展起来的。19 世纪初，德国工程师欧捷利温（Eytelivein）改变分析方法，把连续梁看作是放在刚性支座上的弹性杆，得出双跨连续梁在自重和集中荷载作用下支座反力的计算公式。但欧捷利温的公式十分复杂，无法在实际工作中应用。

1849 年，法国人克拉贝隆在重建一座桥梁时，研究了连续梁的计算问题，对于 n 跨的连续梁，他列出了 $2n$ 方程组和 $2n-2$ 个补充方程，计算仍然繁难。八年后，克拉贝隆在论文中提出三弯矩方程。1855 年，另一个法国工程师贝尔脱（Bertot）发表简化的三弯矩方程，同时期另外一些结构著作中也有了类似的方法。

德国工业学院教授布累塞（J.A.C.Bresse）在 1865 年进一步完善了连续梁理论。三年后，德国工程师摩尔（O.Mohr）提出三弯矩方程的图解法，让工程设计师有了简便的计算方法。

19 世纪后期，连续梁的计算也比较完善了，在实际工作中可以很快提出不同的连续梁在各种荷载作用下的弯矩、剪力和挠度，并有足够的精度。

（3）拱

17 世纪末胡克开始分析拱的受力性质，他提出拱的合理形状应和倒过来的悬索一致。18 世纪初，法国工程师拉耶尔（Lahire）第一个用静力学来研究拱，证明如果各楔块间完全平滑，则半圆拱不可能稳定，是胶结材料防止了滑动才得以稳定。1773 年，库伦指出要避免拱的破坏，不但需要防止滑动，还要防止破坏时的相对转动。19 世纪初，克拉贝隆和另一法国工程师拉梅（M.G.Lame）提出一种求定破坏截面的图解方法。接着纳维埃研究拱的应力分布问题，提出支座底面尺寸的计算方法。拱临近破坏时张开的裂缝有如一个铰节点，为了在工程中消除这种铰点位置的不确定性，可以预先在拱内设置真正的铰点，这样就出现了三铰拱的设计。1858年出现了在桥墩处有铰的金属拱桥，1865年出现在每个支座和各跨中央设有铰的拱桥。三铰拱和三铰钢架后来多用于大跨房屋中。

当弹性曲杆的研究有了进展以后，法国人彭西列特（Poncelet）指出只有将拱当作弹性曲杆看待，才能得出精确的应力分析。德国人尹克勒和摩尔等把这个理论应用于拱的分析。尹克勒讨论了双铰拱和固端拱，于1868年提出关于压力线位置的尹克勒原理，摩尔于1870提出分析拱的图解方法。1882年，俄国人高劳文分析了拱的应力与变形，给出了固端拱的计算方法。

（4）桁架

现代桁架及其理论是在建造铁路桥梁的过程中发展起来的。19世纪中期，美国工程师惠泼（S.Whipple）和俄国人拉夫斯基提出了节点法来计算复杂桁架的杆件内力。德国工程师施维德勒（J.W.Schwedler）又在1851年提出了截面法。再后来，库尔曼（T.K.Culmann）和马克斯威尔（C.Maxwell）介绍了分析桁架的图解方法。到1870年代，这些方法经完善和简化已足以计算当时的一般静定桁架，人们进而研究复杂的超静定桁架。各国的工程师和科学家如克列布希、马克斯威尔、摩尔、卡斯提安诺、喀比杰夫等，为解决超静定桁架奠定了理论基础，到1880年代，已能用比较精确的方法计算这种结构了。

空间桁架的计算工作极为复杂，因而很少实际应用。先前，为了简化桁架计算，都把节点简化为理想铰，可是实际的节点却往往是刚固的，杆件除受轴力外，还有少量弯矩。考虑弯曲应力的影响（即桁架次应力问题），属于困难的高次超静定问题。为解决这个问题，用去了数十年时间，最终在1892年，摩尔提出较为精确的解法，在工程中得到应用。

从伽利略的时代算起，到19世纪结束，在近三百年的时间中，经过几代人的持续努力，在工程实践的基础上，进行了大量的科学实验研究，又回到工程实践中去，经过无数次循环往复，人们终于掌握了一般性结构的基本规律，建立了相应的计算理论。在工程结构方面，人们从长达数千年之久的宏观经验阶段进入到了科学分析阶段。

2.1.2 工业革命催生的新型建筑材料

以蒸汽机的大量工业化使用为标志，英国于18世纪后期首先开始工业革命。到19世纪，工业革命的浪潮已遍及欧美主要资本主义国家，促进西方社会在科学技术、经济、文化和思想观念方面都发生了深刻变化。工业革命对现代建筑的出现起到了根本性的推动作用，一批新的功能建筑（包括构筑物）类型出现，包括灯塔、大型铁路桥梁、火车站、大型工厂和商场等，同时，建筑和结构技术迅速进步，促使审美标准发生变化，基于科学理性的美学观逐步得到发展和确立。所有这些变化，都离不开19世纪铁、钢、玻璃的改进和大量生产，以及钢筋混凝土的发明。其中，铁、钢和钢筋混凝土是结构材料，促成钢铁结构和钢筋混凝土结构在建筑中应用；玻璃是围护材料，能与钢铁和钢筋混凝土框架配合使用。它们的出现对以后的现代建筑产生了革命性的影响。

2.1.2.1 钢铁

铁和钢的区别主要在于含碳量不同，生铁（铸铁）的含碳量在 3%~4.5% 之间，强度大而韧性差，易折而不弯；含碳量低于 3% 的称熟铁（煅铁）；含碳量在 0.2%~1.7% 才称为钢，韧性大大增强。

18 世纪以前，欧洲用木炭炼铁，当时的方法是在熔炉里间隔放置木炭和铁矿石，依靠水利驱动的鼓风机为其加热。在冶炼时，如果木炭和铁矿石叠加层数过多，下面的木炭就会被压碎并被溶化的铁水吸收，生成高碳铁，难以使用。因此，这种做法的最大缺点就是产量低、成本高。1713 年，英国人达比（A.Darby）开始用焦炭代替木炭炼铁，生铁产量大增。但生铁的脆性过大，不具备机械加工性能，且抗拉强度也很低，在工程中的应用有限。1783 年，科特（Cort）首创了一种冶炼熟铁的搅拌工艺，一名熟练工人一天可炼制一吨熟铁。约在 1810 年奥伯托特（J.Aubertot）对高炉鼓风技术做了重大改进。接着，又出现了滚轧技术，能够生产标准化的型材，之后熟铁开始在工程中大量使用。但熟铁的含碳量对其加工能力仍有限制，直到 1847 年才轧制出了工字形铁，1854 年造出了大尺寸的熟铁大梁，但也只能满足简单的结构要求。

随着新技术的应用，英国的铁产量也快速增长，1740 年为 1.7 万 t，1788 年为 6.8 万 t，1802 年为 17 万 t，1830 年已达 67.8 万 t。1825 年，世界上第一条铁路在英国的斯托克顿和达灵顿之间开通，在此后的 20 几年中，铁路铺轨里程迅猛增长，对铁的需求量也急剧攀升，这极大地促进了铁的冶炼和制造技术的发展。到了 19 世纪中期，铁器不仅成为当时制造业的核心，而且还被看作是文明社会的重要象征。然而，由于铁中含有超量的碳和其他杂质，大大影响了铁质材料的强度。1855 年，英国亨利·贝西默爵士（Sir Henry Bessemer）发明了转炉炼钢法，他将空气注入生铁溶液中，从而使铁中的碳进一步氧化，并排除杂质将其提纯，工业化冶炼的钢从此出现。此后，平炉炼钢法和电弧炉炼钢法出现，进一步改进了钢的品质。到 19 世纪 80 年代，廉价的钢代替铁开始作为结构材料使用。

2.1.2.2 钢筋混凝土

在现代建筑中，与钢铁同样重要的建筑材料就是钢筋混凝土。所谓钢筋混凝土，就是一种综合利用钢筋的抗拉强度和混凝土的抗压强度，把钢和混凝土结合起来形成的一种新的建筑材料，以此为基础并促成了钢筋混凝土结构的出现。

在古罗马时期，人们学会用水混合天然火山灰加上砂子和小石子制成混凝土。罗马混凝土当时已被广泛应用于建造建筑，由于凝结后能达到很高强度，用这种混凝土建造的建筑遗迹至今仍有许多。但罗马帝国灭亡后，制作这种混凝土的技术也逐渐失传。到 18 世纪后期，随着航海业的发展，有人开始用生石灰、黏土、砂、碎铁渣混合在一起来建造灯塔的基础，在当时英国的桥梁、运河、港口工程中也用过类似的混凝土材料。在 1824 年，英国人约瑟夫·阿斯普丁（Joseph Aspidin）发明了波特兰水泥（又称硅酸盐水泥），之后，现代混凝土才真正出现。

早期钢筋混凝土技术的发展主要在法国。首先，一名叫弗朗索瓦·科瓦内（Francois Coigney）的人于 1861 年发明了一种用金属网增强混凝土的新技术，在此基础上建立了第一个专门制造钢筋混凝土的公司，用钢筋混凝土在巴黎建造了下水道和其他一些公用设施。取得钢筋混凝土发明专利的是另一位法国人约瑟夫·莫尼埃（Joseph Monier），他本是一名花匠，开始只是用素混凝土制作花盆，但苦于这样的花盆容易破碎，他受植物根系对根部土壤的固结作用启发，在混凝土中间夹上一层铁丝网，果然花盆的强度大大增加，这就是钢筋混凝土的原型。随后，莫尼埃将他的发明扩大应用，制作出台阶和枕木，并于 1877 年确定了钢筋混凝土柱、梁的制作方法。约瑟夫·莫尼埃成为世界公认的钢筋混凝土材料发明人。

人们在使用中发现，钢筋不仅可以起到固结混凝土的作用，本身也有很强的抗拉能力，正好能弥补混凝土抗拉强度不足的缺点，继而把混凝土很好的抗压能力发挥出来，并且混凝土和钢筋具有相近的热膨胀系数，易于相互结合。正是看到这些优异的性质，从 1870~1900 年间，钢筋混凝土技术几乎在德国、美国、英国、法国同时得到飞速发展：1872 年在纽约建造了第一座钢筋混凝土房屋；英国人威廉·沃德（William E.Ward）和撒迪厄斯·海厄特（Thaddeus Hyatt）通过分析和计算混凝土和钢铁应占的比重，于 1877 年在首先证实了钢筋放在梁的中和轴以下可以充分发挥钢的抗拉强度；1884 年德国一家建筑公司向莫尼埃购买了专利，又进行了一系列科学实验，提出了最初的钢筋混凝土结构力学理论；法国发明家弗朗索瓦·埃纳比克（Francois Hennebique）将铁筋换成钢筋，并详细研究了钢筋在支撑点附近的挠度之后，于 1892 年采用可以弯曲并设钩的圆截面钢筋，解决了梁、板、柱等钢筋混凝土构件的整体结合问题，并获得了发明专利，被后人称为埃纳比克体系（见图 2-2）。埃纳比克也作了大量的工程实践，曾用钢筋混凝土建造了自家的住宅，并以暴露的混凝土框

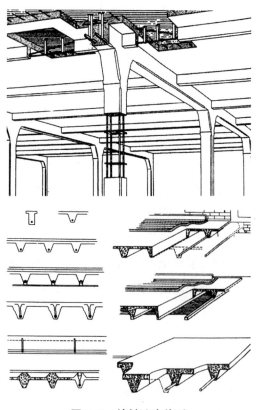

图 2-2　埃纳比克体系

架和大片玻璃相结合来建造厂房，其风格已十分接近现代建筑。随着整体结合的实现，整体式钢筋混凝土框架结构出现了，它为现代建筑带来了空前的形式自由度，也为钢筋混凝土建筑向高层发展提供了可能。1890年，法国工程师科坦琴（Cottancin）的组合加筋砌体技术体系获得了专利，这种体系靠砖和混凝土共同作用，用网状钢筋将砖砌体与混凝土联结成一体，其中，钢筋混凝土主要分布在受拉区，砖则在受压区。这一发明为现代砖混结构的应用奠定了基础，同时也为在现代建筑中表现砖石材料提供了技术手段。

从1900年开始，在美国出现了螺纹钢筋，并立即将其应用到混凝土中，进一步改善了钢筋混凝土材料的力学性能。1912年，用双向配筋方式实现的钢筋混凝土无梁楼盖体系首次出现在欧洲的一座5层仓库中，水平结构层可以变得更加纤薄。到了20世纪20年代，为了解决大型双曲线拱在养护期间和承载后引起的高压应力和高拉应力，法国工程师欧仁·弗雷西内（Eugène Freyssinet）发明了预应力钢筋混凝土。后来证明，预应力钢筋混凝土是一种极为经济的大跨度结构方式，钢筋的抗拉能力和混凝土的抗压能力得到更大程度发挥，与普通混凝土结构相比梁、板等构件的截面高度大大降低。

2.1.2.3　玻璃

玻璃是一种通过加热硅石、石灰和碱的混合物而形成的物质，与金属不同，玻璃属于非晶体材料，没有固定的熔点，加热后变软，易于加工。玻璃的生产历史十分悠久，据记载古埃及人在公元前约2000年已使用了玻璃器皿。

在古代，玻璃大多是不透明的，且纯度不高掺杂以各种颜色，被当作一种奢侈华贵的材料。公元前200年古巴比伦人发明了用吹管制造玻璃的方法，后传入罗马并最先把玻璃应用到建筑中，当时生产出的玻璃片还很小，只能做成马赛克贴在墙上，这种工艺后来传到许多地区。叙利亚人曾在公元1~3世纪制造出了玻璃板。11世纪，德国人发明了制造平板玻璃的技术，但工艺较复杂，平板玻璃的尺寸也不大，曾用于哥特教堂的窗上，做出各种色彩绚丽、斑驳的镶嵌画，为教堂增添了浓厚的宗教艺术效果。这种玻璃工艺后来长期在威尼斯得到应用和改良。

玻璃本身有很好的抗压强度，甚至与许多石材相比均有过之而无不及，但玻璃在凝结过程中内部会出现很多微小的裂纹，使其物理性质表现为"脆性"，在冲击力或剪力作用下很容易裂成碎片。因此，在建筑中玻璃很少作为结构材料来使用。

玻璃作为一种透明而轻薄的材料，非常适宜作建筑的窗户，与钢铁和钢筋混凝土结构相配合，玻璃也可作为一种优异的围护材料，这些都与始于近代的平板玻璃大规模生产工艺分不开。17世纪，英国玻璃工程师路易斯·卢卡斯·德内霍（Louis Lucas de Nehou）开始尝试把浇注玻璃的过程放在地面上来完成，制作出面积更大、更平整的玻璃板，装在马车上使用，既可以做窗户又可以当镜子，极受贵族的欢迎。1691年，德内霍对平板玻璃的制造工艺进行了重新改进，又过了一百多年，1827年在英国发明了玻璃碾压机，此后，工业化生产的廉价平板玻璃才开始大量应用。

出现暴露铁框架结构的做法是在19世纪中期。1854年，纽约兄弟公司建造的哈发大厦主立面上的铁框架完全暴露在外。同时期，平板玻璃大量工业化生产，促进了铁框架和玻璃的相互组合使用。在英国出现了一些立面由铁框架和大片玻璃组成的商业建筑，只是仍结合大量的古典装饰，除此之外，与20世纪的同类建筑惊人的相似。在工业建筑方面，1861年建成的希尔内斯船坞（Sheerness Dock）中的一座4层建筑，立面上已清晰地展示出由铸铁及熟铁构成的框架结构，在柱间则是连续的横向玻璃窗。在这栋纯粹的实用性建筑中，外观形式成为建造逻辑的自然流露。

铁框架与玻璃组合还产生出一种全新的建筑形式——采光屋顶。这种做法最先出现在巴黎的小麦市场（1811年），后来又用于建造卢浮宫奥尔良拱廊的屋顶（1839年），以及巴黎的商业街。在英国，采光屋顶则用于建造花卉暖房，1817年园艺师劳登（J.C.Loudon）出版了他设计出的多种玻璃暖房式样，当时都被人采用。到1830年英国已有相当数量带有曲线或圆顶的大型暖房（见图2-3），其中最大的已达到100英尺直径，60英尺高。

（a）

（b）

图2-3 玻璃暖房

玻璃与金属框架相结合产生的全新建筑形象又促进了现代建筑形式的进一步发展，成为20世纪"国际式"、"高级派"等建筑风格的标志。特别是20世纪中期以后，玻璃的生产又取得了一系列进展，随着浮法玻璃、镀膜玻璃、嵌丝玻璃、压花玻璃、中空玻璃等工艺的相继问世，玻璃成为了当代建筑中应用最广、最能体现时代精神的围护材料，而钢化玻璃和一系列连接工艺的出现，又让玻璃进而成为一种结构材料应用到建筑中。由不同工艺生产出的玻璃，在光线的映照下或透明，或半透明，或反射，让建筑表现出前所未有的轻盈和内外交融，这是以往任何实体材料都无法实现的。

2.1.3 19世纪桥梁工程的成就

在整个19世纪，钢铁结构在欧美各国的桥梁工程中应用量最大，取得的成就也最显著，人们对完全从技术角度来设计桥梁普遍持认可态度，这为钢铁材料及其结构在建筑领域的广泛应用起到了积极的推动和借鉴作用。

图2-4 煤溪谷铁桥

早在1779年，英国工程师达尔比在科尔布鲁克戴尔附近的塞文河上设计建造了第一座铸铁框架拱桥——煤溪谷铁桥（Bridge Coalbrookdale），桥洞跨度30.5m（见图2-4）。该桥建成后的第六年，塞文河暴发有史以来最大洪水，河上的其他桥梁全部被洪水冲垮，只有该桥安然无恙，这让人们对钢铁结构的信心迅速提升。

到了19世纪，桥梁工程的数量迅猛增加，跨度也不断增大，这为钢铁结构的应用提供了大量的实践机会，桥梁工程师

图2-5 福斯铁路桥

开始用科学的方法来设计自重轻且承载能力大的新型结构形式。于1846年开始设计建造的英国门莱海峡的不列颠尼亚铁路桥（Britannia Bridge）是这一时期有代表性的工程实例，大桥总长420m，分4跨，两端跨各长70m，中间两主跨各长140m。这是个史无前例的跨度，对桥梁工程师提出了前所未有的挑战。工程师费尔班恩（W.Fairbairn）通过初步试验，决定采用管状钢结构作为大桥主体结构。在经过一系列计算、分析和实验之后，不列颠尼亚铁路桥才开工建造，大桥于1850年建成并存在了120年之久。不列颠尼亚铁路桥的建造以及围绕它所进行的科学实验，是19世纪中期工程结构领域中的一次重大实践，有力地推动了这一时期结构科学的发展。

19世纪中后期，类似不列颠尼亚铁路桥的大型桥梁工程还有许多。于1890年落成的英国福斯铁路桥（Forth Railway Bridge）是另一个典范（见图2-5）。尽管大桥的总体布局相当复杂，但形式中所包含的力学关系是简明而清晰的。大桥主体采用成对的悬臂框架结构，两孔主跨达到213m。采用这种结构布置，目的是能够在没有临时支撑的条件下建造这座桥，桥身结构在整个建设过程中都是自支撑的，悬臂框架通过短的悬跨结构相连接，这是一种巧妙的布置，它允许在非连续结构中发挥结构连续性的优势。

图 2-6　布鲁克林大桥

铁索悬挂结构也在大量的桥梁建造中发展起来。1801 年，美国人詹姆斯·芬来（James Finley）建造了一座横跨梅里麦克河的铁索桥，桥跨 74.5m。同年，芬来取得了吊桥的专利权，到 1811 年他已建造了 8 座吊桥。芬来的建桥方式很快影响到英国，经一系列的技术改进后，英国在 19 世纪初期设计建造了几座跨度更大的链索悬挂桥，其中包括：1815 年建造的梅奈桥（Mengi Bridge），主跨达 176m；1820 年落成的尤宁桥，主跨为 137m；以及 1823 年落成的布莱顿桥等。之后英国和欧洲大陆相继建成了许多吊桥，其中，于 1836 年动工修建的英国布里斯托尔的克里夫登吊桥最有影响力，这座由伊萨姆巴德·金顿·布鲁内尔（Isambad Kingdom Brunel）设计的桥梁是工程技术的杰作，同时它体现出的技术美也让人惊叹。该吊桥主跨长 214m，横跨在峡谷之上，形似埃及神庙入口的吊塔上没有装饰，与轻巧的铁架结构形成了极好的平衡，桥身雄壮优美的曲线则完全由功能和力的传递方式所决定，是突破长度与重力的束缚，与自然界重新达成和谐的结果。

由于起受拉作用的熟铁链造价很高且质量不易保证，用拉丝缆索替代熟铁链逐渐成为悬索桥的主流做法，仅法国在 19 世纪 30 年代就建造了几百座缆索桥。1842 年，美国工程师约翰·奥古斯特·罗布林（Jone Augustus Roebling）获得了制造缆索的专利权，后来他自己使用这种索缆设计了跨度达到 487m 的纽约布鲁克林大桥（见图 2-6），大桥于 1883 年落成。

悬索结构体系是一种结构实效很高的结构方式，其主要构件缆索只承受轴向拉力，能充分发挥钢铁材料的力学性能，正是由于这一优点，从 19 世纪至今，世界上最大跨度的工程结构基本上都是由悬索体系实现的。

2.2　建构设计思想的缘起

建构理论最早出现在 18~19 世纪，它首先代表着一种建筑创作观，其概念是指在建筑中各种材料以符合建造逻辑的方式组合在一起，这种逻辑性的信息是通过构造方式传达的，这里建造的逻辑包括材料的特性，其受力性能、耐久性、感官特性等等，同时也包括结构的逻辑，以及由此获得的形式逻辑，因此可以认为建构是在特定的文化背景下对营造逻辑的真实表达，它具有相对的合理性、逻辑性与真实性。在西方近代的一系列设计思想中，以结构理性思想和材料表现思想为代表的建构设计思想占有重要的位置，对现代建筑的产生和发展具有突出的影响力。

2.2.1　社会背景

设计思想代表着创作的动机，它不仅是社会、政治、经济、文化的反映，还总是与同时代的科学技术发展状况相互关联、相互作用。结构理性思想和材料表现思想的出现受到启蒙运动的影响，并与出现在18世纪的结构工程师与建筑师的专业分工密切相关。

2.2.1.1　启蒙运动的影响

法国在18世纪出现了一大批思想家，他们人数众多，见解深刻，对欧洲乃至世界发展的影响前所未有。他们培育了资产阶级的革命意识，被称为启蒙学者，这段时期在法国历史上被称为启蒙运动时期。启蒙运动的思想主要有两个方面：一是以伏尔泰和狄德罗为代表，倡导理性，缔造和发扬科学精神；另一方面以卢梭和孟德斯鸠为代表，倡导人性，缔造和发扬民主精神。他们以批判的视角重新考察宗教信仰、道德风尚、政治制度、学术文化等等一切方面，其思想反映在社会文化的各个领域，导致一批人文主义学科出现，其中包括现代社会学、美学、史学和考古学，这些学科又对建筑的理论和思想发展产生了巨大影响。

在启蒙运动的影响下，法国的建筑思想空前活跃，他们以批判的理性为武器，在建筑中反对以先验的几何学比例以及清晰性、条理性等等形式上的教条，认为建筑的理性是功能、真实、自然合理的表现。建筑上的一切都要证明它存在的理由，否则就应该舍弃，不管它是古希腊人还是古罗马人采用过的。同其他领域一样，建筑上也以思维着的悟性当作衡量合理性的唯一尺度。

早在1673年，当人们还在对古典五柱式顶礼膜拜时，克劳德·佩罗（Claude Perrault）就拒绝接受文艺复兴有关比例关系的神秘思想，提出了"客观美"（positive beauty）有别于"主观美"（arbitray beauty）的观念，在佩罗看来风格为主观美，它将随着时代、社会、地域的改变而发生变化，而对称、材料的丰富性以及实施的精确性则属于客观美的范畴，因为它们的基础是材质和几何秩序，所以是构成普遍形式的基本元素，并且是可以经久不衰的。1702年，科德穆瓦（Jean-Louis De Cordemoy）就用"功能"、"使用"重新解释了文艺复兴以来被奉为经典的由维特鲁威提出的"实用、坚固、美观"建筑三原则，自文艺复兴以来首次把美观排除在外。其他接受启蒙思想的建筑理论家也纷纷开始重新思考建筑的基本原则，甚至作为古典主义的大本营的巴黎美术学院也在1734年提出"高格调"作为评价建筑的首要原则，并把"配置"、"比例"和"便利"作为高格调的三要素。形式语言和高格调要由这些源于需求的要素来决定，这一理论观念的革命是以启蒙主义的理性思想为基础的。

到 18 世纪中叶，在实证主义的科学精神推动下，考古学得到了长足发展，一大批古罗马和古希腊遗址被先后考古发掘，人们发现学院派的古典主义教条原来同真正的古典作品有很多不同，并且古罗马建筑与古希腊建筑也有很大距离。于是，建筑师趋向直接从古罗马和古希腊的遗迹中获得形式来源，开始真正认识古典建筑的原貌及其精髓，他们的动机是遵循古人作品中曾经奉行的原则，而不是简单地抄袭过去，从此走上了"新古典主义"的建筑发展道路。

同样在 18 世纪中叶，历史研究在学术界占据了空前的地位。这一时期最有影响的历史学家是伏尔泰，在他的《路易十四时代》（1751 年）和《习俗通史随笔》（1754 年）两部书中，虽没有直接涉及建筑，但却为人们如何认识建筑的历史发展提供了新的线索。在伏尔泰的书中对不可知论提出了批评，他认为对先前文学创作中神化、传奇应全部加以蔑视。这种趋向最终导致对先前建筑理论做出完全批判性的探讨，不久建筑师开始质疑维特鲁威对罗马柱式起源所作的神话般的解释，在运用罗马建筑形式时，就要追问更加充分的理由。与以前的史书不同，伏尔泰在书中表明的历史观主要是变化的和非恒定的，并指出进化和革命是人类意志及行为的直接结果，这正是现代建筑历史观的根本所在。受此影响，当时的建筑历史学家和建筑师的历史观和建筑观也发生了前所未有的变化，建筑界开始认为建筑的形式是一个进化的序列，而当时的一些建筑师则开始有意识地促进这个历史变化的过程。

伏尔泰的书中涉及确定起源的真实性问题，因而促进了对原始文化的重视。另一位启蒙运动思想家卢梭也曾在《论科学和艺术》（1750 年）一文中，讴歌简单原始的生活，倡导回归自然。他们的主张激发了人们对代表建筑本质的建筑起源问题进行探索。而在这以前，没有人能够不依赖维特鲁威的课本去独自研究建筑的起源。

伏尔泰同其他启蒙思想家一样，把人类的不断进步看作是走向完美的理性过程，认为 18 世纪在科学和工业方面的进步极有希望引起一切事物的普遍改进。并且，伏尔泰还将历史看作是世界性的，开创了文化历史的研究方法，这导致了对建筑作为世界性的研究，而不论它们是否属于希腊 – 罗马文明范畴。这一观念又进一步推动了人们对中世纪以及东方建筑的深入研究。很快就在历史学界形成一种新的认识，即中世纪已不再被认为是一个无足轻重的、粗鄙的、野蛮的时代，而是一个应该尊重的、重要的时代，而在此之前否定中世纪乃是所有文艺复兴理论的首要要求。哥特建筑的高超建造方式开始正式引起建筑学者的关注，并逐渐认识到希腊 – 罗马建筑与哥特建筑都是伟大的建筑，不能用属于其中一方的标准去评价另一方，换言之，所有的建筑只能依据其起源及建造时的有效规则，才能作美学上的评价。这一观念对此后的建筑思想发展产生了深远的影响。

经过启蒙运动，进化的概念成为历史观的本质，让 18 世纪的建筑学者认识到欧洲的建筑发展序列可以追溯到原始社会，并且这样的序列还将继续延续下去。同时也认识到，东方曾有过的文化在许多方面都胜过当时的欧洲。因此，进化的观念和相对的观念一齐出现，实际上已颠覆了古典主义建筑所依赖的绝对与永恒的价值信仰。

2.2.1.2　结构工程师与建筑师的分离

从 18 世纪下半叶开始，严格意义上的土木工程科学开始建立，以科学计算为工作基础的现代土木工程师开始与建筑师分离，成为一种独立的职业。虽然在此后的很多年里仍然有建筑师继续设计土木工程项目，但结构工程师与建筑师的分离已成为事实，并对以后的建筑设计理论发展产生了深刻的影响。

一般认为，1747 年在巴黎建立的一所土木工程学校（通常称为桥梁公路学校）是产生这次专业分工的标志。罗多尔夫·佩罗内（Rodolphe Perronet）作为该学校的创建者，之前曾经负责过桥梁建造工作，在实践中他发现当设计跨度非常大或非常平缓的桥洞时，仅仅根据经验估算是不够的，而需要基于力学和材料强度的原理来计算。佩罗内在 1768 年至 1772 年在巴黎附近设计建造了一座横跨塞纳河的五孔拱桥，被认为是在科学原理基础上根据荷载而精确计算出桥墩尺寸的第一座桥梁。此前的桥梁设计，根本不用计算拱券的厚度以及桥墩的高度，桥墩的宽度也只是简单地估算为接近拱跨的五分之一。对于小型的砌筑桥梁来说，设计者可以从美观的角度出发，也可以从实用的角度采用任何看起来适宜的曲线，并以此调整节点。还可以根据设计者的主观理解将最大压力加到他认为最有助于结构强度的地方。但是，要建造更大跨度的桥梁，并且使用了更好的抗拉材料以后，运用数学计算以及基于材料强度的应力分析就变得越来越重要了。

将数学原理应用于结构问题原本是工程师工作的特有方式，他们以力学分析代替传统的经验，作为工程设计的依据。工程师工作的重点在技术方面，而与当时的建筑师所着重关注的建筑装饰显然不同。在以后的两个世纪里，建筑师不断地被要求像工程师那样，尽可能利用数学所能提供的帮助，并放弃不科学的设计方法，这对现代建筑的产生起到了不容置疑的推动作用。

在工程师的工作中，除了精确地用数学解决力学问题外，还采用实验的方式来确定材料强度。18 世纪中叶，一批科学家和工程师对各种木材、金属和玻璃的抗压、抗拉及抗弯强度进行过系统的实验，并得出整套数值。工程师在当时从这些资料中直接受益，而对建筑师的影响则表现为此后一百多年中建筑观念潜移默化的转变。1750 年以前，在建筑师看来柱子和壁柱都被认为是古典建筑规则中的标准构件，它们自古以来就是确定的，因而几乎所有的建筑师都很少想到它们的比例和形状还有可能改变。1750 年以后，工程师的一些力学概念渐渐让建筑师了解到结构构件的形式所应包含的意义，也认识到要根据具体的受力情况和材料性质来确定一颗柱子或壁柱的形状和比例。

继罗马圣彼得大教堂圆顶裂缝加固之后，巴黎的圣日纳维耶夫教堂是第一座以科学方法设计的建筑。在初步设想阶段，就有一位专业的土木工程师对其建成后的稳定性进行过分析。进一步的设计过程中，建筑师苏弗洛和结构工程师佩罗内通过实验测得石材的抗压强度，并以此作为确定柱径尺寸的依据，这样的做法促进了建筑师在以后设计中开始重视力学问题，这也对后来的建筑思想带来了相当大的影响。

实际上，在建筑业内土木工程和建筑是紧密相连的，建筑师和结构工程师的分工也没有真正清晰的界限。当时具有普遍性的看法是，一位工程师也是一位建筑师，只是他主要从事结构方面的工作；而建筑师则更像是艺术家，他专心于建筑的装修配置与表面装饰，建筑物和构筑物的设计是二者共同涉及的范围。因此，从结构工程师与建筑师分离时起，彼此之间相互了解就一直是共同的愿望，而这样的愿望最初主要表现在土木工程的专业教育中。

当1747年巴黎桥梁公路学校创立时，就规定只接纳受过初步建筑训练的报考生。直到19世纪，法国土木工程专业的学生入学之前都要经过建筑预科学习，然后才能开始作为工程师的教育。创建于1795年的法国综合工科学校是一所培养军事工程师和土木工程师的预科学校，一开始就设有由迪朗（J.N.L.Durand）讲授的建筑学课程。受到欢迎后，建筑学和房屋建造方面的课程不断增加，最终成为教学内容中的主要部分。在迪朗的课程内容表现出很强的功能主义倾向，他反对给建筑作装饰，在他看来一座房屋只有满足需求才会是美丽的。迪朗还在教学中发展出一种具有规范性和经济合理的建筑类型规则，运用这种规则可以把固定的平面类型和不同的立面以模块置换的方法来创造经济、实用的建筑。迪朗曾用自己的类型模式与已存在的著名建筑作对比分析，结果表明，如果从实用的角度考虑建筑的形式，建筑会相当经济，结构材料用量也可以大为减少，并且给人们的视觉效果也同样深刻。到了19世纪，法国梅斯的炮兵工程学校也开始设置构造课程，从使用的角度讲授如何让建筑符合与特定的要求和材料相一致的构造做法，如何让当时结构与罗马人流传下来的装饰系统相结合，还把常见的建筑形式从结构的角度进行了解读。

正是在一批工程技术学校的带动下，结构工程科学在建筑业内的地位日益显著，并最终支配了现代建筑的发展方向。尽管如此，在土木工程成为独立专业之后的19世纪中，结构工程师和建筑师各自工作的局限问题仍然存在着。在结构工程师方面，他们自己的作品经常受到民众的批判，被认为仅仅实现了设计的使用目的以及耐久性和经济性，而在艺术性和美观方面则有严重欠缺，因此工程师除设计桥梁、水坝、灯塔、烟囱等纯粹工程构筑物外，也只能在厂房、火车站和展厅等非传统建筑设计中才能真正占主导地位。而在建筑师方面，与桥梁和工业建筑方面发生的突飞猛进的变化相比，建筑的结构发展却相对裹足不前，缺乏时代气息，甚至只能从考古发现中寻找形式的依据，这是一种非常无奈的状况。

从整体上来看，19世纪的工程技术与建筑艺术没能真正地结合在一起。为了改变这种状况，要求结构工程师和建筑师彼此了解对方知识领域的呼声越来越高。对于结构工程师来说，应该提高其美学素养，而对于建筑师来说，在形式创作思想和工作方法中则要以工程师为榜样，具备更多的理性态度。

2.2.2　结构理性思想

经过启蒙运动，过去统治人们头脑的绝对权威思想不断受到挑战，崇尚科学理性的观念越来越深入人心。在工程设计领域中，随着结构工程师成为独立的职业，并在工程建设中发挥的作用日益突出，一批建筑理论家和建筑师也逐渐认识到建筑设计的优劣需要用理性的方式给予证明，而这种理性的标准只能从科学中推导出来。这种观念在建筑上的表现就是特别尊重建筑物的构造完整，相信建筑在形式本质上就是结构形式，并且认为只有建立在结构理性的基础上，建筑才有可能进一步与情感结合，进而让其形式实现从物质技术层面向精神艺术层面的提升。至此，对结构理性的尊重已不仅仅反映在结构工程师采用的科学态度和科学手段上，同样也成为了建筑师的伦理观和价值标准，成为对现代建筑产生具有极大推动作用的思想动力。

从近代的结构理性思想发展过程来看，可以进一步分为古典理性主义思想、哥特理性主义思想和结构理性主义思想。

2.2.2.1　古典理性主义思想

古典理性主义产生于18世纪中叶的法国，其基本特征是在不放弃任何传统的古典形式的前提下，去实现每个设计构件的合理化。但从它出现时起，就总是受到哥特建筑的巨大影响，正是由于涉及中世纪造拱的经济性和精湛技巧，才使古典主义的理论家第一次阐明了理性主义的观念。因此，希腊-哥特式的建筑体系一直是古典理性主义者推崇的方向。

M·A·洛吉埃是古典理性主义的理论先驱，他在《论建筑》（1753年出版）一书中表明了对实用艺术的观点，认为在那些非纯粹机械的技艺中，首要的是学会如何进行推理，作为一名艺术家必须能够以道理来证明他所做的每件事都是正确的。尽管洛吉埃是一个坚定的古典主义者，但在他的书中还是对古典和哥特建筑的构造同样作了理性的剖析，结论认为一幢建筑中的组件不仅要能装饰建筑，更重要的是作为组成建筑的一种方式，如果移去单独的组件，整个建筑就会倒塌。这成为他区分建筑中基本的组成部分和无实际用处的组成部分的标准。基本的组成部分包括独立的柱子和它们制成的檐部，以及屋顶尽端的山花；而无实际用处的组成部分则多是来自艺术家的"奇思妙想"。与同时期一些主张希腊复古的理论不同，洛吉埃关注的是希腊建筑的组件，而非希腊神庙的构图。他认为教堂设计就应以哥特式为范例，因为哥特教堂的灵巧精致超乎想象，精湛的技艺达到了极点，尽管每个部分都极为纤细，但它们表现出的耐久性证明了其结构是坚固的，并具有生命力。在哥特建筑平面的基础上，洛吉埃用平直的古典檐部代替拱券，提出了他的希腊-哥特建筑体系。从表面上看，希腊-哥特建筑表现为对直线条形式的偏爱，但推崇希腊-哥特路线还有更深层的含义，那就是提倡符合时代精神、强调艺术与技术相融合的建筑观念。

J·A·博格尼是法国19世纪另一位古典理性主义者，他的《构造基础论文》（1823年出版）中充满了理性主义思想。他的论文的目的在于让建筑师以经济和恰当的方式满足自然和业主的全部条件。在序言中他就宣称："建筑是一种艺术，它要求推理多于灵感，要求更真实的知识多于热情"。并且，博格尼反对巴黎美术学院将建筑隶属于绘画艺术，以及忽视房屋构造的做法，他认识到建筑不同于绘画和雕刻一类的模仿艺术，因为建筑以实用为首要目标，并以物理和数学作为其推演方法，而绘画和雕刻是依靠对自然界的模仿，让人赏心悦目。他批评当时的建筑设计中过分注重装饰的现象，认为建筑的美观应产生于体积的组合，并以此创作出令人愉悦的感觉。同时，它也驳斥了当时的一个错误看法，即认为如果建筑师将形式、关系和尺度的选择都服从于建筑的基本目标的话，那么只能设计出单调和粗俗的作品。作为回应，他坚定地认为建筑类似于自然界，因为自然界中的有机物都是既合乎目的又美丽动人。博格尼在论文中还讨论了由附墙柱和壁柱形成的"浮雕建筑"，认为这样的做法没有独立柱支撑的建筑美丽和宏伟。允许这种做法的条件是附墙柱和壁柱应该像独立式柱廊一样，必须构成保持建筑物完整的必要部分。因而，根据他的学说，各"浮雕"部分必须在水平和垂直方向用铁件拉起来，组成建筑物中起承重作用的骨架，骨架部分必须用经仔细加工的坚硬材料制成，而建筑物的其余部分仅仅作为填充物，则无需像承重部分那样坚固。因此，一位好的建筑师对待"浮雕建筑"时，不仅要从装饰的角度来看待，也要考虑其实用性，要让"浮雕"构件在确定洞口和隔断的位置方面能起支配作用。

同样对当时巴黎美术学院建筑观念提出过批判的还有曾在苏弗洛的圣日纳维耶夫教堂建造中作过督造师的让·隆德勒（Jean Rondelet）。隆德勒看到，从文艺复兴时起建筑师就开始迷恋装饰，并将这个原本建筑中的附加部分当成主要目的。对于造成这种状况的原因，隆德勒则归结为是由于哥特式建筑在意大利被放弃之后，最初的建筑师都来自画家和制图员，与平面配置和结构方面需要较高的专业知识相比，注重装饰设计对他们来说则更加擅长。从这以后，在建筑中装饰受到偏爱，由此引起许多建筑师放弃了对平面，尤其是对结构的研究。而在隆德勒看来，平面和结构才是建筑艺术中最本质的部分。因此，隆德勒对当时的建筑教育提出建议，要求在新的建筑学校里除设置只会谈装饰的建筑教授外，还应有平面和结构方面的教授，对方案和竞赛的评定也应同时强调平面、结构、装饰三个方面。隆德勒还在1802年出版了《建造艺术的理论与实践》一书，作为第一部房屋构造学方面的综合教科书，对古典理性主义思想的传播起到了推动作用。在书中，隆德勒凭借在圣日纳维耶夫教堂的建造中掌握的大量科学方法和实际经验，提出建筑的根本目标在于建造坚固的房屋，为实现这一目标要通过量化的方式选用材料，并以技巧和经济的方法将材料就位。他也同样认为，建筑与绘画和雕刻不一样，看上去让人喜欢不是建筑的唯一追求，建筑应该具有科学的本质，是坚固、使用方便以及所需各部分组成优美形式的房屋。隆德勒的理论对后来的理性主义者影响很大，其中就包括著名的亨利·拉布鲁斯特、莱翁斯·雷诺和奥古斯特·舒瓦奇。拉布鲁斯特曾要求他的美术学院的学生加强构造方面的学习，尽管效果并不理想；雷诺通过对希腊建筑的研究后，也认为建筑的主要形式在其基本原理方面应该是理性的，并指出多立克柱式的精神就在于以显然合理的结构体系为背景去寻求装饰；舒瓦奇的观点与雷诺相近，也认为希腊大理石神庙的结构符合先前古风时期的木构形式。

J·G·苏弗洛是第一位具有古典理性主义思想的伟大建筑师，他在1756年设计的巴黎圣日纳维耶夫教堂是这方面的典范。同许多古典理性主义者一样，苏弗洛也具有坚定的希腊－哥特理想，曾对哥特式教堂作过深入研究。他赞赏哥特建筑的结构逻辑，又主张把这种逻辑性引入到当时的建筑设计中，因为他看到，哥特教堂的结构要比当时的建筑更精巧、更大胆、更方便建造。同时他也认为，使用早期的希腊柱式就能接近哥特式纪念建筑的那种精巧，并且可以大量节省材料。他还注意到，中世纪的建筑师懂得如何用细柱和石肋将侧推力引向坚固的柱墩，而罗马的建筑则与哥特教堂相反，是沉重的。苏弗洛在设计圣日纳维耶夫教堂时希望能像哥特教堂那样在结构方面有大胆的突破，为此他曾寻求结构工程师的帮助，对设计进行了仔细的论证、计算和实验。圣日纳维耶夫教堂的结构在两个方面取得了实质性突破：一是通过拱顶结构与横梁结构的结合创造了一种新的建筑体系；二是在当时的技术条件下，大量使用加筋砌体结构，并将它融合到建筑艺术之中。

无论对于建筑师还是对于工程师来说，圣日纳维耶夫教堂都是一项充满革命性的发明创造，它的最终建成具有重大意义。这其中包含着苏弗洛的开拓精神和巧妙构想，以及巴黎道路桥梁学校的工程师们发明的新的力学理论，特别是运用科学的理论和方法与保守势力进行的针锋相对的斗争。让·隆德勒是教堂建造过程中后期的关键人物，他原本在工程中是一名学徒石匠，在苏弗洛1780年去世后，他成为工程的督造，坚定地执行了苏弗洛的设计意图，直到1813年工程胜利完工。后来，隆德勒为了解决穹顶帆拱下的支柱开裂问题，还在试验的基础上提出了对底部三角形柱墩的加固方案。

尽管在建造过程中困难重重，圣日纳维耶夫教堂的建造者们还是义无反顾地追求着古典理性主义的理想。值得注意的是，苏弗洛在建筑设计方面并没有采用过分简化的构图，也没有放弃那些支配标准砌筑构件比例的既定古典法则。对于苏弗洛来说，理性主义并不等于那种以采用朴素的构件形状或便宜的材料去表现结构经济性的做法，而是仅仅意味着将美的效果限定在遵循构件逻辑的本性上，并依据理性的准则去设计那些构件。显然，以苏弗洛为代表的古典理性主义者并不忽视建筑艺术，而是认为美的形式要具有建造的逻辑依据。

亨利·拉布鲁斯特是另一位值得一提的古典理性主义建筑大师,他同样是希腊-哥特路线的追随者,寻求一种具有合理组合的古典主义建筑,同时又具有后来由维奥莱特-勒-杜克提出的、深受哥特建筑启发的结构理性主义思想。在巴黎圣日纳维耶夫图书馆(1838~1850年)的设计中,拉布鲁斯特将预制的耐火铸铁构架与一个经过特别设计的砌体建筑外壳结合起来,向人们展示了一种不同以往的建造模式和方法。两排巨大的筒形拱顶屋架构成了铸铁框架体系的主体,屋架上面是由轻型铁片形成的屋面,屋面的荷载传递给一系列带有透空花饰的铁肋,整个屋面一部分固定在位于建筑中部铸铁排柱上,另一部分则固定在从周边砌体上跳出的托架上面。并且,为了避免给人造成整个图书馆建筑的结构仅仅是两排平行拱架的错觉,拱形铁架在建筑体量的端部转了一个90°弯,它将建筑空间统一起来。在这个建筑中,铸铁构件和砌体外壳的相互组合几乎无处不在,拉布鲁斯特不仅将铸铁构架插入砌体之中,而且还将构架的结构模数关系充分反映在建筑的外立面上,铁肋根部起连接作用的铸铁杆件穿过厚重的外墙,最终在建筑的外立面上形成一个个圆形的铸铁铆件。在建筑的外观上,结构化的表面形式完全压倒了装饰主题,没有山花和亭式屋顶,也没有其他新古典主义建筑表面常见的那种非常丰富的阴影变化,而是平坦的、强调体积感的建筑表面。

在1854年开始兴建的巴黎国家图书馆中(见图2-7),拉布鲁斯特进一步发展了圣日纳维耶夫图书馆的设计方法,结构更加轻巧精确,从铸铁书库结构的格架和步道,到支撑阅览室铸铁屋面结构的16根铸铁柱子,巴黎国家图书馆的具体结构方式清晰而又富有逻辑性,与建筑的整体息息相关,在阅览室中呈现出9个方形的锻铁拱顶结构,拱顶的穹隆由陶土板组拼而成,每个穹隆正中都有一个圆洞,作为自然采光的天窗,屋顶穹隆的荷载首先传递给铆接而成的铁制拱桁架,然后再传递给细长的铸铁柱子(见图2-8)。但在这

图 2-7 巴黎国家图书馆

图 2-8 杜克将铸铁和石材构件结合在一起的结构设想

一时期，拉布鲁斯特的钢铁结构还仅仅是出现在建筑内部，并且很大程度上仍是在模仿古典样式。

拉布鲁斯特建筑生涯中相继完成的两个杰出作品，实际上形成了一种技术上的过渡，即从表现工艺经验主义的圣日纳维耶夫图书馆带有叶形装饰的铰接式铁拱结构，向代表工业化制作的巴黎国家图书馆铆接式锻铁桁架拱结构的过渡。两者都在力图寻求表里如一的建构表达，其中的装饰元素都直接产生于结构材料、结构方式和建造过程的特征。

概括地说，古典理性主义者要坚持以下三个原则：第一，要按照以科学方式确定的材料强度重新评价全部构件的比例；第二，要按照使用者的预先要求，合乎逻辑地进行平面设计；第三，要以更加灵活的观点看待古典建筑的构图原则。显然，对于古典理性主义者来说，尊重材料的本性是其首要的哲学基础。一方面，古典理性主义者认识到工业发展所提供的新材料，势必会给建筑中新形式、新比例的产生提供契机，就像拉布鲁斯特设计的巴黎国家图书馆那样，内部的铸铁科林斯柱子高度达到柱径的30倍，这在当时具有革命性的意义；另一方面，古典理性主义者也反对为追求"新建筑"而不惜代价，以及从方便或经济的角度出发毫无理由地运用新结构体系的做法，因为凡是对新材料缺乏逻辑的使用方式，都会被理性主义者所摈弃，这正是在钢铁和钢筋混凝土框架结构实现商品化之前，古典理性主义思想没能催生出真正的现代建筑的原因，而一旦等到时机成熟，古典理性主义就会立即焕发出生命力。显然，钢铁和钢筋混凝土正是古典理性主义者的理想建筑材料，不但材料的受拉能力显著提高，而且它们形成的框架结构体系也完全适合建成横梁式建筑，具有实现古典建筑美的可能性。果然，到19世纪末和20世纪初，奥古斯特·佩雷和密斯就分别利用钢筋混凝土和钢、玻璃，真正实现了古典理性主义者的这一愿望。

2.2.2.2　哥特理性主义思想

哥特理性主义真正独立存在是在19世纪，而在此之前的一段时期，它与古典理性主义在理论上是难以区分的，因为二者具有相同的信念，即经济合理的结构形式是建筑形式的最佳表现依据。随着古典式复古和哥特式复古建筑各自的发展，哥特主义者逐渐产生了独立的见解。从表现上看，主要是反对古典主义者使用平券，认为这样做在结构上是不合理的，是将不合适的结构系统与一种预先设想好的建筑形式生硬地结合在一起。另外，宗教、社会和民族主义因素，也是哥特理性主义者坚定信奉哥特式建筑理想，不愿在古典式和哥特式之间作合理妥协的又一重要原因。

奥古斯图斯·威尔比·普金（Augustus Welby Pugin）是19世纪哥特复兴运动的积极推动者，在建筑理论方面也著述颇丰，对后人影响很大。在普金看来建筑属于一种宗教伦理事物，他于1836年出版了一部赞美基督教文化的著作，题目为《对比：从14和

15世纪建筑与当今宏伟建筑的比较看趣味的堕落》，书中对哥特和罗马风建筑进行了深入浅出的比较，高度评价了哥特建筑的崇高性，继而又展开了对希腊神庙的批判，普金认为决定建筑形式的主要因素应该是材料的本性，设计必须适合于建造的材料，而希腊建筑的本质是木结构，将木构形式强加到石头建筑上的做法是荒谬的。因此，在普金看来，希腊建筑是古老的、笨重的，建造方式是原始野蛮的，这正是他一向拒绝接受希腊－哥特运动的原因。

在从事了一系列教堂建筑的设计和建造之后，普金于1841年又出版了《基督教尖顶建筑原理》一书，对复兴真正的天主教建筑提出了明确的建议，认为哥特式建筑是唯一真实的建筑，它之所以真实，一个重要的原因在于建筑的形式源于结构法则。书中阐明了两个设计准则，它们既是普金自己实践的指导纲领，也成为哥特复兴所遵循的基础性原则：第一，在建筑中，不应该有在使用、结构或礼俗方面不必要的建筑部件；第二，所有的装饰都必须仅限于丰富建筑的基本结构。普金认为只有带有尖券的哥特式建筑才满足上述原则。为了证实这种观点，普金引用了中世纪建造的从教堂到村舍各种建筑类型。普金看到了中世纪建筑师在解决侧推力问题方面的高超技巧，欣赏尖拱和飞扶壁的结构功效，也对交叉拱所具有的轻巧与美感推崇备至。同时，他更加赞美哥特建筑利用完美的结构系统转化出轻盈、优雅装饰的方法。根据普金的看法，哥特式建筑不是隐藏起结构，而是美化它。任何一根哥特式柱子都是一个实用性的建筑部件，只有需要支撑荷载且没有承重墙时才使用，因此，应用古典式的扶壁柱永远是错误的。与此类似，哥特建筑中的柱墩也是随着高度的增加和承受压力的减少，尺寸逐渐减小，相比之下古典式的壁柱总是从上至下宽度大体相同，形式与受力不相符合，显然不合理。在书中，普金还试图将希腊－哥特主义者视为累赘的哥特式建筑部件合理化，比如，他认为扶壁柱上的小尖塔可以增加扶壁柱的重量，进而增加扶壁柱抗侧推力的能力。普金把坡顶看作建筑不可缺少的元素，并认为坡顶最好达到60°，以便于清除屋面的积雪，又不影响瓦片的固定。普金也用同样的逻辑来阐述哥特建筑中的线脚形式，比如，门窗洞口应采用八字形侧面，能让人进出更加方便，又能引入更多的光线，而倾斜轮廓的构造合理性则在于能防止雨水进入缝隙；檐部线脚只有为了遮蔽风雨才能使用，而且其厚度要大于门窗洞口的线脚，等等。

普金在1843年撰写了《为基督教建筑的复兴而辩护》一文，继续倡导他的哥特建筑复兴理想，又重新提出了理性主义者的观点。他明确指出，建筑技巧就在于体现和表达出所需的结构，而不是以借来的面貌去伪装它。因此，普金认为除哥特教堂以外，农民的屋舍，领主的宅院，只要是经自然处理而不是伪装或刻意隐藏的每座建筑物，都是漂亮的、各有特色的完美之作。

普金的理性主义思想也存在片面之处。与后来的哥特复兴主义者不同，普金对发展一种适合于当时的建筑毫无兴趣，他反对风格的演进，对新材料和新方法的结合漠不关心，在他看来建筑应主要用砖石砌体来承重，而木桁架的作用仅仅是用来制成尖塔和屋顶。即便如此，他仍认为木构架应在建筑形象中显现出来，而不是被隐藏。在建筑构件的尺度方面，普金认为希腊和古典砖石砌体实际上是一种错误做法，因为这不仅削弱了结构强度，而且还虚夸了建筑的尺度。由于普金对哥特式建筑毫无保留的偏爱，导致他反对使用铸铁构件，因为铸铁构件缺少线脚，而且可以反复浇铸，不利于保持工艺制造的生命力，这与哥特建筑的本质不相匹配。虽然普金也认可蒸汽机和工业技术，视它们为他那个时代必不可少的进步，但他却忽视了意识中隐藏的双重标准所带来的现实矛盾，即他所处的是一个工业化的时代，已经不可能完全使用中世纪建筑的材料和施工方法，这与他所敬仰的中世纪文化在工艺基础上存在着本质差异，事实上他的哥特复兴式建筑中的许多构件已不再依靠手工艺完成，而是大机器生产的产物。具体表现为，一方面，似乎没有什么能够比约瑟夫·帕克斯顿1851年的水晶宫与普金的思想更加格格不入；另一方面，大量生产的模数构件却构成了帕克斯顿的水晶宫和普金的威斯敏斯特宫这两座最具代表性的19世纪中叶英国建筑的共同之处。面对这种日益明显的文化上的冲突，晚年的普金感到了前所未有的困惑，他曾在1851年写道："在我们获得知识的过程中，错误总是不可避免，对于这一点我已经深信不疑。我们知道得太多，知识就是力量，但同时也是灾难。天哪，仅仅几年前我还十分满意的东西在今天看来已经令人生厌。但是，每当想起古老的教堂工匠的时候，我还是要在古人朴素无华的造化面前感到汗颜。呜呼！一切都是过眼烟云、海市蜃楼、自寻烦恼"。

除普金外还有一些哥特式理性主义的支持者。英国的汉弗莱·雷普顿在《造园法与园林建筑》（1795年）中，没有把社会和宗教的情感带到评论中，而只是理智地论述哥特建筑的结构，他指出，哥特式建筑中结构的指导原则，就是每个券都发挥侧向推力，因此哥特式建筑依靠的是一种拱座体系，即使是经常被误认为装饰作用的尖塔，在压在飞扶壁柱墩之上时，也发挥一定的结构功能。当时另一位重要的英国学者艾尔弗雷德·巴才洛缪被誉为第一位哥特式复古主义的历史学家，他第一个明确阐明实现建筑中真正趣味的条件总是与结构的优点密切相关，他在《实践建筑说明》（1841年）中试图证明在所有过去的年代里，建筑中纯粹的趣味曾经是纯结构上的，并认为只有在哥特式尖券建筑中，一切都是源于结构方面的考虑。

在理论方面，哥特理性主义第一次把结构理性作为建筑理性的核心内容，并为之后出现的结构理性主义奠定了基础。而在实践中，哥特式理性主义者的理论主要是作为对某个基督教建筑类型作辩护，正是因此，当试图使哥特式原则适应当时比较实际的要求时，其论点中的大部分就不实用了，存在理论与实践脱节的问题。

2.2.2.3 结构理性主义思想

19世纪法国的维奥莱特·勒·杜克（Viollet-le-Duc）是第一位结构理性主义的先行者，他早年从事过修复和研究中世纪的教堂建筑，其中以对巴黎圣母院的修缮最负盛名，这些工作让他比同时代的其他学者更加深入了解哥特式建筑的原理，为他此后的理论发展奠定了坚实的基础。杜克曾于1853年在巴黎美术学院演讲中提出了对后来产生深远影响的建筑原则："建筑上有两个方面必须求真：一个是真实地依据计划进行；另一个则是真实地以建造方法进行。所谓真实地依据计划进行，所指的是能够完全满足建筑需求的条件；而真实地依据建造方法进行，则是指根据建材的品质与特性使用建材……在这个最主要的原则之下，对称与外形等纯粹属于艺术的问题则属次要"。在此原则基础上，杜克开始探索适合他所处时代的新建筑特征。与大多数哥特复兴主义者不同，杜克不仅欢迎铸铁在建筑中的应用，而且认识到只有应用了此类结构材料，才能演化出新的建筑，也就是说，建筑只有在严格运用新结构的过程中才能获得新形式。

虽然杜克从13世纪法国哥特建筑中总结出一系列原则看似与普金的观念大同小异，但杜克主张用这些原理去发展一种前所未有的建筑形式和方法的思想却与普金有本质区别。杜克的思想方式是系统化的、开放的和具有前瞻性的，而不是禁锢于某种传统建筑的形式含义。杜克同样赞赏罗马建筑中用砌体面层包裹碎石混凝土墙体的做法，认为这是一种既经济又符合技术要求的组合方式，他主张在新建筑中使用轻质砖墙或在混凝土结构上使用砖砌贴面，这一观点与戈特弗里德·森佩尔以文化人类学为基础的饰面理论颇为相似，而与普金提倡的必须直接反映建构本体的砌体原则截然不同。

杜克把希腊神庙看作是合乎理性的，他曾明确地指出希腊建筑中看得见的外部形式都仅仅是合理结构的效果，外观形式和结构在本质上是统一的，希腊建筑中最具代表性的柱式本身就是结构，因而与哥特式建筑一样，不可能去掉柱式中的任何部分，而不破坏建筑整体。这与古典理性主义者洛吉埃的观点同出一辙。

杜克也曾深受希腊–哥特思想的影响，并十分关注结构的经济性，由此认识到飞扶壁结构是不经济的，并在后来发明了没有飞扶壁而用不同结构材料形成的等角结构建筑，在这种结构中，砌体的厚度大为减少，但由于铸铁管的使用反而使砌体的强度大大提高。之后，杜克又提出了一个将受压铸铁构件与锻铁拉结构件结合起来共同抵消侧推力的大胆构想，其中荷载被转化为一个传递至墙基砌体柱墩的推力。杜克还努力探讨过一种有轻型空心金属构件或网状金属构件组成的结构，把从百叶窗到金属构架屋顶的构件元素都作为结构改进的对象。正是基于对砖石、铸铁和锻铁等结构材料力学性质的精准把握，杜克的设计摆脱了对历史形式的模仿，提出了一整套将铁构和砌体相结合的混合式结构，其中包括有承重作用的砌体围合体、拱顶结构的屋顶、铸铁管构件、锻铁拉杆以及各组成部分之间的连接构造方式（见图2-8）。并给出了采用这种符合材料本质的一系列结构方式的构想，它们可以作为建造不同大跨度空间的方法。

杜克的上述构想集中反映在他设计的有三千个座位的音乐厅方案中（见图2-9）。大厅平面为八角形，在一个罗马风建筑样式的砌体承重结构上支撑着跨度达140英尺的屋顶，多边形的屋顶结构和根据受力特点设计的铁构体系比之前拉布鲁斯特的做法在荷载传递方面更加清晰、明确，同时也更加复杂。从这个大厅方案可以概括出杜克的结构理性主义思想设计原则：第一，19世纪在铸铁和锻铁生产方面取得的成就，可以为新建筑的发展提供一种史无前例的独特资源；第二，新建筑必须建立在传统与创新相互结合的基础上，砌体结构的优点仍应继续发扬；第三，这种新型建筑必须像历史上的伟大建筑，特别是像12世纪的哥特建筑那样，能够表现出与自然之间存在的基本关系，而这样的关系要通过荷载传递的方式来揭示。

图2-9　三千人音乐厅方案

对于杜克来说，文化与自然的对话就体现在拱顶、支柱、拉杆和节点之中。

然而，遗憾的是维奥莱特－勒－杜克的探索最终只是停留在理论层面，而没能落实到实践中，他虽然完成过数十个建筑项目，但却从未能够真正作出令人信服的、属于19世纪的新建筑，这主要是由于与他的理论相隔半个世纪之后，钢筋混凝土结构体系才开始大量应用，而缺少了建筑工业的支持，杜克的思想在当时就几乎没有变成现实的可能。作为一位理论家，杜克的理论深刻、系统、富有条理，集中体现在《11世纪至16世纪的法国建筑词典》（1854年）和《建筑谈话录》（1872年）两部著作中。

在《11世纪至16世纪的法国建筑词典》一书中，杜克把哥特式建筑看作为符合结构理性原则的最佳表现，他认识到经典的哥特建筑的形式与其结构是无法分离的，因为包括材料、形式、平面和细部在内的建筑上的每一个部件都是结构上需要的，因此不可能去掉或添加任何装饰形式而不损害建筑的完整性。在杜克看来，13世纪的法国哥特建筑具有真实性，并具有普遍指导意义的原则，因为它们的形式仅是结构的表现，而不是任意的、武断的结果。杜克认为在建筑中不应该给出强加于形式之上的规则，建筑形式的本质是使其适合于结构的需要，每一种结构体系，都有其适合的形式，结构发生了变化，形式也应随之变化，而建筑形式作为结构的表现这一精神是永恒不变的。此书的贡献还在于掀起了一场重新认识建筑的运动，将建筑理论从注重建筑的外观形象转向关注艺术作品的本质，

让人们认识到建筑中本应具有的科学成分，而建筑的艺术性并不仅仅在于外在表皮的品质。根据杜克在书中的观点，仅依靠现象学的本体还原方法不能真正实现形式与本质的关联，结构分析的作用是无法被取代的，在建筑中结构是手段，形式是结果，建筑形式是建造活动的自然产物。

图 2-10　阿姆斯特丹股票交易所

《建筑谈话录》是一部百科全书式的建筑理论巨著，书中努力挖掘建造文化的发展历史，从中寻求符合新时代要求的建筑方式，主张以逻辑、气候、经济以及精巧的工艺生产和使用要求为基础，建立一种作为建造艺术的建筑学思想。在此书中，杜克始终如一地倡导通过将不同材料、技术和资源进行整合利用，来发展一种既经济有效又符合时代特点的建造方式。杜克的整合思想并不是不同技术的简单拼凑，而是强调一种系统化的体系，因此他猛烈抨击了 19 世纪的火车站建筑，认为将古典建筑语言和笨重的宫殿式立面与轻巧的铁构玻璃顶棚生硬地结合在一起的做法是不可接受的。同样，杜克也批评了苏弗洛在圣日纳维耶夫教堂中将固定石制横梁结构的扒钉构件隐藏起来的做法，因为使用扒钉连接石头构件正是希腊－哥特建造技术不可分割的组成部分。在书中，杜克也十分重视建筑的实际建造问题，他认为力学逻辑和建造程序的理性原则是无法分离的，它们既互为前提又互为结果，而建筑师应该是"有技巧的施工者"，这样就能在设计中把结构和建造的逻辑同时反映到建筑的形式上。

维奥莱特·勒·杜克所提倡的结构理性主义建造方式，实际上是继承和发扬了拉布鲁斯特的传统，并对下一代建筑理论家和建筑师产生了重要影响，如奥古斯特·舒瓦奇、德·波多、比特鲁斯·贝尔拉赫等，成为现代建筑结构理性主义思想的主要来源。图 2-10 为贝尔拉赫设计的荷兰阿姆斯特丹股票交易所，1903 年落成，该建筑采用砖砌墙体和拱形金属屋架结构，成功地实践了杜克的结构理性主义思想。

2.2.3　材料表现思想

在近代的建筑设计思想发展过程中，表现主义思想和理性主义思想是伴随出现的，它们不仅相互联系，而且还相互影响。19 世纪的西方美学已经认识到，艺术的本质乃是精神内容和外在形式的吻合，作为艺术的一大门类，建筑的物化形态除了要对当时的技术条件做出回应，还要成为同时代精神内容的载体，而通过对材料及其结构的表现来实现建筑的艺术性表达，符合理性和科学精神的伦理和文化价值。在这样的背景下，材料表现思想逐步发展成为促进现代建筑产生的另一思想动因。

从材料表现思想发展过程来看，其内容可以进一步分为本体性再现思想、核心形式与艺术形式理论以及材料面饰理论。

2.2.3.1 本体性再现思想

19世纪的本体性再现思想代表人物是德国最重要的古典浪漫主义建筑师弗里德利希·辛克尔（Friedrich Schinkel）。辛克尔深受以康德、黑格尔为代表的古典主义美学影响，把建筑看作为具有表现主义倾向的浪漫主义艺术形式，同时又具有启蒙运动的价值观，认同符合理性和科学精神的伦理和文化价值。他的文化观也受到谢林自然哲学的影响，谢林主张理想与现实的统一，辛克尔则用建筑类型与场地的结合来诠释这种哲学观点。

辛克尔的古典浪漫主义建筑作品都是在强调本体性与强调再现性的建构形式之间徘徊。在他早期（1821年）的歌唱学院建筑设计中，用独立的木柱内廊去刻意模仿古典的多立克柱廊。同年建成的柏林国家剧院，建筑外部的模数关系与划分室内空间的承重墙体系并不完全吻合，为了表现建筑的模数关系，辛克尔在建筑的侧立面上刻意强调了模数的韵律，又将建筑入口柱廊的形式反映在侧立面4个巨大的壁柱上。显然，在这两座建筑中再现性的形式占据了主导地位。此后，辛克尔的作品逐渐转向对建筑本体的建构表达，更加重视本质结构与外在形式的关系，而不仅仅是风格的选用。在他设计的波茨坦夏洛腾霍夫宫（1832年建成）中，用暴露的木椽构架支撑在柱墩上，形成开敞式的屋顶山花。他设计的柏林建筑学院大楼（1836年建成），檐饰部分的处理更具建构的本体价值，檐饰的下部挑檐提示着屋面椽构体系的尺寸和间距，它以一种隐喻的方式再现了暗藏的主体结构。在辛克尔的所有作品当中，新帕克霍夫库房（1820~1832年间建成）是最能表现结构受力关系的作品之一，立面上每楼层设一条水平束带，束带的间距随建筑高度的增加和结构荷载的减少而逐步递减，结构墙体的厚度也随荷载的变化自下而上逐渐减小，并且这种收分作法反映到建筑的立面上。

辛克尔在19世纪20年代曾经游历英国，英国先进的铸铁技术和工厂建筑给他留下了深刻印象，更加坚定了他认为技术能够为新风格提供可能这一信念。尽管辛克尔不是铁构建筑的积极推动者，但在他同时期写作的《建筑学教程》中还是出现了大量与铁框玻璃结构相关的内容。在这部书中收录了许多不同构件的连接方式以及不同材料的结构组合实例，其中包括：如何将石拱浮饰运用到多层库房建筑中；柱子截面自基础向上逐渐递减的作法；铁框玻璃屋顶内部的排水系统，等等。总的来说，辛克尔强调的是材料和结构的建构体系问题，而非外在的形式问题，同时也把与建构相关的问题更多地看作为服务于建筑本体的再现表达而非工程技术。

虽然作为古典浪漫主义的代表人物，辛克尔追求的建筑本体仍然在于物质化的建造方面。在《建筑艺术的原则》一文中他阐明了对建造原则的理解，其核心是"合目的性"。辛克尔首先给"建造"下的定义是"为特定目的将不同的材料结合为一个整体"，并指出这一定义不仅包含建筑的精神性，而且也包含建筑的物质性，合目的性是一切建造活动的基本原则。接下来辛克尔进一步表明"建筑具有精神性，但建筑的物质性才是思考的主体"。随后，辛克尔给出了实现建筑的合目的性的三种途径：空间和平面布局的合目的性、材料组合的合目的性、装饰的合目的性。辛克尔还将适宜性原则应用于结构和装饰，要求建筑在使用材料方面应揭示材料自身的品质，包括各种建筑构件组合的工艺和品质，显然辛克尔对工艺的精确性和材料的丰富性十分关注，这与佩罗的"客观美"思想具有内在的关联。

辛克尔还把建筑类型与地域和场地的结合纳入到合目的性原则之中。他接受迪朗实用经济的建筑类型理论，因为这符合当时德国捉襟见肘的财政状况，但又拒绝完全按特定模式建造建筑这一技术普遍主义的作法。在辛克尔看来，大地本身就是建筑特征的基本源泉，建筑师的任务就是将规范的类型与场地的要求相结合，这种结合不仅在于物质环境方面，更在于表现民族文化特征的精神层面。从而，辛克尔将对合目的性的理解与文化等级概念结合起来，他认识到并非所有的建筑都具有同样的地位，应该用不同的材料建构标准来实现不同类型建筑的合目的性的等级。辛克尔在柏林施普雷河沿岸的库普夫格拉本（Kupfergraben）地区的一系列作品清晰地表达了他的这一思想（见图2-11）。其中，远古博物馆的立面采用大理石砌筑，形成带有柱式和山花的新古典主义样式；相邻的海关大楼使用的是大理石饰面，但山花上的装饰和表面处理则有所减少；海关大楼后面的办公楼立面只采用了装饰性抹灰处理；新帕克霍夫库房建筑的外表仅用了未经装饰的清水砖墙。在这里，石块砌筑、石板饰面、抹灰、清水砖墙分别表达了逐级减退的建筑等级，并且都与特定的结构类型相匹配，从横梁结构到拱券结构，以及不同的建筑材料质感和色彩的运用，

图2-11　辛克尔在库普夫格拉本地区的一系列作品

都体现了对建筑等级的本体性再现表达。

辛克尔的合目的性原则既可以作为一种普遍的标准，又允许一定的主观性存在，它是一种启发式的规则，正是借助这样的规则辛克尔将艺术形式与自然规律结合在一起，实现了建筑形式的本体性再现。

2.2.3.2　核心形式与艺术形式理论

卡尔·博迪舍（Karl Bötticher）在 1843 年至 1852 年间出版的《希腊人的建构》一书中，开创性地提出"核心形式"（Kernform）和"艺术形式"（Kunstform）的理论。核心形式意指建筑元素或构件的材料和力学作用，而艺术形式则要使这种内在的静力学功用在外部得到表现。对于博迪舍来说，艺术形式的任务就是再现核心形式，这不仅涉及核心形式在建造层面的内容，而且还涉及建筑在社会文化方面的问题。他认为建筑的每一部分都可以通过核心形式和艺术形式这两种形式得以实现，建筑构件的核心形式是结构机制和受力关系的必然结果，而艺术形式则是结构机制和受力关系的呈现。换句话说，在博迪舍看来艺术形式作为外壳应该具有揭示和强化结构本体内核的作用。对于设计操作，博迪舍认为应该注意区分表现结构本身与修饰结构形式之间的差异，无论以饰面还是以装饰来进行修饰，它们作为艺术形式都仅仅是一种覆盖方式，或是一种具有象征属性的装饰。

在书中，博迪舍还提出了一系列涉及建筑句法和构造问题的观点。博迪舍指出了希腊神庙木椽的核心艺术与作为再现艺术的檐壁三陇板和陇间板之间的差异。与辛克尔类似，博迪舍也希望通过等级秩序来弥补古典主义与浪漫主义的断裂。以辛克尔的《建筑学教程》为出发点，博迪舍试图将结构的本体地位和装饰的再现作用重新结合在一起。博迪舍反对一切形式的折衷主义，其中甚至包括哥特复兴主义和新文艺复兴主义，他主张一种能够将希腊建筑的再现性与哥特建筑的本体性兼容并蓄的建筑。

博迪舍受到叔本华思想的影响。叔本华认为，只有通过支撑与荷载之间富有戏剧性的相互作用，建筑才能获得本质的形式和意义。基于此，博迪舍提出象征性装饰无论在任何情况下都不应混淆建筑的基本结构形式，主张建筑应该注重结构构件之间恰当的相互连接，从而产生富有表现力的衔接关系，他将这种衔接关系视为建筑的躯体构成，它不仅使建造成为可能，而且还使这些构件转化为建筑表现体系中具有象征意义的组成部分。博迪舍也受到谢林自然主义哲学的影响。谢林认为，正是因为"建筑"具有象征意义，它才能超越"房屋"单纯的实用层面。谢林和博迪舍都认为无机体不具有象征意义，只有将建筑与有机体相比拟，结构形式才能获得象征的地位，但建筑直接模仿自然形式的作法并不可取，而只有通过模仿其自身才能成为模仿性艺术。与谢林的不同之处在于，博迪舍所提倡的模仿建筑自身并非要借用历史形式，而是探索一种在当时称之为"第三种风格"（既非希腊风格也非哥特风格）的可能性，在综合希腊和哥特双重遗产的基础上，创造具有文化整合能力的新建筑。在博迪舍看来，真正的新建筑应该是一种精神的折衷，而非风格的折衷，它不在于某种风格的外表，而取决于隐藏在外表背后的本体——结构。博迪舍不反对将传统的风格与新的历史条件相结合，但坚决拒绝用武断的方式决定风格的演进，他的观点是，具有未来风格的建筑体系必须建立在新的结构原则之上，否则别无出路，这与后来维奥莱特·勒·杜克的思想同出一辙。

博迪舍反对仅以建筑表面的覆盖方式来形成新建筑风格的作法。他曾指出，以尖拱为主要特征的哥特建筑已达到了石构建筑的最高成就，但在他本人所处的时代石构建筑的道路已走到了尽头，石头的绝对强度和相对强度都已几乎挖掘殆尽，运用石材产生新结构的可能性已不复存在，因此无法再将石材作为以后建筑的唯一结构材料来使用，如果要创造新的、未知的空间体系，就只有取决于新的、未知的材料（包括没有在当时建筑上得到大量运用的材料）。对于这种新材料博迪舍作了进一步阐明，它与单独使用石材相比，应能满足更大跨度的要求，同时又更轻便、更安全可靠，应能满足任何可以设想出的空间需要。有了这种材料，墙体的数量可以减少到最小，尖顶结构中笨重庞大的飞扶壁也必将被淘汰，整个体系的重量将集中在墙体和其他支撑构件的垂直受力方向上。当然，石材在建筑中仍可以广泛使用，但这一新型的结构材料必将成为建筑结构的主体，并且它能够将结构功能转化到按其他原理运作的建筑构件中去。显然，博迪舍所指的这种新材料就是铁。实际上，当时博迪舍已经对铁构建筑充满信心，认为随着人们对铁的结构特性的研究和认识进一步加深，它必将成为未来建筑体系的基础，并且以铁为结构材料的建筑体系会比希腊和哥特体系更加优越。

与法国结构理性主义者的不同之处在于，博迪舍主张新建筑仍需通过古典建筑原则来重新诠释，以实现自身的再现形式，完成建构的表达。博迪舍将古典建筑视为普遍象征意义的化身，这一思想成为后继者实现符号学转向的理论依据。而就博迪舍当时的情况而言，遵循古典建筑原则是一种现实的选择，因为开创出符合铁构特征的全新建筑体系并非易事，在19世纪中叶，真正的全新建筑形式仍在酝酿之中，即使在博迪舍之后，由维奥莱特-勒-杜克提出的新建筑体系构想也没能变成现实。

2.2.3.3　材料面饰理论

作为德国19世纪继辛克尔以后最伟大的建筑师和建筑理论家之一，戈特弗里德·森佩尔（Gottfried Semper）的影响广泛而深远。森佩尔的理论研究纷繁复杂，涉及面很广，概括起来主要集中在对材料和面饰的讨论上，但与其他人不同，他的理论核心是以独特的社会人类学视角展开的。森佩尔坚信材料及其制作构成了人类的内在愿望与外部客观世界之间的交汇点，并认识到材料对建筑的制约，把建筑的形式语言归结到施工建造方面。与之前康德与席勒关于艺术要超越物质性的主张不同，森佩尔维护了建筑的材料与技术的一面，但也与结构理性主义者的态度不同，森佩尔认为人们是在制作使用器具以及艺术作品的过程中，来满足精神和物质的双重需求。森佩尔一生著述颇丰，他的理论主要集中在自1850年到1860年间出版的一系列著作中。

森佩尔于 1850 年完成了他的首部理论《建筑的四个要素》，书中认为，不论古代还是当代，建筑的形式总是借助于材料并由材料引起的，材料的构造组织是建筑的本质，建筑应根据自然的条件和规则去选择和应用材料。同时也认为，对建筑形式和风格的创作，不能简单地停留在物质层面，而要借助材料的外表去表达建造建筑的动机，以及实现对自然的象征。在森佩尔看来，所有建筑形式最初都源于四种基本动机：汇聚、抬升、遮蔽、围合。在建筑中则出现与动机相对应的四种形式要素：炉灶、平台、屋顶、墙体。要素之间的结构联系使其成为一个整体，并进一步对应四种建造工艺：陶艺、砌筑、木工、编织[33]。在四种形式要素的基础上，建筑的形式发展才进一步表现为一个象征性的演变过程，实现材料从物质性到艺术性的转化，并以富于表现力的艺术形式把建筑的物质性隐匿于其中。显然，森佩尔的理论已经是涉及建筑一般性的基础理论，它强调内在和外在的一致性，外在指形式，而内在所指的就是与材料使用相关的动机与目的。换句话说，从材料使用的必然性出发产生了建造建筑的动机，动机又产生形式，而原始的动机和相对应的基本形式要素是建筑风格的本质。

在四种动机及其相应的建筑形式和制作工艺的基础上，森佩尔着重针对围合动机对应的墙体形式及其材料的替换进行阐释，提出了他的材料转化理论。森佩尔根据人类学研究的发现，认为编织是人类最早的活动，在这一活动的演变过程中，从最初由树枝和篱笆组成的原始围合物，到织物编织阶段，再到墙面的编织特征以一种象征的和视觉的方式移植和转化到砖、瓦、马赛克以及石膏饰面板中。在森佩尔看来，建筑形式的发展是一个象征性的演化过程，在这个过程中，人们希望以一种富有表现力的艺术形式来隐匿建造的物质性，但这一过程又同样要借助物质手段来完成，它是一个由原始材料到现代材料的替代过程，也就是说，虽然具体的建构材料改变了，但早先材料的形式特征和象征意义仍旧在新的材料中得到体现。正是在这种具体材料的转化与替换中，形式的象征意义才得以延续，也正是以这种不同材料之间替换为途径，建造的内在意义才得以保留，最为典型的例子即是希腊神庙在由木构向石构的转换中，材料改变了，但梁头在形式上仍然延续了木构的特征，同时也延续了所承载的象征意义。显然，在森佩尔的材料转化理论中，无论墙体应用哪一种材料，真正实现空间围合这一动机的是其面层的饰面，森佩尔关注的重点是饰面的象征意义和遮蔽功能而非结构材料的力学特征和组织体系。森佩尔的材料转化理论对于新旧材料的更替时期是有现实意义的，但在新材料真正确立其地位之后就会处于一种尴尬的境地，艺术的目的仍在于表现物质世界中那些一成不变的本质。对于新旧材料更替时期以新材料来模仿旧材料的建筑形式，在这一过程中必然会涉及材料的变化，正如建筑类型学家科特米瑞·德·昆西（Quatremère de Quincy）的解释："模仿所获得乐趣与仿造物（每一件艺术品或模拟物）和被仿造物之间相差程度成正比"。按照这一说法，由新材料形成的建筑品质并不取决于与旧材料建筑原型的相似程度，而是要看新材料所具有的表现力重新演绎原型的成功度。德·昆西指出了材料转化理论的历史使命，也明确了这一理论的最终归宿。

森佩尔在材料与建筑风格的关系问题上也有独到的见解。在《技术与实用艺术中的风格问题》（1860年出版）一书中，森佩尔认为一件艺术品的意志，不是臣服于它的制作材料的本质属性，更不必说由此属性引申出来的结果，恰恰相反，是制作材料臣服于艺术品的意志。初看上去，森佩尔的观点似乎是忽略了材料本身的特殊属性，而热衷于纯粹形式化的模仿，但从森佩尔的另两段话中可以看出这更多是一种误解。他说："要让材料呈现出自身的本来面目，……砖就是砖，木就是木，铁就是铁，每一种材料都遵守它自身的静力学原则"。以此为基础他又说："任何一种艺术品都应该在其外观上反映它的制作材料……在这一意义上，我们也可以说存在一种木作风格，一种砖作风格，一种石作风格，等等"。可见，森佩尔的材料理论既基于物质又超越物质，是在材料技术和艺术想象的相互作用之间实现建筑的艺术表达。

同在《技术与实用艺术中的风格问题》中，森佩尔进一步明确了面饰的原则。他认为建筑的本质在于其表面的覆盖层，而非内部起支撑作用的结构，面层不是再现了结构，而是遮蔽了结构，看不见的内部结构只需要起到支撑作用就足够了。但他同时也认为，面层虽然遮蔽了结构，但不能对它进行虚假的伪装，应避免再现错误的内部信息，类似于面具的面饰绝非要起一种欺骗的作用，而是一种交流的方式，它应揭示建筑内在的真实。对于森佩尔来说，真实性的表达不仅仅在于物质技术层面，而更多地在于文化层面。由此他揭示了面饰的材料与技术、功能与象征的双重内在结构，并更多地在结构与象征而不是结构与技术的意义上达成美的目的。森佩尔面饰理论所表现的"面具"艺术形式如同包裹着人体的衣服，具有从结构分离出来的符号特征。总的来说，森佩尔是要面饰遮蔽墙体的物质性，并且通过挖掘这一面饰的隐喻性特质，增强墙体作为纯粹形式的意义。

2.3 革命性的早期现代建筑实践

在19世纪西方人的眼中，只有像教堂、会堂、市政厅、议会大厦、博物馆、图书馆等大型公共建筑，以及名人府邸才够得上真正的建筑。当时大量建造的此类建筑，新古典主义风格是主流方向，主要用砖石材料建造，即使局部采用了铁构架也往往要用其他传统材料包裹起来。这些建筑中虽然使用了新材料、新结构，却没有创造出新形式，适合钢铁结构的建筑美学观念尚未确立，但这其间也有一些令人称道的探索性实践。

2.3.1 钢铁结构建筑

随着同建筑工程相关的科学逐渐成熟并实用化，特别是钢铁结构在大跨度桥梁上的成功应用，人们逐渐认识到用钢铁结构建造建筑的巨大潜能。从19世纪中期开始一批具有全新形态的钢铁结构建筑相继登上历史舞台，为现代建筑革命拉开了序幕，但受到传统观念的影响，它们最初仅出现在一些近代新兴的非传统类型建筑中。

火车站是近代出现的一种新建筑类型，19世纪的火车站都建有一个大站棚，把列车和月台覆盖在下面。起初，轨道不多，站棚用木头建造，但木棚容易失火又不耐蒸汽的侵蚀，后来改用钢铁结构并结合玻璃顶采光。随着铁路交通迅速发展，车站中的轨线和月台数目不断增加，站棚的跨度越来越大。1850年英国利物浦莱姆街火车站首先建造了一个铁框玻璃结构站棚，跨度达到46m，一举打破罗马万神庙穹顶（43.2m）保持了1700多年的纪录。随后，火车站站棚的跨度纪录不断被改写，1863年建造的伦敦圣潘克拉斯车站站棚跨度达74m（见图2-12），1893年美国费城一个站棚的跨度达到91m。

图2-12 伦敦圣潘克拉斯车站

除站棚外，博览会中的大型展馆成为19世纪中期以后钢铁结构的又一处用武之地。约瑟夫·帕克斯顿（Joseph Paxton）通过自己的早期暖房设计积累了许多经验，终于在1851年为伦敦设计建造了首届世博会展馆——"水晶宫"（见图2-13）。水晶宫最初就被定位为一个临时性展

图2-13 伦敦"水晶宫"内景

馆，展会结束后建筑也要拆除（后于1854年在伦敦附近的锡登汉重建），只有省工省料才能实现快速建造并快速拆除。另外，作为展馆水晶宫要耐火，内部还要有充足的采光。这些都是应用传统建筑材料和构造方式建造的传统式样建筑无法实现的。按照帕克斯顿的设计，水晶宫的规模十分巨大，长564m（1851英尺，寓意为1851年），总宽124m，共有3层，正面逐层收缩，中央有凸起的半圆拱顶，顶下的中央大厅高33m，宽22m。左右两翼大厅高20m，两侧为敞开的楼层。整栋展馆占地7.18万m²，建筑总体积93.46万m³。如此规模的建筑只用了4个月多一点的时间就建成了，之所以有这样前所未有的高速度，原因是它抛弃了传统的砖石材料及建造方式，而只用铁与玻璃建造。整栋建筑用3300根铸铁柱子和2224根铸铁或锻铁的桁架梁组成，每一个构件的重量均不超过1t。柱与梁的连接处有经特别设计的节点，既牢固又能方便快速装配。所有铁构件和玻璃都是在工厂中批量生

产的标准化构件，只有极少的型号种类。铁构件以 2.44m 为模数（这一模数主要由采用的平板玻璃尺寸决定），组成从 7.31m~21.95m 不等的一系列结构跨度。屋面和墙面的玻璃板也只采用一种规格，都是 1.24m×0.25m，这是英国当时所能生产出的最大尺寸的平板玻璃。建筑构件的工业化、标准化生产，极大提升了建筑的施工速度。以水晶宫的玻璃安装为例，80 名工人一周内就安装好全部 18.9 万块玻璃，这些玻璃的展开面积接近 9.3 万 m^2。水晶宫还创造出了宽敞、连续的内部空间，并有观看展品所需的充足的天然光线。

水晶宫与其说是一个特殊形式，不如说它是一个完整的建筑过程，一个从设计构思、制作、运输到最后建造和拆除的整体体系。与此同时，按模数在工厂中快速预制和建造的钢铁结构标准化成套技术也发展起来。拿 17 世纪用砖石建造的伦敦圣保罗大教堂与水晶宫相比，前者用 42 年建成，墙厚为 4m 多，后者用 17 周建成，墙厚只有 0.2m，而水晶宫的体积却是圣保罗大教堂的 3 倍多。取得如此的成就，全靠运用工业革命带来的新材料、新结构和新工艺才得以实现。

从 1855 年到 1900 年，法国举办了 5 次规模较大的世界博览会，每次都把机械馆作为重要的展览建筑来设计，以展示国家的工业实力。1855 年巴黎万国工业博览会的机械馆采用半圆铁制拱架，跨度达到 48m。著名工程师古斯塔夫·埃菲尔（Gustave Eiffel）曾与另一位工程师克兰兹（J.B.Krantz）合作，为 1867 年的世博会设计了 35m 跨度的机械馆。1889 年，由建筑师杜透特（F.Dutert）和工程师康泰明（Victor Contamin）设计的博览会机械馆应用了当时刚刚完善的静力学理论，创造出由 20 个三铰拱结构平行排列，跨度为 115m 的大空间，成为 20 世纪之前最大跨度的单体建筑（见图 2-14）。

（a）外观　　　　　　　　　　　　　　　（b）三铰拱结构

图 2-14　巴黎世博会机械馆

图 2-15 埃菲尔铁塔

同在 1889 年博览会，还落成了一座由埃菲尔设计建造，高度达 300m 的标志性建筑——埃菲尔铁塔（见图 2-15）。在此之前世界上最高的建筑是建成于 18 世纪乌尔姆教堂的塔尖（高 162m），和 1885 年建成的美国华盛顿纪念碑（高 169m），埃菲尔铁塔的高度远远超过了它们，并把这一高度纪录一直保持到 1931 年纽约帝国大厦落成。埃菲尔铁塔自身重 7000t，有 1.8 万个精铁部件组成。塔底部有四条塔腿支撑，相邻两条腿的间距为 129.22m，跨度甚至超过了机械馆。整个铁塔优美的视觉形象体现出新时代的生机与活力，而从技术角度来看，其形式又是出于对风、重力和材料力学性能的综合考虑，是科学分析和计算的结果。实际上，埃菲尔铁塔的形式也并非绝对原创，此前埃菲尔曾在法国设计过多座高架铁桥并因此成名，在此期间埃菲尔不断把新的结构理论应用到工程设计中，积累了大量经验，并逐渐摸索出一套符合钢铁构架特征的美学表现方式，这些都为埃菲尔铁塔的成功设计奠定了基础。

到了 19 世纪末期，钢产量大幅度增长，结构中铁的运用逐渐被钢所代替。在这一时期诞生的芝加哥学派首创了多层和高层钢框架结构，用来建造公寓、旅馆、办公楼，并且奠定了美国所谓的摩天大楼（Skyscraper）的建筑设计原则和形式基础，从此拉开了高层建筑大发展的序幕。学派中的主要成员沙利文（Louis Sullivan）更是开创性地解决了现代结构与装饰的矛盾问题，他首创的"三段式"高层建筑立面构图在以后很长一段时间内被奉为高层商业楼宇的经典模式。芝加哥学派的实践，促进了钢结构多层和高层建筑技术的成熟，为以后的形式发展作了有益的探索。

从 19 世纪末、20 世纪初开始，一些建筑师开始为钢结构建筑应具有的全新形态进行探索。第一个探索表现钢结构本身的现代建筑师是奥托·瓦格纳（Otto Wagner），

图 2-16　巴黎大都会地铁站入口

他对钢结构的优点赞赏有加，认为钢结构应该在建筑外观上反映出来，并认为这必将导致新建筑形式的产生。1896 年，瓦格纳设计的维也纳卡普拉茨车站是一座全钢结构的建筑，事实上，这不是将真正的钢框架结构暴露，而是在外墙中塑造了一层新的钢框架，与真正的结构框架连接起来。外层框架是覆面板的固定骨架，它们被设计成简化的叶茎形，有明显的新艺术运动痕迹。精心设计的带有太阳花图案的大理石覆面板镶在钢骨架里，它们才是建筑艺术表现的重点。但是，瓦格纳把大理石板加工得又轻又薄，与纤细的钢骨架相配合，使建筑表现出轻快有力的面貌，为钢结构的表现争得了一席之地。当然，这种借助花饰的表现，用钢铁做成人们常见的装饰，能使其比较容易被接受。1900 年，在巴黎由吉马尔（Hector Guimard）设计的一组大都会地铁站，也以引人注目的植物形象向人们展示了完全外露的钢铁结构，并达到了"新艺术"的极致（见图 2-16）。

德意志制造联盟是新建筑运动中明确提出建筑应该与现代工业生产相结合的建筑学派，它的这一基本理论观点在建筑艺术方面有很突出的表现。学派中享有威望的建筑师彼得·贝伦斯（Peter Bebens）认为建筑应当是真实的，现代结构应当在建筑中表现出来，这样会产生前所未有的形式。1909 年他在柏林为德国通用电气公司设计的透平机车间，造型简洁，摒弃了任何附加装饰，对钢结构与玻璃的结合进行了进一步的探索，成为现代建筑的雏形。受贝伦斯的影响，格罗皮乌斯和梅耶（Adolf Meyer）于 1911 年设计了阿尔费尔德的法古斯工厂，格罗皮乌斯又于 1914 年为德意志制造联盟在科隆举办展览会设计了办公楼，这两座建筑都运用了暴露的钢结构和玻璃等轻质隔断材料进行建筑艺术创新，现代建筑中一些典型的艺术处理手法在此已初见端倪。（见图 2-17）

（a）德国通用电气公司透平机车间　　（b）阿尔费尔德的法古斯工厂　　（c）德意志制造联盟科隆展览会办公楼

图2-17　表现钢结构与玻璃结合的早期现代建筑

2.3.2　钢筋混凝土结构建筑

同钢铁一样，钢筋混凝土的出现和在建筑中的广泛应用对现代建筑的形成与发展也起到了革命性的推动作用。钢筋混凝土是在19世纪末到20世纪初被广泛采用的，这给建筑结构方式与建筑造型提供了新的可能性。

钢筋混凝土作为一种液态的浇筑石材，具有极高的可塑性，在埃纳比克解决了它的整体结合问题以后，建筑师开始探索与这种新材料、新结构相适应的新形式，"以艺术的方式"来运用钢筋混凝土成为20世纪初新建筑的发展方向。

在20世纪的头十年，钢筋混凝土几乎成为一切新建筑的标志。著名的法国建筑师奥古斯特·佩雷（Asuguste Perret）在探索属于钢筋混凝土框架结构的建筑形式方面做出了卓有成效的贡献。除了具有可塑性、整体性、耐久性及内在的经济性外，佩雷认为钢筋混凝土框架是解决哥特式结构真实性以及古典形式中人文主义价值之间冲突的一个手段。在1903年设计的巴黎富兰克林路25号乙公寓（见图2-18），佩雷已开始有意识地表现钢筋混凝土框架结构自身的特性。公寓立面呈现出的悬挑、缩进的体量，反映结构框架的垂直和水平的线条，以及没有任何附加装饰的墙面，让完全由钢筋混凝土形成的新结构具有了现代建筑的艺术表现力。

与佩雷同时期的托尼·加尼尔（Tony Garnier）在"工业城市"规划方案中设想了钢筋混凝土的可能性和普遍性，规划中的建筑均为钢筋混凝土结构，简洁的外形和整齐排列的布局，反映了他探求适应工业时代的建筑特点。1901~1904年他在假想城市中所作的市政厅、底层开敞的集会厅与中央火车站方案，也都应用了钢筋混凝土结构来表达新颖的造

图2-18　巴黎富兰克林路25号乙公寓

（a）外观

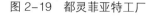
图 2-19 都灵菲亚特工厂

（a）罗比住宅，弗兰克·劳埃德·赖特

（c）戈德曼—萨拉齐大厦，阿道夫·路斯

（b）卡萨米拉公寓，安东尼·高迪

（d）爱因斯坦天文台，埃里希·门德尔松

图 2-20　表现钢筋混凝土结构特征的早期现代建筑

型与开敞明快的效果。加尼尔的贡献对现代建筑的发展同样产生了深远的影响。

迈特·特鲁科（Matte Trucco）在 1915 年为都灵菲亚特工厂所作的大规模设计中，把钢筋混凝土作为建筑语言的主要表达因素，并在建筑屋顶设计了一条试车跑道，明确证实了钢筋混凝土平屋顶具有承受动力荷载的能力（见图 2-19）。

此外，在 19 世纪末到 20 世纪初这段时间内，欧美一批有影响力的建筑师也开始利用混凝土来进行新建筑的探索。如安东尼·高迪（Antonio Gaudi）在巴塞罗那用钢筋混凝土设计建造了几座具有有机形态的浪漫主义建筑；后来被尊为现代建筑大师的弗兰克·劳埃德·赖特（Frank Lloyd Wright）在一系列"草原住宅"中用钢筋混凝土来制作悬挑的屋檐和窗过梁；阿道夫·路斯（Adolf Loos）的作品中也应用了钢筋混凝土结构；埃里希·门德尔松（Erich Mendelsohn）设计的爱因斯坦天文台，其表现主义的外形则正好适合利用具有可塑性的混凝土来建造。（见图 2-20）

伴随着钢筋混凝土及其结构技术的飞速发展，它在大跨度建筑结构方面的巨大潜力也随之被开发出来。法国理性主义建筑师阿纳托尔·德·博多（Anatole de Baudot）是应用钢筋混凝土网状平板结构和预制折板结构的先驱，他深受维奥莱特·勒·杜克的影响，把结构暴露在外，形成视觉形式的一部分。博多曾在1897年用钢筋混凝土设计建造了巴黎圣让教堂，但其风格是对哥特式的重新演绎。1910年，马克思·贝格（Max Berg）把贝伦斯使用钢框架的作法用于钢筋混凝土大跨结构，为布雷斯劳展览会设计了世纪会堂（见图2-21）。会堂的大厅是一个直径为65m，由钢筋混凝土拱形肋梁支撑的巨大圆顶，肋梁落在周边的环梁上，环梁又由落地的帆拱支撑。圆顶覆盖了1950m²的面积，重约4200吨。相比之下，罗马圣彼得大教堂的穹顶覆盖面积是488m²，而当时需要1万吨的材料来建造。遗憾的是，该会堂的结构在外面被新古典主义的装饰遮蔽了，结构之美没有能得以表现。

图2-21 布雷斯劳展览会世纪会堂

在一些工程设施中钢筋混凝土结构更是大显身手。1916年，法国工程师欧仁·弗雷西内（Eugène Freyssinet）在巴黎近郊的奥利（Orly）建造了一座巨大的飞艇库，建筑采用了抛物线形的钢筋混凝

图2-22 巴黎奥利飞艇库

土拱顶，跨度达96m，高度达58.5m（见图2-22）。拱肋间有规律地布置着采光玻璃，在实现了自然采光的同时，也起到了别致的装饰性效果。瑞士工程师罗伯特·马亚尔（Robert Maillart）被认为是第一个将钢筋混凝土的抗压特性和抗拉特性结合在一起的建筑家，他从1905年起设计建造了一系列钢筋混凝土桥梁，这些桥梁采用箱型结构的三铰拱，两侧设有用来减轻重量的三角形孔洞，它们轻快的形式与结构应力分布一致，在工程技术与艺术

图 2-23　罗伯特·马亚尔设计的混凝土桥

相结合方面堪称完美（见图 2-23）。马亚尔还于 1910 年在瑞士苏黎世建造了世界上第一座钢筋混凝土无梁楼盖仓库。

2.4　不同现代建筑流派中的建构表达

从 20 世纪初期开始，运用钢和钢筋混凝土材料和结构技术、面貌焕然一新的现代建筑开始大量涌现，并逐渐在世界范围内确立起主流地位。到 20 世纪中期以后，现代建筑呈现出多元化的发展趋势，建筑形式也异彩纷呈。纵观现代建筑在一百多年中的发展演变，社会的、文化的、美学的以及其他方面的影响固然是重要因素，但技术性因素，特别是对以材料和结构为代表的建构因素进行回应，同样是贯穿其中或明或暗的主线。

2.4.1　现代主义

"现代主义"是对 20 世纪 20 年代、30 年代现代建筑的特定称谓。20 年代末，现代主义建筑在西欧成熟起来，并逐渐向世界其他地区扩展。从格罗皮乌斯、勒·柯布西耶、密斯等人的言论和作品来看，积极采用新材料、新结构，促进建筑技术革新，在建筑设计中运用并发挥新材料、新结构的特征，是现代主义建筑理论和风格的基本特征之一。

早在 1910 年，格罗皮乌斯就建议用工业化方法建造住宅，后来他一直强调运用新技术的重要性。密斯把建造方法的工业化看作现代建筑师的首要课题，而又认为材料问题是建筑工业化过程的关键，他对于在建筑设计中发挥钢、玻璃和混凝土的特质表现出浓厚兴趣。作为现代主义建筑的积极倡导者，勒·柯布西耶的许多建筑思想都是建立在对钢筋混凝土材料的深刻理解之上，他在 1915 年与工程师迈克斯·杜布瓦（Max Du Bois）合作提出了两项创造性的观点：一是多米诺体系（Dom-Ino Principle）（见图 2-24），这是他早期住宅的结构基础，也是对埃纳比克体系空间优势的新诠释；二是"托柱式城镇"（Villes Pilotis），这是一个建立在混凝土立柱上的城市模型。在柯布西耶看来，多米诺体系既是一种生产上的技术措施，也代表着现代建筑的标准化发展方向。在 1926 年，柯布西耶又进一步提出"现代建筑五点"理论，包括：用托柱把底层架空；自由平面，由于把承重柱与分割空间的墙体脱离而实现；自由的立面，相当于垂直面上的自由平面；水平长窗，同样由于把承重柱与外墙脱离而实现；屋顶花园，由平屋顶形成，其意图是恢复被房屋占去的地面。"现代建筑五点"虽然不是在表现结构或材料本身，但却充分发掘了钢筋混凝土结构所能提供的建筑语言，它对现代建筑的发展产生了极其深远的影响。

20 世纪 20 年代到 30 年代初，出现了一批现代主义建筑的代表作品。如格罗皮乌斯设计的包豪斯校舍、密斯设计的 1929 年巴塞罗那博览会德国馆、柯布西耶设计的萨伏依别墅和巴黎瑞士学生宿舍、阿尔托设计的芬兰帕米欧疗养院等是其中比较著名的（见图 2-25）。在这些代表性的现代主义建筑作品中，建筑师都注意发挥钢结构或钢筋混凝土结构的轻巧特点，及金属制品和大片玻璃的晶莹泛光的特性，使建筑形象具有简洁明快、合理有效、清新活泼的风格，从而具有鲜明的时代感，令人耳目一新。

2.4.2　国际式

随着现代主义建筑在世界范围内大量涌现，其方盒子式的建筑外观逐渐被人们冠以"国际式风格"的称谓。特别是随着格罗皮乌斯、密斯等现代主义建筑大师来到美国后，他们在建筑学院里培养了一代美国新派建筑师，让现代主义建筑拥有了更广阔的应用空间。二战后，以美国为代表的西方国家开始了新一轮

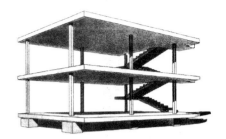

图 2-24　勒·柯布西耶的多米诺体系

（a）包豪斯校舍，格罗皮乌斯

（b）巴塞罗那博览会德国馆，密斯

（c）萨伏依别墅，勒·柯布西耶

（d）芬兰帕米欧疗养院，阿尔瓦·阿尔托

图 2-25　代表性现代主义建筑

（a）纽约利华大厦，SOM　　　（b）联合国总部大楼　　　（c）芝加哥西格拉姆大厦，密斯

图 2-26　代表性国际式风格建筑

大规模建设，众多高层和超高层建筑如雨后春笋般拔地而起，但与之前不同的是，50 年代的高层和超高层建筑形象大为改观。1952 年落成的纽约利华大厦是一座简洁的板式高层，四个立面从上到下全由玻璃覆盖，建筑形象与先前绝然不同。1953 年落成的联合国总部大楼形体也是一板片，两个主要立面全是玻璃。在 20 世纪 50 年代、60 年代的高层和超高层幕墙建筑的形式方面，密斯的贡献举足轻重，这与他长期以来对钢结构建筑的探索密切相关。密斯的建筑艺术依赖于结构，但又将对结构的表达升华到精神领域，他把外包的金属框架玻璃幕墙成功地应用在芝加哥湖滨公寓和西格拉姆大厦上，用"皮加骨"的方式让现代高层建筑具有了纪念性的形式。因此，这样的建筑也被称为"密斯风格建筑"，它们在美国乃至世界许多大城市纷纷出现，成为国际式建筑最具代表性的形象。（见图 2-26）

　　20 世纪 50 年代、60 年代的幕墙建筑，从外观上看主要由钢、铝、玻璃、搪瓷板等工业生产的材料和制品组成，并且特意表现这些材料的材质和工艺之美。建筑的形体一般也简单整齐、方方正正、少有变化。出现这样的现象，不单是形式方面的考虑，更重要的是材料、结构、技术以及经济的原因。

2.4.3　粗野主义

　　"粗野主义"是二战后一段时期内现代建筑发展的一种倾向。柯布西耶在建筑中率先采用这种具有表现主义色彩的建造方式，如巴黎马赛公寓、昌迪加尔议会中心、里昂圣玛丽修道院等，他以一种存在主义的理由为依据，让混凝土结构在粗制的木模板中进行浇筑，有意识地将建造过程显示出来。受到柯布西耶的影响，在 20 世纪中期

一批西方第二代与第三代建筑师也利用混凝土创作出大量此类风格建筑，如英国的斯特林（James Stirling）设计的伦敦南岸艺术中心；意大利的弗甘诺（V.Vigano）设计的 Marchiondi 学院；美国的鲁道夫（Paul Rudolph）设计的耶鲁大学艺术与建筑学院；日本的前川国男和丹下健三在这一时期的多个作品，等等。粗野主义建筑的共同特点是采用钢筋混凝土作为结构，并把混凝土"自然"地暴露出来，表现它的毛糙感和沉重感以及构件的"粗鲁"组合。（见图 2-27）

　　粗野主义不单是一个形式问题，而是同当时社会的现实要求与条件有关，它代表着一种同大量、廉价和快速的工业化施工方式相一致的新美学观。与密斯的钢铁玻璃建筑相比，粗野主义同样认为建筑的美应以结构与材料的真实表现为准则，但不同之处在于，它更加讲求经济性，多从混凝土的毛糙和沉重感中寻求形式上的出路。

2.4.4　典雅主义

　　"典雅主义"是二战后现代建筑在美国的一种发展倾向，它致力于运用传统的美学规则来使现代的材料和结构产生规整、端庄与典雅的庄严感。代表性的建筑师及其作品有：约翰逊（P.Johnson）设计的内布拉斯加州州立大学谢尔屯艺术纪念馆和纽约林肯文化中心；斯东（E.D.Stone）设计的美国驻印度新德里大使馆和 1958 年布鲁塞尔世博会美国馆；雅马萨奇（M.Yamasaki）设计的底特律韦恩州立大学麦格雷戈会议中心（1958 年）、1964 年西雅图世博会科学馆和原纽约世贸中心。虽然在典雅主义建筑作品中很少有功能、技术与艺术方面均能兼顾的创造性突破，但通过结合金属、玻璃和混凝土三种主要现代材料的典雅表达，典雅主义让现代建筑更具人性化，更能被大众所接受。（见图 2-28）

（a）巴黎马赛公寓，勒·柯布西耶

（b）昌迪加尔议会中心，勒·柯布西耶

（c）耶鲁大学艺术与建筑学院，保罗·鲁道夫

（d）仓敷县市政厅，丹下健三

图 2-27　代表性粗野主义建筑

（a）纽约林肯文化中心，　　（b）底特律韦恩州立大学麦格雷戈会议中心，　（c）1964年西雅图世博会科学馆
菲利普·约翰逊　　　　　　　　　雅马萨奇　　　　　　　　　　庭院，雅马萨奇

图 2-28　代表性典雅主义建筑

2.4.5　有机功能主义

早在现代主义建筑兴起时期，赖特就开始用混凝土来塑造具有有机形态特征的建筑。赖特不但理解钢筋混凝土结构技术，巧妙地消化吸收了这些结构原理，而且还创造出体现其材料本质并使其特性"自然地"发挥的结构方式及形态，如流水别墅的楼梯状挑棚、约翰逊制蜡公司的树形结构及蝶形结构、纽约古根汉姆美术馆的螺旋形结构所产生的独创性的形态与结构系统等。赖特所创造的每一个建筑都是从材料的本质出发的，其作品形态的真实性与美感就从中产生。同为早期的现代建筑大师，阿尔瓦·阿尔托（Alvar Aalto）也很早就开始探索有机形态的设计，他采用自然材料——木材和红砖建造了许多具有地方特色的现代主义建筑，为有机功能主义奠定了坚实的基础，在他 1939 年设计的纽约世博会芬兰馆内部，用混凝土筑成的曲墙具有强烈的动感效果。

20 世纪中期，在以爱德华多·托罗哈（Eduardo Torrja）、费利克斯·坎德拉（Felix Candela）、皮埃尔·陆吉·奈尔维（Pier Luigi Nerve）为代表的一批对于现代建筑结构具有奠基作用的工程师的努力下，钢筋混凝土壳体结构的发展日臻完善，在他们的作品中具有的有机形态总是与结构技术完美融合。结构技术的进步也促进了建筑师的创作，在国际式风格盛行的时候，埃罗·沙里宁（Eero Saarinen）独自突破刻板单调的密斯传统，成为有机功能主义的主将。肯尼迪国际机场的美国环球航空公司候机楼（1956 年）是沙里宁奠定有机功能主义的里程碑建筑，由 4 片钢筋混凝土壳体组成的屋顶让建筑看起来像是一个展翅飞翔的大鸟，并且无论是建筑的内部还是外部，基本没有标准几何形态，完全以有机形式来设计，同时又保持了现代建筑的功能化以及现代建筑材料非装饰化的基本特征。此后，沙里宁又设计了杜勒斯国际机场候机楼（1957 年），这是他对有机功能主义的进一步发展，在整体为简单长方形的平面上，他用 16 根巨大的、有机形状的柱子支撑起反曲抛物线形的巨大屋顶，从结构上和形式上，这些巨大的柱子都有拉住和支撑倾斜大屋顶的功能和视觉感。沙里宁利用现代结构技术使有机形态和理性主义之间达到更好的协调，同样的作法也在约翰·伍重（Jorn Utzon）设计的悉尼歌剧院以及当代建筑大师圣地亚哥·卡拉特拉瓦（Santiago Calatrava）的作品中有所体现。自从现代建筑以来，利用现代材料和结构的性能建造的有机功能主义建筑已大量存在。（见图2-29）

2.4.6　高技派

"高技派"是一种出现在20世纪60年代的现代主义之后建筑流派，是主张在建筑形式上突出当代技术特色，突出科学技术的象征性内容，以夸张的形式强调高科技时代社会发展动力为目的的。高技派建筑师继承了现代主义留下的技术主义美学的丰富遗产，采用技术手段，并在形式上极力表现高技术的结构、材料、设备、工艺等可能具有的美学潜能，在处理功能、结构和形式三个基本要素上，把结构和形式等同起来，认为工业化的结构是工业化时代的形式，而高科技的结构就是高科技时代的形式。因此，他们借助精细的结构技术，追求对现代工业材料和工业加工技术的运用，把现代主义设计的技术成分提炼出来，加以夸张处理，形成一种技术符号化的效果，并最终让工业技术风格演变成一种商业流行风格。可见，赋予工业结构、工业构造、机械部件以美学价值，是高技派风格的核心内容。由于高技派建筑大都采用暴露的钢结构以及玻璃和金属表面材料，并把它们作为传达美学信息的载体，但形式却比工业化时期的现代主义建筑更加精美，因而人们把高技派的出现看作为建筑中"第二代机器美学"的诞生。

由意大利建筑师伦佐·皮亚诺（Renzo Piano）和英国建筑师理查德·罗杰斯（Richard Rogers）合作设计的巴黎蓬皮杜文化中心（1971年~1977年），被认为是高技派建筑的里程碑式作品。建筑采用钢结构，使用铸钢标准构件、金属接头和金属管构造，金属管构架之间的距离为13m，形成内部48m完全没有支撑的自由空间。从外观上看，几乎所有的结构和五颜六色的设备管道都暴露在外，还有一个包裹在巨大玻璃管中的扶梯，看似混乱的构件组合背后其实隐藏着缜密的技术和美学秩序。

从20世纪70年代至今，高技派建筑一直在不断发展

（a）约翰逊制蜡公司内部，赖特

（b）墨西哥城花园水上餐厅，费利克斯·坎德拉

（c）纽约古根汉姆美术馆，赖特

（d）美国环球航空公司候机楼，埃罗·沙里宁

（e）萨土拉斯TGA车站，圣地亚哥·卡拉特拉瓦

图2-29　代表性有机功能主义建筑

（a）伦敦劳埃德总部大楼，理查
德·罗杰斯

（b）斯特拉斯堡欧洲人权法庭，理查
德·罗杰斯

（c）香港汇丰银行，诺曼·福斯特

（d）西班牙塞维利亚世博会英国馆，
尼古拉斯·格雷姆肖

图 2-30　代表性高技派建筑

完善，有影响力的作品层出不穷，已成为当代建筑的重要流派之一，取得这样的成果是与一批世界级的建筑师为此所作的贡献分不开，其中最具代表性的建筑师及其作品有：罗杰斯设计的伦敦劳埃德总部大楼（1979~1986 年）、斯特拉斯堡欧洲人权法庭（1989~1993 年），诺曼·福斯特（Norman Foster）设计的赛恩斯伯里视觉艺术中心（1976~1977 年）、香港汇丰银行（1979~1986 年）、英国雷诺汽车销售中心（1981 年）、威尔士国家植物园大温室（2000 年）；尼古拉斯·格雷姆肖（Nicholas Grimshaw）设计的伦敦滑铁卢国际火车站（1990~1993 年）、西班牙塞维利亚世博会英国馆（1992 年）等等。此外，在一定程度上具有高技术表现倾向的当代建筑更是不胜枚举。（见图 2-30）

2.4.7　解构主义

解构主义建筑是在现代主义面临危机，而后现代主义又无法真正替代现代主义的背景下产生的。作为现代主义之后一种形式探索，其特征被归纳为：无绝对权威，个人的、非中心的；恒变的、没有预定设计的；没有次序，没有固定形态，流动的、自然表现的；没有正确与否的二元对抗标准，随心所欲；多元的、非统一化的，破碎的、凌乱的。自 20 世纪 70 年代以来，解构主义的代表性人物有弗兰克·盖里（Frank Gehry）、伯纳德·屈米（Bernard Tschumi）、扎哈·哈迪德（Zaha Hadit）、丹尼尔·李伯斯金（Daniel Libeskind）、库柏·辛门布劳（Coop Himmelblau）等。

总的来看，解构主义建筑师不像现代主义那样重视结构技术对建筑形式的影响作用，但仍将现代的材料和结构作为表达特殊建筑含义的形式语言。以弗兰克·盖里的作品为例，在 20 世纪 70 年代开始盖里对廉价的工业建筑材料，比如铁丝笼、金属瓦楞板、铁皮板感兴趣，他认为这些材料本身具有很好的性能，只是因为长期使用在工业建筑上，造成人们对它们的漠视。在他看来，材料是没有高低之分的，因此他采用这些材料设计了一系列住宅，其中包括他的自宅。进入 20 世纪 80 年代，盖里设计了一些公共或商业建筑，此时他

（a）外观　　　　　　　　　　　　　　　　　　　（b）钛金属板表皮

图 2-31　毕尔巴鄂的古根汉姆艺术博物馆，弗兰克·盖里

开始突出使用某些结构部件，如在莫妮卡购物中心，柱子毫无目的地竖立在建筑外部，显示了结构的独立性和非必须具有结构的功能特征。在 20 世纪 80 年代后期，盖里的建筑更加注重有机形体拼合的结构方式，形体倾斜扭曲，由多个独立的结构体组成，这样做除了形式方面的考虑外，也能减小结构的规模，从而增加实现的可能性。并且他在建筑外观上开始使用一些新型的金属材料，如铝板、不锈钢板，甚至在西班牙毕尔巴鄂的古根汉姆艺术博物馆（1998 年）中使用非常薄的钛金属板作为外墙表面材料，在阳光下闪烁出柔和的光辉，而在风中又能振动，极具表现力（见图 2-31）。

2.4.8　新现代主义

新现代主义建筑可以看作为现代主义在 20 世纪后期的一种改良式发展，它仍主张功能主义和理性主义相结合的建筑原则，在形式上也类似 20 年代"包豪斯"所提倡的风格。

新现代主义已成为当代现代建筑的最重要发展方向，代表性的建筑师和作品及其众多，其中包括：贝聿铭设计的华盛顿国家美术馆东馆（1978 年）、香港中国银行大厦（1989 年）、巴黎卢浮宫改建工程的玻璃金字塔（1989 年）；西萨·佩里（Cesar Pelli）设计的洛杉矶太平洋设计中心（一期 1972 年，二期 1988 年）、纽约世界金融中心建筑群（1987 年）；理查德·迈耶（Richard Meier）设计的道格拉斯住宅（1973 年）、亚特兰大艺术博物馆（1983 年）、洛杉矶保罗·盖地中心（1998 年）；等等。从以上新现代主义建筑代表作品中可以看出，它们都具有现代主义的基本特征，但却强化了现代主义的美学成分，突出地在新材料和简单几何形体两个方面展现"新"的现代主义，并使其具有符号特征。另外，近年来一批活跃在世界建筑舞台上的著名建筑师，如雷姆·库哈斯、让·努维尔、多米尼克·佩劳、保罗·安德鲁、墨菲·扬、赫尔佐格·德梅龙、槇文彦、安藤忠雄、伊东丰雄，等等，

（a）华盛顿国家美术馆东馆，贝聿铭　　（b）洛杉矶保罗·盖地中心，理　（c）洛杉矶太平洋设计中心（二期工程），
　　　　　　　　　　　　　　　　　　　　　　查德·迈耶　　　　　　　　　西萨·佩里

图 2-32　代表性新现代主义建筑

他们的主要作品中也都有注重材料和结构表现的新现代主义特征。（见图 2-32）

推动现代建筑发展的因素是综合而又复杂的，现代建筑以来的形式表现手法也是纷繁多样的，以上的论述只是作有针对性的说明，不求面面俱到，希望让材料和结构因素对现代建筑发展演变所起的突出作用能从中可见一斑。

2.5　当代大空间建筑与高层建筑

在 20 世纪中期以后，随着世界工业的发展和科学技术的进步，建筑取得了一系列新的成就，其中以大空间建筑和高层建筑最为突出，它们充分体现了当代结构工程发展的巨大推动作用。

2.5.1　大空间建筑

大空间建筑的发展，一方面是由于社会的需要，另一方面则是新材料、新结构、新技术的应用所促成的。从 20 世纪中期开始，不仅钢材与混凝土提高了强度，而且新型建筑材料的种类也大大增加了，各种合金钢、特种玻璃、化学合成材料已开始广泛应用于建筑，为制作轻质高强的大跨度结构提供了新的技术条件。也正是在这一时期，空间结构技术应运而生，对大空间建筑的发展起到了突出的贡献作用。事实上，任何结构物本质上都是空间性质的，只不过出于简化设计和建造的考虑，人们在许多场合把它们分解成一片片平面结构来进行计算和构造。与一般的平面结构（梁架或桁架）相比，空间结构的卓越工作性能不仅仅表现在三维受力方面，而且还由于它们通过合理的曲面形体来有效抵抗外部荷载的作用。当跨度增加到一定程度后，一般平面结构往往已难以成为合理的选择，空间结构则愈能显示出它们优异的技术经济性能。当代的大跨度空间结构十分丰富，习惯上可分为以下类型。

2.5.1.1　钢筋混凝土薄壳结构

这是较早用来制作大跨度建筑屋盖的空间结构形式，爱德华多·托洛哈于1933年在西班牙的阿尔基斯拉斯（Algeciras）建造了一个带有钢筋混凝土薄壳屋顶的市场，并取得成功。此后，利用钢筋混凝土薄壳结构覆盖大空间的做法已越来越多，屋顶形式也多种多样。由意大利工程师陆吉·奈尔维设计的意大利都灵展览馆（1950年）是一个波形装配式薄壳屋顶，他为罗马奥运会建造的小体育宫（1957年）采用网格穹窿形薄壳屋顶（见图2-33）。在美国建成的伊利诺伊大学会堂（1963年），平面为圆

图2-33　罗马小体育宫的网格穹窿形薄壳屋顶

图2-34　巴黎国家工业与技术中心

形，造型如同碗上加盖，外观新颖，内部共有18000个座位，屋顶结构为预应力钢筋混凝土薄壳，直径为132m，屋顶水平推力由后张预应力圈梁承担。世界上最大的钢筋混凝土壳体结构是巴黎的国家工业与技术中心陈列大厅（1959年），它是分段预制的双曲双层薄壳，两层混凝土壳体的总厚度只有12cm，壳体平面为三角形，每边跨度达218m，高出地面48m，总建筑使用面积为90000m²（见图2-34）。此外，在这一时期用钢筋混凝土双曲抛物面壳体和组合壳体制成的大跨度屋盖也有出现。

2.5.1.2　网架和网壳结构

20世纪40年代以来，以MERO体系为代表的一批管状金属空间结构开发出来，这促进了网架和网壳结构在大空间建筑中的应用。一般认为，网架为平板形，而网壳为筒形或曲面形，从结构整体上看，网壳比网架受力更加合理。它们共同的特点是，结构主要使用柱形或管形组件，其节点的特点是实心的或空心的球形、圆柱形、菱形、平板形，或者无节点。这些结构的大多数为双层，用线状钢组件构成的上层和下层之间由垂直或倾斜的组件互相连接；单层空间网壳的钢组件通常安装在弧形表面上。由于在设计和建造方面都较为简便，网架和网壳结构很快成为大空间建筑中应用最普遍的结构形式，特别是网壳结构在尺度更大的屋盖中采用较多。1966年，美国休斯敦市建造了一座体育馆采用了球面网壳作为屋顶结构，直径达193m；1975年建成的美国新奥尔良"超级穹顶"，直径207m，长期被认为是世界上最大的球面网壳（见图2-35）；现在这一地位已被1993年建成直径为222m的日本福冈体育馆所取代，但后者更显著的特点是可开合屋盖：它的球形屋盖由3

图 2-35　新奥尔良"超级穹顶"网壳施工

图 2-36　卡尔加里体育馆

块可旋转的扇形网壳组成，扇形沿圆周导轨移动，体育馆可呈全封闭、开启 1/3 或开启 2/3 等不同状态。在我国，空间网架和网壳也是用量最大的大跨结构形式，目前的整体结构技术水平已达到了相当的程度，以 1995 年建成的黑龙江省速滑馆为例，馆内布置 400m 速滑跑道，其巨大的双层网壳结构由中央柱面壳部分和两端半球壳部分组成，轮廓尺寸 86.2m×191.2m，覆盖面积达 15000m²，网壳厚度 2.1m，采用圆钢管构件和螺栓球节点，用钢指标为 50kg/m²。

2.5.1.3 悬索结构

20 世纪 50 年代后，由于钢材强度的不断提高，高强钢丝悬索结构开始应用在大跨度建筑中。柔性的悬索在自然状态下不仅没有刚度，其形状也是不确定的，必须采用敷设重屋面或施加预应力等措施，才能赋予一定的形状，成为在外部荷载作用下具有必要刚度和形状稳定性的结构。为了提高单层悬索的形状稳定性，在单层平行索系上设置横向加劲梁或桁架的办法也是十分有效的。由一系列承重索和曲率相反的稳定索组成的预应力双层索系，是解决悬索结构形状稳定性的另一种有效形式。世界上最早的现代悬索屋盖是美国于 1953 年建成的雷里体育馆，采用以两个斜放的抛物线拱为边缘构件的鞍形正交索网。其后这种平面双层索系在各国获得了相当广泛的应用。1958~1962 年由埃罗·沙里宁设计的杜勒斯国际机场候机楼屋盖采用单层悬索结构，上铺预制钢筋混凝土板。1958 年，由斯东设计的布鲁塞尔世博会美国馆采用圆形双层悬索结构，中间留有一定空间，宛如自行车轮；1961 年建成的北京工人体育馆也采用了同样的结构形式。20 世纪 80 年代以来，索网结构也取得了很大发展，1983 年建成的加拿大卡尔加里体育馆采用双曲抛物面索网屋盖，其圆形平面直径 135m，它是为 1988 年冬季奥运会修建的，外形极为美观，迄今仍是世界上最大的索网结构（见图 2-36）。悬索结构还可以进一步发展成斜拉体系，并引用到屋盖结构中来，严格地说这是一种混合结构形式，这种体系利用由塔柱顶端伸出的斜拉索为屋盖的横跨结构提供了一系列中间弹性支承，使这些横跨结构不需靠增大结构高度和构件截

图 2-37　东京代代木体育馆

图 2-38　温哥华 BC 广场体育馆

面即能跨越很大的跨度，丹下健三为 1964 年东京奥运会设计的代代木体育馆就采用了此种结构方式（见图 2-37）。

2.5.1.4　膜结构

　　这是 20 世纪中期发展起来的一种新型建筑结构形式，是由多种高强薄膜材料及加强构件（钢架、钢柱或钢索）通过一定方式使其内部产生一定的预张应力以形成一种作为覆盖结构的空间形状，并能承受一定的外部荷载作用的一种空间结构形式。1970 年大阪世博会的美国馆采用充气式膜结构，首次使用以聚氯乙烯（PVC）为涂层的玻璃纤维织物，受到广泛注意，其准椭圆平面的轴线尺寸达 $140m \times 83.5m$，一般认为是第一个现代意义的大跨度膜结构。70 年代初，杜邦公司开发出以聚四氟乙烯（PTFE，商品名称 Teflon）为涂层的玻璃纤维织物，这种膜材强度高，耐火性、自洁性和耐久性均好，为膜结构的应用起到了积极推动作用。此后，北美地区建造了许多规模很大的充气式膜结构，如 1975 年建成的密歇根州庞蒂亚克大运动场的充气式屋顶跨度达到 235m；1983 年建成的加拿大温哥华 BC 广场体育馆，平面为 $232m \times 190m$ 椭圆形，高 60m（见图 2-38）。但这种结构体系也出现了一些问题，主要是由于意外漏气或气压控制系统不稳定而使屋面下瘪，或由于暴风雪天气在屋面形成局部雪兜而热空气融雪系统又效能不足导致屋面下瘪甚至事故。这些问题使人们对充气式膜结构的前途产生怀疑，人们把更多的注意力转到张拉式膜结构或索膜结构。

　　张拉式膜结构的先行者是德国结构大师弗赖·奥托（Frei Otto），他设计的 1972 年慕尼黑奥运会体育场是第一个采用张拉膜结构的大跨度建筑（见图 2-39）。自 20 世纪 80 年代后，张拉膜或索膜结构在发达国家获得极大发展。例如，1985 年建成的沙特阿拉伯利雅得体育场外径 288m，其看台挑篷由 24 个连在一起的形状相同的单支柱帐篷式膜结构单元组成，每个单元悬挂于中央支柱，外缘通过边缘索张紧在若干独立的锚固装置上，内缘则绷紧在直径为 133m 的中央环索上；1993 年建成的美国丹佛国际机场候机大厅采用完

图 2-39 慕尼黑奥运会体育场

（a）外观

（b）内部

图 2-40 亚特兰大"佐治亚穹顶"

全封闭的张拉式膜结构，平面尺寸 305m×67m，由 17 个连成一排的双支柱帐篷式单元组成，每个长条形的单元由相距 45.7m 的两根支柱撑起；2000 年建成的英国伦敦千年穹顶，平面为圆形，直径达到 358m，在 12 根高大桅杆拉拽的钢索网上铺设双层 PTFE 膜。整体张拉式索膜结构，即"索穹顶"（Cable Dome），是美国工程师盖格尔（D.H.Geiger）在 20 世纪 80 年代根据富勒（R.B.Fulle）的"张拉整体"（Tensegrity）概念发展起来的一种新型结构形式。张拉整体原是指由连续的拉杆与分散的压杆组成的自平衡体系，其指导思想是充分发挥杆件的受拉作用。盖格尔在此基础上提出了支承在圆形刚性周边构件上的预应力拉索 – 压杆体系，索沿辐射方向布置，并利用膜材作为屋面。目前采用这一结构的代表性建筑是美国亚特兰大为 1996 年奥运会修建的"佐治亚穹顶"（1992 年建成，见图 2-40），其准椭圆形平面的轮廓尺寸达 192m×241m。这类张拉式索 – 压杆 – 膜体系，重量极轻，安装方便，在大跨度和超大跨度结构中极具应用潜力。

在前面各种空间结构类型中，钢筋混凝土薄壳结构在 20 世纪 50 年代、60 年代发展较快，但这种结构类型目前应用较少，主要原因是施工比较费时费事。平板网架和网壳结构，还包括一些未能单独归类的特殊形式，如折板式网架结构、多平面型网架结构、多层多跨框架式网架结构等，总的来说它们都是由金属杆件（以钢构件为主）制成的刚性结构，充分发挥了现代金属材料轻质高强，兼具抗压和抗拉性能，以及便于加工的特点。悬索结构、充气式膜结构和张拉式膜结构等均为柔性结构体系，以张力来抵抗外部荷载的作用，与刚性体系相比，它们更能发挥现代结构材料（特别是高强钢索）的抗拉性能，从而用很少的结构材料实现很高的结构效应，因此这类结构代表着当前大跨度空间结构的最高成就，并具有广阔的发展前景。

2.5.2 高层建筑

从 19 世纪末开始，随着电梯系统的发明以及新材料、新结构的应用，城市高层建筑不断出现。20 世纪中叶以后，科学技术飞速发展，一系列新的结构体系、轻质高强的结构材料使高层建筑的建造又出现了新的高潮，建筑风格越来越现代，建筑的高度也不断攀升，并且在世界范围内逐步开始普及，从欧美到亚洲、非洲都有很大发展。

在美国，20 世纪 50 年代后高层建筑发展出了板式新风格，39 层的联合国总部大厦、22 层纽约利华大厦和密斯设计的西格拉姆大厦是早期板式高层的代表，并且它们在立面上都采用了大面积的玻璃幕墙，成为风行一时的高层建筑风格。随后，由于高层建筑越造越高，为了在结构上减少风荷载的影响，塔式高楼建造得越来越多。如 60 层的芝加哥马丽娜城大厦（1964~1965 年），双塔形布局，高 177m；70 层的亚特兰大桃树中心广场旅馆（1976 年），圆形平面；100 层的约翰·汉考克大厦（1965~1970 年），高 337m；原纽约世界贸易中心大厦（1969~1973 年），两座并立的 110 层塔式摩天楼，高 411m；芝加哥的韦莱大厦（原名西尔斯大厦，1970~1974 年），110 层，高 443m，目前为北美地区最高建筑。上述高层建筑均采用钢结构体系建造。与此同时，钢筋混凝土结构在高层建筑中也得到很大的发展，如休斯敦市贝壳广场大厦（1974 年），是 52 层钢筋混凝土筒中筒式结构，高 217.6m；76 层的芝加哥水塔广场大厦（1976 年），高 260m，结构亦采用筒中筒式；70 层的芝加哥南瓦克尔德里弗大厦（1989 年），高 295m。

二战后，欧洲的高层建筑也发展很快。奈尔维设计的米兰皮瑞利大厦（1955~1958 年）可以作为早期的代表，大厦平面为梭形，30 层楼板挂在主要由四排直立的钢筋混凝土墙板上，而不采取传统的框架形式。由于欧洲的主要城市在工业化之前就已形成规模，传统建筑的影响力很大，对现代高层建筑特别是超高层建筑的发展限制较多，这使得欧洲没有像美国那样在建筑的高度方面突飞猛进，但高层建筑在数量上仍然增长迅速。以英国为例，二战前高层建筑占城市新建房屋的 7%，20 世纪 70 年代已增长到 42%，不过以 20 层以下为多。

当代高层建筑的发展出现了两个趋势：一是世界高层建筑数量在持续增加，世界最高建筑记录被迅速竞相突破；二是在亚洲的一些新兴经济体中，建造超高层建筑的热潮却在不断升温，中国大陆及港台地区已成为世界上高层建筑发展的主要区域。目前世界上最高建筑的前 10 名大多集中在亚洲（见表 2-1）。1996 年，由西萨·佩里（Cesar Pelli）设计的吉隆坡石油双塔落成，采用高性能混凝土和高效能结构体系，高度达 452m，一举打破了韦莱大厦（原名西尔斯大厦）保持了 22 年的纪录，这是世界最高建筑首次建成在亚洲；2004 年，台北的 101 大楼又以 509m 的高度取而代之；2008 年，落成于上海的环球金融中心高度也达到了 492m；由 SOM 设计于 2010 年竣工的当今世界第一高楼哈利法塔，高度更是达到 828m，成为了阿联酋经济和当代技术成就的见证。只要有建设的需要和足够的

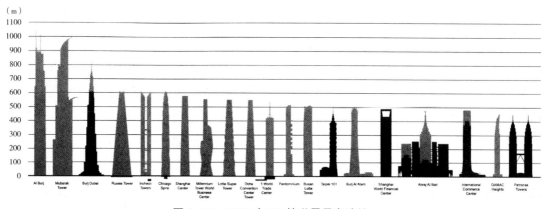

图 2-41 2020 年 20 栋世界最高建筑

经济实力，当前的建筑结构技术已完全能确保建造 1000m 高的摩天大楼梦想成真。预计到 2020 年，曾经的世界第一高层摩天楼——吉隆坡石油双塔仅能排名第 20 位（图 2-41）。尽管当今许多专家学者对摩天大楼的过快发展提出了各种批评和质疑，但公认的看法是，高层建筑是当代建筑中利用新材料、新结构和新技术所取得的最辉煌成就之一。

世界超高层建筑高度排名（2012 年）　　表 2-1

排序	建筑名称	建筑高度（m）	层数	竣工年份	结构	所在城市
1	哈利法塔	828	160	2010	C	阿联酋迪拜
2	台北 101 大楼	509	101	2004	C	中国台北
3	环球金融中心	492	101	2008	C	中国上海
4	石油双塔	452	88	1996	C	马来西亚吉隆坡
5	韦莱大厦	442	108	1974	A	美国芝加哥
6	金茂大厦	421	88	1998	C	中国上海
7	国际金融中心（第二期）	415	88	2003	C	中国香港
8	中信广场大楼	391	80	1997	B	中国广州
9	紫峰大厦	389	89	2010	C	中国南京
10	地王大厦	384	69	1996	C	中国深圳

注：A 为钢结构；B 为混凝土结构；C 为钢 - 混凝土混合结构

在超高层建筑设计中，结构体系不仅对超高层建筑结构的安全性与经济性影响巨大，而且对开拓建筑空间形式和使用功能的帮助也最大，是超高层建筑结构设计及建造中最关键的核心技术体现。超高层建筑结构依所采用的结构材料可分为三种类型：钢结构、混凝土结构和钢 - 混凝土混合结构。钢结构的优点是强度高、自重轻、抗震性能好、施工速度快，但由于国产大型钢供应困难，加上造价较高、施工精度要求高、防火性能差、舒适度较差等问题，限制了钢结构的普遍使用。混凝土结构的优点是可塑性强、用钢量小、取材方便、施工简便、价格便宜、维护成本低，加上有抗震墙组合的各种高效结构抗力体系的应用，混凝土和钢筋强度等级不断提高，促使混凝土结构在超高层建筑建造中得到迅速应用。混凝土结构的缺点是自重大、结构的延性较差、施工速度较慢、结构构件占用的面积与空间较大。钢 – 混凝土混合结构是指钢构件、钢与混凝土组合构件和钢筋混凝土构件相结合而成的结构类型，由于钢与混凝土组合构件形式较多，从而可形成多种多样的混合结构体系，这一结构类型能够有效发挥钢构件、钢与混凝土组合构件和钢筋混凝土构件的各自特长。混合结构与钢结构相比具有下列优点：结构的整体侧向刚度显著增大、用钢量减小、造价较低、防火性能较好。混合结构与混凝土结构相比具有下列优点：结构构件占用的面积与空间较小、施工速度快。混合结构的缺点是：钢构件、钢与混凝土组合构件和钢筋混凝土构件之间协同工作的性能有待深入研究，相应的规范控制指标还需进一步补充与完善。

高层建筑结构的主要受力特点是，随着建筑高度的增加，除结构承受的竖向力与高度成正比外，结构承受的弯矩与高度的二次方呈指数曲线上升，结构的水平位移与高度的四次方呈指数曲线上升。当代超高层建筑的发展在技术上主要取决于解决了结构体系在抗风力与地震力影响方面获得的显著成就。为了满足高层建筑基本刚度的要求，一般规定在其承受风荷载时位移不得超过允许限值 1/600~1/300 高度。因此，传统的以抗竖向荷载为主的框架体系对于高层建筑不够理想，每增加一层，单位面积的用钢量会增加很多。经过长期的探索、研究，目前人们已掌握了一系列能有效抵抗侧力的新结构体系。一般来讲，竖向荷载所需结构材料的数量与层数呈线性关系增加；而抵抗水平荷载所需结构材料的数量与高度成指数关系增加，需要使用更多的结构材料来抵抗水平荷载。因此，一个好的结构体系方案其实质是一个比较高效的抗侧力结构体系方案，选择最高效的抗侧力结构体系方案成为了超高层建筑结构设计中首要的核心环节。

超高层建筑结构体系可分为共同作用、部分整体作用、整体作用等三大类别，其结构效能和适合建造的高度依次提高（见表 2-2~ 表 2-4）。

超高层钢结构体系适用高度　　　　　　　　　　　　　　　　　表 2-2

体系大类	体系类型	适用高度
共同作用结构体系	框架 – 支撑	30~45 层
	带伸臂桁架框架 – 支撑	30~60 层
	框筒 – 内柱	40~80 层
部分整体作用结构体系	对角支撑筒体 – 内柱	40~90 层
	脊骨 – 框架	40~90 层
	巨型支撑外筒、无内柱	50~150 层
	成束筒	50~110 层
整体作用结构体系	空间桁架	50~150 层
	脊骨 – 桁架	50~150 层

钢筋混凝土结构体系适用高度与高宽比　　　　　　表 2-3

体系大类	体系类型	适用高度	高宽比
共同作用结构体系	框架 – 剪力墙	30 层以下 120m 以下	≤ 6
	剪力墙	30~40 层 120m	≤ 6
	框筒 – 核心筒	30~50 层 200m	≤ 6
	框筒 – 核心筒 – 伸臂	50~100 层 400m	≤ 8
部分整体作用结构体系	框筒 – 内柱	40~80 层 300m	≤ 7
	填墙桁架外筒 – 内柱	50~100 层 400m	≤ 7
	脊骨 – 框架结构	30~80 层 300m	≤ 7
整体作用结构体系	筒中筒	50~100 层 400m	≤ 7
	成束筒	50~110 层 450m	≤ 8
	巨型框架	30~150 层 500m	≤ 10
	巨型柱 – 核心筒 – 伸臂	50~150 层 600m	≤ 10

钢管混凝土结构体系最大适用高度与高宽比　　　　　表 2-4

体系大类	体系类型	适用高度（m）	高宽比
共同作用结构体系	框架 – 钢支撑（嵌式剪力墙）	220（200）	6（6）
	框架 – 钢筋混凝土剪力墙	190（150）	7（6）
部分整体作用结构体系	框架 – 钢筋混凝土核心筒	190（150）	7（6）
整体作用结构体系	框筒	300（260）	7（6）
	筒中筒	300（260）	7（6）

注：括号外内的数值分别适用于地震烈度 7 度、8 度区

　　在很多情况下，高层建筑的外观是建筑结构的展示，结构对建筑的外观造型产生很大影响，因此希望建筑设计与结构设计相结合，产生优美的外观形态与内部空间。由于建筑物有各自的使用目的，因此结构也必须具有与其功能相对应的结构形态，往往是建筑的空间功能决定着结构形态或体系。好的高层建筑造型方案不仅简捷美观，而且结构受力十分合理，结构形体的美学表现力与建筑艺术能取得高度统一。

2.6　本章小结

　　虽然真正意义上的现代建筑是 20 世纪初期才出现的，但从 19 世纪中叶开始，新材料、新结构在建筑中得到了广泛实验，一批具有革命性意义的建筑诞生了，它们的出现为之后现代建筑正式登上历史舞台拉开了序幕，也为现代建筑美学发展指明了方向，这其中，钢铁和钢筋混凝土材料及其结构技术的出现和广泛应用起到了决定性的作用。从 20 世纪 20 年代、30 年代开始，运用钢和钢筋混凝土材料和结构技术、面貌焕然一新的现代建筑开

始大量涌现，并逐渐在世界范围内确立起主流地位。到 20 世纪中期以后，现代建筑呈现出多元化的发展趋势，建筑形式也异彩纷呈，纵观现代建筑百年来的发展演变，有社会的、文化的、美学的以及其他方面的影响，但技术性因素，特别是以材料和结构为代表的物质化建造问题，仍然是贯穿其中或明或暗的主线。在 20 世纪，特别是二战后，随着世界工业的发展和科学技术的进步，现代建筑取得了一系列新的成就，这其中以大空间建筑和高层建筑最为突出，它们充分体现了材料科学和结构工程发展的巨大推动作用。

第3章 本篇结语——结构在建筑形态发展中的作用

建筑的发展历史，由原始建筑、古代建筑、近代建筑，到20世纪在世界建筑史上具有广泛影响的现代主义建筑革命，再到当代纷繁复杂的各流派建筑，其间经历了多次阶段性飞跃，其背后的原因是多样而复杂的，无疑有着社会、政治、经济、文化等方面的历史动因，但也可以清晰地看出，它与历史上技术发展进步的阶段性成就密切相关，而结构因素在其中首当其冲。因此，通过对建筑历史的纵向梳理，来辨析建筑形态与结构因素之间或隐或显的内在关联，可以作为一种服务于建筑创作的认识基础。

3.1 建筑形态的结构本质

作为后世建筑本源的原始建筑，其形态几乎不能体现除功能和技术之外的其他含义，为了实现使用功能而对材料及其结构的应用是原始建造活动的核心内容，其特征可归纳如下：最初的人工构筑物是源于对自然原型的模仿，因此它们一定程度上暗含着自然结构的合理性；原始人建造房屋总是因地制宜，就地取材，应用易获得、易加工的天然材料去建造，有什么样的材料，也就有什么样的相应结构方式，建筑形式与建筑材料的特征及结构方式直接关联，结构形式即建筑形式；在不同的原始文明区域，相同的材料环境可以产生出相似的结构方式，而相似的结构方式又可以形成相近的建筑形式，这说明建筑首先是物质技术产物，材料、结构、施工等技术因素是推动建筑形态最初生成、发展的动因。

在历史上，东西方古代经典建筑的形态迥异，造成此现象的原因固然是相当复杂的，但各自选用了不同的结构材料进行发展，又创造出符合材料特征的结构方式，并且建筑形态与结构形态都能实现一致却是事实。可以说，东西方古代经典建筑形态在总体上都是由符合材料受力特征和结构传力规律的结构形态来决定的。近代以来，结构理论和技术的成熟为新建筑的产生开辟了广阔前景，结构与建筑开始分工明确，但关系却十分密切，尤其是结构理性思想的出现，让结构的合理性成为一部分建筑师自觉追求的目标，直接推动了现代建筑革命的发生。到了20世纪，现代建筑蓬勃发展，结构与建筑却渐行渐远。之后，文化因素逐渐成为建筑师首要关注的方向，促成了当代世界建筑的多元化发展趋势，但在丰富多彩的建筑形式背后，仍能找到结构技术进步或明或暗的线索，这一点在当代大空间建筑和高层建筑中表现得尤其明显。

总的来说，任何时期的建筑形态从本质上看，在许多方面都能反映出与结构的和谐统一关系。尽管结构在许多情况下并非建筑发展的主导因素，但从建筑发展的主流来看，建筑的形态仍是结构本质的必然反映。

3.2 建筑形态发展的结构决定作用

这种情况通常出现在一种新的结构形式形成和完善阶段。从建筑形态的演变过程来看，新型结构方式总是与建筑形态的创新和发展相伴出现，如古代的梁柱结构体系、拱券结构体系，现代的框架结构体系和各种空间结构体系，它们的出现成为同时期新型建筑形态的形式基础，在客观上对建筑形态的发展起到了决定性作用。另一方面，技术进步也促使建筑思想、设计方法、美学观念发生变化，结构技术的发展方向决定了建筑的形式取向。

进一步看，新型结构的产生又要依赖于新型结构材料的出现，新材料是产生新结构的物质基础。如砖瓦的出现、钢材的大量应用、混凝土的兴起，都在不同的历史时期促进了从土木工程到建筑的飞跃式发展。另一方面，结构技术的完善和进步，对材料的应用和发展也有促进作用，让一部分不能适应现实要求的材料逐渐被淘汰，使那些高质量、低能耗、重环保、有效益的新型材料更加完善，从而促进材料科学沿着正确的方向不断发展。

与旧材料性能相适应的结构方式产生出了原有建筑形式，而新材料及其新结构方式也必然要求与其自身情况相适应的新形式，这一规律贯穿于整个建筑的历史，在大跨度建筑发展中尤为清晰，见表3-1。

大跨度建筑——结构发展序列表　　　　　　　　　　　表3-1

建筑实例	结构材料	结构体系	跨度（m）	基本形态	备注
罗马万神庙	天然混凝土	半球形穹顶	43.2		公元前26年建成
佛罗伦萨主教堂穹顶	砖石	肋骨架穹顶	42.2		1431年建成
巴黎世博会机械馆	铁	三铰桁架拱	115		1889年建成
奥利飞艇库	钢筋混凝土	抛物线拱	96		1916年建成

续表

建筑实例	结构材料	结构体系	跨度（m）	基本形态	备注
罗马奥林匹克小体育宫	钢筋混凝土	密肋薄壳	61		1958年建成
巴黎工业展览中心	钢筋混凝土	双层薄壳、组合拱壳	218		1958年建成
东京代代木体育馆（第一馆）	钢	悬索	126		1964年建成
慕尼黑奥运会体育场	PVC膜	张拉膜			1972年建成
新奥尔良"超级穹顶"	钢	网壳	207.3		1976年建成
卡尔加里体育馆	钢	索网	135（长轴）		1983年建成
温哥华BC广场体育馆	PTFE膜	气承式膜结构	232（长轴）		1983年建成
佐治亚穹顶	钢	张拉整体索杆结构（索穹顶）	241（长轴）		1996年建成

3.3 建筑艺术表现的结构载体作用

新材料与新结构的发展是阶段性的，而建筑的发展则是相对连续的。在一种新的建筑结构方式脱颖而出之后，往往还要经历相当长的形式定型和普遍应用时期。此时，建筑结构的作用逐渐成为实现其他建筑目的的工具，更多地受社会文化左右，成为文化艺术的载体。

在整个古代时期，与建筑艺术的辉煌壮丽相比，结构技术发展相对缓慢，建筑材料也较为单一，但利用木结构和砖石结构仍然建造出了代表东西方各时期最高艺术成就的经典建筑。中国古代的木构建筑在世界建筑历史上独树一帜，深远的挑檐、反曲的屋面让木构架产生的建筑形象更具艺术表现力，而原本作为结构构件的斗栱到后来甚至演变成一种丧失结构功能的文化符号；希腊神庙代表着石质梁柱结构实现的建筑艺术成就，其中的柱式逐渐演变成一套形式美学规范，对西方建筑的后续发展影响深远；罗马建筑的全面发展得益于拱券结构与天然混凝土工程技术，拱券式构图同样成为西方古典建筑形式的重要美学特征；哥特教堂代表着古代砖石砌体结构的典范，高耸的体量与内部空间同宗教的精神需求相符合，其恢宏的建筑艺术形象也附丽于结构技术之上；穹顶大跨结构建筑的艺术表现需要与材料的受力特征和结构方式的传力特征高度一致，在满足结构需求的前提下，罗马万神庙塑造出极具感染力的巨大内部空间，而圣彼得大教堂的穹顶在设计时过多从构图比例的角度出发，建成后不久开裂，则是一个反面例证。从 19 世纪中叶开始，钢铁和钢筋混凝土材料及其结构相继出现，并得到广泛应用，这对现代建筑革命起到了决定性的推动作用，也为现代建筑美学的发展奠定了基础。随着钢和钢筋混凝土材料的不断改良，以及其他一大批力学性能优异的结构材料出现，结合现代结构理论和计算方法，让当代的建筑结构具有空前的自由度，这为建筑的形式创作带来了极大的自由，从技术上为建筑的多元化发展和形式的丰富多彩提供了保障。应当指出的是，对结构自由度的挖掘仍应控制在合理的范围内，大空间建筑和高层建筑受结构技术因素影响最为直接，与之关系最为密切，因此这两类建筑的美学特征仍应与结构技术的要求相一致。

建构创作篇

通过建立建筑形态的逻辑架构，探究符合建筑系统化要求的、普遍适用的、可操作的结构建构方法模式，并在此方法模式的框架下探究结构因素对于形态创作的作用机制、整合方式和表现方式，同时也对相关设计手法进行归纳总结。

第4章 建筑形态建构的结构作用机制

在基于结构因素的建筑形态建构创作中，结构作用机制代表着结构因素的介入方式，是开展进一步设计的先决条件，因此应该得到优先考虑。结构作用机制对建筑创作的影响是全方位的，在结构应用、专业合作、设计操作三个层面都有所体现，需要分别对其进行深入分析。并且，考虑到建筑是一个复杂的系统，其形态的生成要受到诸多相关因素的影响，结构因素只是其中的一个重要组成部分，因此以结构因素为视角对建筑形态建构创作进行研究，首先需要把握建筑形态的逻辑架构，确定结构因素在其中的地位，以及与其他制约因素之间的关系，在此基础上进行的结构作用机制研究才能更加符合建筑的系统化要求，同时也会为后续的研究确定方向。

4.1 建筑形态的逻辑架构

结构主义理论认为：事物是各相关要素按照一定的相互关系形成的一个结构化体系，在这个体系中构成形态的要素本身不具有独立的意义，而意义只在结构关系中显现，关系重于结构内的独立成分；并且，结构体系具有层级，上级结构是由下级结构的组织关系构成的。按照结构主义的观点，在建筑形态的结构化体系中，结构是形式的内含，是形式背后的形式；形式是结构的外显，是结构化的具体表现。美国结构主义语言学家诺姆·乔姆斯基（Noam Chomsky）把语言的结构分成深层结构和表层结构，提出深层结构是由基本成分所产生的结构，它往往不能直接被感知，需要借助演绎推理而获得，是稳定的结构；表层结构则是具体的形式结构，是可以被直接感知的，并易于受环境的影响而变化，在一定条件下深层结构可以通过转换规则转化为表层结构。这种转换机制也同样适用于建筑形态的结构化体系。

结构主义理论中的"结构"意指由局部构成整体的组织关系，是广义的结构概念。为了避免词语表达的混乱，本论文中的结构概念仅限于建筑的技术结构，而对广义的结构概念则用"架构"一词来替代。这样一来，"建筑形态的逻辑架构"也就成为"建筑形态的结构化体系"的另一种表述，并且它同样包含有不同层级的架构组织关系。

4.1.1 概念转换形式的总体框架

理性的建筑创作表现为一个由概念转换形式的过程，进一步又可分为概念审省过程和形式深化过程。作为设计意向的抽象概念与作为设计结果的具体形式之间有着不同层级的

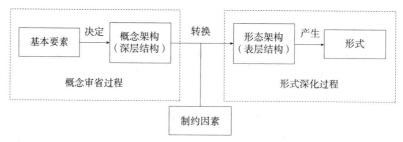

图 4-1　概念转换形式的总体架构

逻辑对应关系，这构成了由概念转换形式的总体架构。借助乔姆斯基的理论，可以把这一总体架构表示如下（见图 4-1）：

基本要素代表着人类之所以建造建筑的根本动因，也是人们对建筑的最基本要求。维特鲁威提出的建筑三要素："实用、坚固、美观"，以及我国 20 世纪 50 年代提出"适用、经济、在可能条件下注意美观"的基本建设方针，都是对建筑基本要素的表述。基本要素是建筑应具备的必要条件，但不是充分条件，它决定着建筑的概念，但还不足以形成建筑与其他事物在本质上相区别的概念架构。从广义上讲，基本要素是对一切实用艺术品评判的共同原则。

建筑的概念架构是使建筑之所以成为建筑的规定性原则。在综合考虑了各种人类本能要求和建造因素后，勃罗德彭特把建筑的概念架构归纳为下面四点：（1）建筑是人类活动的容器；（2）建筑是特定气候的调节器；（3）建筑是文化的象征；（4）建筑是资源的利用者。这四点是相互联系的，无法将其中一项独立分离出来，其中，前两点对应于人类的物质需求，第三点对应于人类的精神需求，最后一点则为建筑赖以实现的物质前提。

概念架构给出了反映本质特征且普遍适用的建筑定义，是对建筑概念化、抽象化的描述，具有认识论层面的意义，但仍无法从中直接导出具体的形式。在由概念转换形式的建筑设计过程中，基本要素和概念架构都是相对稳定且不会轻易改变的，但建筑最终要以形式化的建筑形态呈现出来，这决定了形式深化过程成为建筑设计所关注的主要内容。鉴于具体条件下的建筑形态设计还要受到特定的功能、技术条件、经济条件、文化背景、环境等相关制约因素的影响，因此可以认为，确立由概念架构与制约因素相结合转换出的形态架构，是建筑设计中从抽象到具体、从概念到形式的关键步骤，并成为产生丰富多彩建筑形式的基础。

4.1.2　形态架构体系

与建筑本身的系统化要求相对应，建筑的形态架构也总是表现为一个系统化的体系，其中包含多个相互关联的个别形态架构。同样是基于结构主义理论，法国社会学家查理斯·罗拉提出工业产品的结构是由功能结构、材料结构、有机结构、形式结构、环境结构五个个别结构组成的整体，各个别结构在工业产品中分别起着自己的价值作用，它们之间协调融合成了工业美的系统结构——超结构。罗拉所说的超结构是对形态架构体系的另一种命名，而个别结构就是体系中的个别形态架构。建筑也是一种人工设计产品，工业产品中个别形态架构的分类组成总体上也适用于建筑，但建筑与一般的工业产品相比最突出的特征在于体量庞大，建筑结构中涉及的力学问题较之材料问题对建筑设计的影响更为突出，因此本文用"结构架构"来表述罗拉的"材料结构"，而对于其他个别形态架构仍沿用罗拉的分类，只是做了"架构"与"结构"之间的词语替换。

4.1.2.1　功能架构

人类建造建筑的最根本目的是要获得符合使用需求的功能，对功能的重视同时体现着设计的科学性以及使用的方便性、经济性和效率。新的功能需求是新形式产生的条件，人类在不同历史时期对建筑功能的需求是不断发展变化的，在同一社会条件下建筑也存在不同功能类型，对同一类型建筑来说，具体的功能需求仍不相同，这些都需要用不同的功能架构与之相适应，利用功能架构产生建筑形态为建筑创作提供了永不枯竭的源泉。在建筑中，使用功能主要是通过内部空间来实现的，合理的使用功能总是与有序的空间组织相对应，空间组织关系成为功能架构的形式再现。建筑空间是由天棚、地面、墙壁等实体部分围合而成的，实体往往以空间外壳的形式存在，并"包裹"着单一空间在水平或垂直方向进行排列，最终对内表现为空间序列，对外表现为建筑形体。这样一来，合目的性的功能架构便可以通过具体、直观的空间组织关系呈现出来，成为发自于内而形之于外的形态架构。早期现代主义建筑大师沙利文提出"形式追随功能"的口号，倡导"功能本位"的建筑观，提倡"由内而外"、"由平面到立面、由室内到室外"的设计程序，正是运用功能架构进行建筑设计的一种方法表现。实际上，几乎所有的建筑都要反映其内在的功能架构，在某些因形式占主导地位，相对"由外而内"进行的设计中，建筑内部空间的划分同样要符合功能架构的要求。建筑的功能涵义是广泛的，体现于建筑形态的各个方面。除使用空间外，建筑的墙身、屋面、窗等外围护"表皮"要起到保温、隔热、防潮、防水、采光、通风等调节室内气候的作用，台阶、雨棚、阳台、栏杆等实体构件，也在为人的使用提供各自的实际用途，它们的具体形式都是遵循功能架构的形态化结果。

4.1.2.2　结构架构

材料是建筑赖以实现的物质基础，但建筑不是材料的简单堆砌，需要用符合结构规律的方式组织在一起，建筑形态的结构架构正是这种结构组织关系的直观展现。建筑师一直追求着空间和形式上的理想建筑，而要得以实现，客观的物质技术基础不可或缺，必须将对结构架构的考量视为建筑形式的基本要求，并且以客观、有效的方法来应用，才能产生出更为合理的建筑空间与形式表达。建筑的结构架构包括承重结构的力学逻辑关系和结构材料的建造逻辑关系两方面内容。首先，建筑的形式应与体现力学逻辑的结构传力关系具有一致性，即形式要满足结构上作用力的转移，这是任何建筑得以坚固、稳定存在的技术条件。作用力本身是无形的，但力通过构件进行传递并形成稳定的结构受力关系是可以形象化的，借此就能转换出有形的形态架构。如只传递压力产生的拱形结构，只传递拉力产生的悬索结构，逐级传力的板、梁、柱产生的框架结构等。其次，建筑的形式也应该以符合结构材料建造逻辑的方式来表达，并体现出对结构材料应用的合理性、逻辑性和真实性，这也正是建构思想的内涵，即在建筑中各种材料依据某种特性及作用，以符合建造逻辑的方式组合在一起，这种逻辑性的信息是通过建造方式传达的，并通过这种建造的逻辑来获得形式的逻辑。路易斯·康关于"砖爱拱券"的表述，正是建筑形式应真实表达材料"意志"的形象说明。此时，结构已不仅是实现建筑形态的技术手段，也是形式适应和表现的对象。在以希腊神庙、罗马角斗场、哥特教堂为代表的众多古代经典建筑中，尽管建筑的形式并不是为了表现结构，但都做到了与结构要求的高度适应，它们卓越的建筑艺术成就都是附丽在结构之上的；20世纪初，随着以钢铁和钢筋混凝土为代表的新材料、新结构的出现和广泛应用，面貌焕然一新的现代建筑大量涌现，此后，结构及其相关因素越来越多地融入到现代建筑美学当中，成为建筑表现的重要内容；在当代的大跨度建筑、超高层建筑、高技派建筑中更不乏适应结构和表现结构的典范实例。

4.1.2.3　环境架构

无论是郊外的自然环境，还是城市中的人工环境，建筑总是要坐落于一定的环境之中，与环境的密切关系是建筑和工艺美术品、工业产品等其他人工设计产品存在的根本不同之处，也是影响建筑形态形成的主要制约因素。现象学的观点认为，场所是环境的具体化，每一个场所都有潜在的精神，诺伯格·舒尔茨曾指出："建筑意味着场所精神的形象化，而建筑师的任务是创造有意义的场所，帮助人定居"。在建筑出现之前，场地中已经包含着既有的环境架构，如自然环境中由平原、山脉、河流、草木构成的地形地貌，城市环境中已存在的城市肌理、区位结构以及建筑与街道、广场等城市公共空间的关系。在建筑设计中，正是以这些既有的环境架构为条件，形成相对由外而内的建筑形态架构，让建筑成为整体环境中不可分割的一部分。建筑的出现既是既有环境架构的延续，同时也是对潜在场所意义的彰显。对环境架构的把握不仅限于狭义的形体环境，还应包括地域性涵义，也就是说地方的文化传统、民族习惯、气候特征、技术和材料的应用，同样是构成环境架构的不同方面。当前，随着全球化进程的加速，符合地域特征的地方性建筑逐渐消失，单一的西方化建筑模式已在世界范围内占据统治地位，城市出现了千城一貌的特色危机。尊重地域性环境架构是在城市规划和建筑设计中解决上述问题的有效手段。

4.1.2.4　有机架构

人类对自然界的认识越深刻，就越是感叹生命之神奇。生物的生命机制与它的外形已达到完美统一，形形色色的生命形态之所以能够存在，并将生命延续下去，都要归功于大自然卓越的"设计"能力，这一点对人类自觉的创作活动有着广泛的借鉴意义和启示作用。所谓有机架构，就是与现代主义建筑所提倡的"机器论"思想相对立，认为建筑应具有与生命体相类似的"活"的构成关系。有机架构是对传统的功能架构、结构架构、环境架构在自然层面的提升，运用有机架构要求人类像大自然那样去设计和建造。赖特是较早用有机观念从事建筑创作的大师之一，但由于受所处时代的限制，赖特的有机建筑多在建筑与自然环境相融合方面进行探索。此后，有机建筑思想又从生命的形式组成关系、器官之间的相互作用、生命力本身的原理等方面得到更多启示，并在建筑形态设计方面获得了多方面运用，出现大量通过对生命体拟态寻找富有隐喻或象征意义的有机形态的建筑师和建筑作品。卡拉特拉瓦善于从大自然和生物体中寻找设计灵感，他从人和动物的内部结构和运动方式中提炼出一种能体现生命规律和自然法则的结构方法，并把它成功地运用于设计实践。以黑川纪章为代表的新陈代谢学派，将生命再生过程引入到建筑设计中，运用开放性结构来实现建筑的生长和更新，完成建筑物在过去、现在和将来三个时期的"共生"。另外，生态建筑观所倡导的自调节、自循环、自持续建筑模式也需要利用有机架构来实现，并使有机架构的探索达到了新的高度。为在全寿命建筑过程中最大限度地减少对自然环境的破坏，建筑师已经进行了许多富有成效的尝试，如：借助立体绿化、覆土等手段或因借基地条件将自然移植到建筑环境中，利用可降解、无污染的自然材料，运用科学技术手段降低建筑使用过程中对不可再生资源的消耗，在建筑内部实现资源的循环利用和能量转换等，这些都是设计中参照自然法则建立生态建筑有机形态架构的出发点。屋顶绿化、太阳能电池板、高耸的通风孔、为搜集雨水而出现的层层跌落的形体，也许在不久的将来就会成为主流建筑的形态特征。

4.1.2.5　形式架构

建筑的形式架构是运用对称、均衡、比例、秩序、节奏等形式规律，圆、方等几何形体，形成的不仅符合功能，便于使用，而且能直接唤起人们的审美情感的形式组织关系。从审美的角度讲，形式架构直接关系到建筑美学价值的实现；从创造美的角度讲，建筑的形态构成离不开点、线、面、体、色彩、质感等感性形式，离不开运用形式规律来构成功能架构、材料架构、环境架构和有机架构。总的说来，建筑的形式架构总是与其他形态架构相适应的，或者说形式架构是体现建筑本质意义的合规律、合目的的形式关系。建筑设计的一般程序表明，形式架构首先体现在反映内部空间组织关系、结构力学关系、环境关系和仿生原理的建筑形体上，经拓扑变形和几何化处理形成符合形式规律的形体关系，成为建筑形态的"胚体"，再在形体基础上进行色彩、质感、装饰等细部处理，给形体"披上"属于建筑的外表，最终产生出具体的建筑形式。对建筑形体的表面处理，既是建筑构造功能的需要，又能在强化造型，加强审美情趣，提高审美价值方面发挥作用，建筑的表面形式毕竟是建筑形态的最直观展现。绝大部分形式架构都随着建筑的发展而不断演变，产生出不

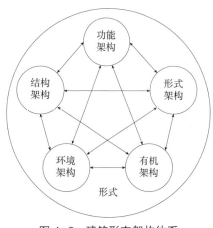

图 4-2　建筑形态架构体系

同历史阶段的建筑形式，而一些经典的形式架构在其物质功能逐渐减退或消失后继续存在，转而成为传达信息的符号系统和文化象征的表意手段，积淀为体现不同历史传统或时代精神的建筑风格。从传统中式建筑的大屋顶、格子窗以及西式建筑的柱式、山花等元素中提取出形式并应用到当代建筑中，就出于这种体现文化信息的符号化形式架构。

在设计创作中，各种形态架构的运用应该是浑然一体、交映成辉的，形成一个高层次、多元统一的系统化架构体系（见图 4-2）。这个架构体系不是五种独立的个别形态架构简单地拼凑在一起，而是整体的、因势利导的、创造性的综合，是多样性的统一，丰富多彩的建筑形式正是这种多样统一形态架构体系的外在表现。建筑形态架构体系的建立，为多层面、多角度的建筑形态研究提供了逻辑架构，也成为建立形态建构创作方法的理论基础。

4.2　建筑形态与建筑结构的关系

在结构应用的层面上，建筑结构对建筑形态的影响方式是多种多样的，可以把二者之间的关系归纳为以下五种：建筑形态为经过装饰的结构、建筑形态即结构形态、建筑形态顺应结构要求、建筑形态以结构作为装饰、建筑形态忽略结构要求。

4.2.1　建筑形态为经过装饰的结构

建筑形态为经过装饰的结构即建筑的总体形态由建筑物的结构骨架产生而并非由视觉因素决定。在这种关系中，对建筑的处理很少从视觉角度出发，而只是对结构作一些可视化调整，即装饰一下来体现建筑形式。

在西方的历史建筑中，有很多时期完全是由当时采用的结构系统的形式逻辑来决定建筑的形态。希腊的神庙建筑在这方面是很典型的。以帕提农神庙为例，神庙外周的列柱围廊排列得相当紧密，这是与石质梁柱结构的力学特征相吻合的。可见，是结构要求决定了帕提农神庙的总体建筑形态。另外，神庙中的多立克柱式也达到了极高的精致程度，它首先是结构系统的重要组成部分，同时它也是经过精心修饰的装饰系统，并让人们赋予了众多象征意义。几乎在所有古典时期的希腊神庙建筑中都没有出现企图掩饰结构的做法，而是采用一种合理而又简单的方式，利用现有材料制造出形式，建筑与结构达到了一种完美的和谐。

中世纪的哥特式教堂也是用经过装饰的结构来形成建筑形态的典型实例。大多数哥特式教堂几乎完全由砖石材料砌筑而成，但与希腊神庙不同的是，它们采用含有肋架券

图4-3　斯温登电子工厂大楼

的拱顶作为水平结构，结构跨度大大增加，创造出宽阔的内部空间。肋架券的形状有利于轴向传力，支撑在高高的立柱上，对立柱产生竖直和水平两个方向的作用力，而扶壁或飞扶壁正好平衡了水平方向的作用力。并且，扶壁、飞扶壁和尖券的截面或断面都经过改进，材料分布更加合理。这些形式上的处理让哥特式教堂具有了很高的结构效应，除了一些装饰性的处理，如柱上的雕饰、柱头的设置以及墙面的线脚等，可以说"几乎一切可见的东西都是结构的，这在技术上是完全合理的"。

从文艺复兴时期开始，由经过装饰的结构产生的建筑形态渐渐消失，建筑的结构骨架越来越多地被与结构无关的装饰形式所掩盖。这种情况一直持续到现代建筑产生之前。直到20世纪，现代建筑再一次开始关注表达构造和结构的逻辑，暴露结构的装饰作用重新出现在西方的主流建筑中。早期的现代主义建筑大师们曾在这方面做过许多有意义的尝试，如彼得·贝伦斯、沃尔特·格罗皮乌斯和密斯·凡·德·罗等，在他们的主要作品中，如德国通用电气透平机车间、法古斯鞋楦厂、范斯沃斯住宅，经过可视化调整的暴露结构构件构成了建筑上的重要视觉因素。

二战后，一些重视技术表现的建筑延续了此类做法。例如由Team4和托尼·亨特设计的英国斯温登电子工厂是一个经过装饰的结构实例，而并非纯粹的工程结构，因为暴露的H型和I型钢构件的位置是经过精心调整的，而并非只出于工程方面的考虑（见图4-3）。由尼古拉斯·格雷姆肖（Nicholas Grimshaw）建筑事务所和安东尼·亨特（Anthony Hunt）工程事务所联合设计的伦敦滑铁卢火车站的棚顶是又一个典型例证（见图4-4）。从技术角度考虑的整体式钢结构组成了这座建筑主要形象，而视觉效应在设计中受到严格控制，但经过建筑师和结构工程师的共同努力，最终使这座建筑无论在技术水平上还是在美学价值上都取得了很高成就。

从希腊神庙到滑铁卢火车站，人们创造了众多由暴露结构所产生的建筑艺术，这些建筑的设计者都非常重视结构技术的要求，建筑形式在很大程度上受结构技术含量的影响，并且在建筑的基本造型中反映出这一点。

（a）顶棚结构

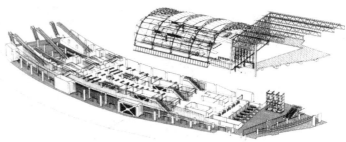
（b）建构示意

图4-4 伦敦滑铁卢国际铁路中转站

4.2.2 建筑形态即结构形态

建筑形态即结构形态是指那些在结构技术的合理性方面达到了最高程度的建筑，它们在结构的应用上没有任何妥协。实际上，这类建筑就是没有装饰的结构物。

在历史上，这种作法曾出现在原始人类的茅屋以及后来的一些等级不高的建筑中，完全由结构形成且又有影响力的建筑并不多见。近现代以来，情况发生了改变，尤其在一些大空间和超高层建筑中，因为有可能达到结构技术的极限，结构因素也就成为了建筑形态的主要制约因素，必须优先考虑。另外，对于一些轻型或需要移动的建筑来说，技术因素是绝对的制约因素，以结构作为建筑成为必然选择。

4.2.2.1 大空间建筑

在古代时期，由于缺乏承受拉力的结构材料，大空间建筑只能依靠砖石砌块用整体轴向抗压模式建造，形成拱和穹顶。但砌体结构的整体性和局部抗弯曲能力都很差，为了保证结果稳定，只有采用增加材料用量和加大截面尺寸的方法，带来的问题是使结构的自重远远大于所承受的其他荷载，结果限制了拱和穹顶的跨度。因此，在技术上取得极高成就的佛罗伦萨主教堂的八边形穹顶，对角直径也只有42.2m，这一数字已达到砖石砌筑穹顶的极限。

近代以来，特别是钢铁和钢筋混凝土材料的出现和广泛应用，让空间度建筑得到了长足发展。首先是铁在以铁路桥梁为代表的工程结构中大量应用，之后也出现在一些临时性或实用功能较强的大空间建筑中，如1851年伦敦世博会展馆——水晶宫，1889年巴黎世博会的机械馆，以及以圣潘克拉斯火车站为代表的一批车站站棚。它们都是结构作为建筑的实例。20世纪中叶以来，在体育馆、展览馆、机场候机厅等大型公共建筑中，整体受压模式的大跨度钢结构建筑也不断涌现，与19世纪的铁制结构作为建筑相比，技术水准已有了明显的提升，视觉形象也大为改观。

19世纪末，钢筋混凝土结构技术取得了突破性进展，大跨度建筑也随之进入了新的发展期。钢筋混凝土比砖石材料有更多的优势，主要在于它不仅能抵抗压力，还具有抵抗拉力和弯矩的能力。因此，与砖石相比，由钢筋混凝土制成的整体受压模式结构可以更加轻薄，跨度也可以更大。钢筋混凝土的另一个优势在于它的可塑性更加便于制成改进型截面，即形成中间具有空腔的双层布置结构，进而大大增加了结构对局部荷载所产生弯矩的抵抗能力。欧仁·弗雷西内、皮埃尔·路吉·奈尔维、爱德华多·托罗哈、费利克斯·坎德拉和尼古拉斯·埃斯基兰、奥伟·阿鲁普等都是制作钢筋混凝土大跨结构的大师。在由奈尔维设计的著名的罗马小体育宫中，建筑的造型完全是从结构要求出发的，整体受压模式壳体由预制和现浇的钢筋混凝土组合而成，

图 4-5　布理莫橡胶厂

图 4-6　耶鲁大学冰球馆

并有改进型的密肋截面，值得一提的是壳体最薄处只有 4cm。英国建筑师协会和阿如普合作设计的布里莫橡胶厂厂房（1952 年落成），由于当时钢材严重短缺，故采用了 9 个单元式钢筋混凝土薄壳穹顶形成屋盖结构，每个穹顶约 26m×19m，四侧全部设高侧窗采光，并穹顶开设圆形天窗作为补充光源，整个厂房的结构布置清晰、简洁，内部空间明亮、通透（见图 4-5）。随着一批极具表现力的钢筋混凝土结构大跨度建筑相继落成，在一定程度上转变了人们对结构形态即建筑形态的传统印象，高度技术化的结构物同样可以具有精美的形象。

此外，以悬索结构为代表的受拉模式结构也开始大量应用。在这些大跨度屋盖中，交叉排列的两套悬索形成马鞍形或互反曲面形状的索网，每套悬索与曲线的各个组成方向一致，悬索间互相提供抵抗反向荷载的预应力，使在荷载变化的条件下发生的变形减少到最低程度，保证结构具有足够的稳定性。一般来说，仅有抗拉构件并无法形成完整的结构体系，需要拉、压构件相互配合，才能保证结构的平衡状态。由建筑师埃罗·沙里宁和结构工程师弗雷德·塞韦鲁（Fred Severud）设计的美国耶鲁大学冰球馆，采用了拱–索结合的屋盖结构体系，建筑形态完全由结构形态所决定（见图 4-6）。

在 20 世纪 90 年代，出现了一种由桅杆支撑的同向曲面索网结构，它在外形上更加简单完整，覆盖层也更容易制造。作为纪念千禧年的标志性建筑，伦敦的千年穹顶采用了这种结构，并成为近年来结构作为建筑的典型实例。在这座建筑中，一个穹顶形索网由环状

图 4-7　伦敦千年穹顶

图 4-8　约翰·汉考克大厦

排列的 12 根桅杆支撑，总直径达到 358m，桅杆间的最大跨度为 225m，穹顶外表面的覆盖材料由聚四氟乙烯玻璃纤维制成（见图 4-7）。对于这样大的跨度来说，采用受拉模式结构是完全合理的。

从佛罗伦萨主教堂的穹顶到伦敦的千年穹顶，这种由结构要求产生的大跨度建筑总是代表着当时结构技术的最高成就，它们的建筑形态是由最大化的结构合理性所决定的，并且它们体现出来的那种源于技术的美已得到当代民众的普遍认同。

4.2.2.2　超高层建筑

20 世纪以来，高层建筑也如雨后春笋般涌现，这些都与材料技术和结构技术的进步密切相关。尤其在其中的超高层建筑中，建筑形态多是结构形态的直接体现。

从结构观点上看，有两个问题在超高层建筑中最为突出：一是要支撑由建筑高度带来的竖向荷载，二是要抵抗由风力产生的巨大的横向荷载。根据竖向荷载的特点，要求承重的柱和墙在建筑的基础部分最大。在钢铁使用之前，砖石材料的抗压强度限制了建筑在高度上的发展。而钢框架的采用解决了这一问题，包括超高层建筑在内，只要楼层高度不是很大，控制好支撑结构的长细比，保持竖向结构的稳定，便能实现建筑在高度上的要求。因此，在大多数超高层建筑中，建筑师已经不注重表达竖向结构的意义，而抵抗横向的风荷载成为超高层结构所要表达的首要形式。

超高层结构在整体上类似一个垂直的悬臂构件，对于水平风荷载产生的弯曲型内力，沿外周布置的结构作用最显著，可以看作为一个具有改进型截面的中空筒。常见的做法是采用框架型筒和桁架型筒设置。原纽约世贸大厦的外周结构为框架型筒，对剪力的抵抗是由柱和连接它们的短梁之间的刚性框架所提供的。约翰·汉考克大厦的外周结构为桁架型筒，对剪力的抵抗是由斜支撑杆件提供的。因为这种用来抵抗横向荷载的特殊结构设置使结构受力集中在建筑的外墙，所以结构也就具有了视觉艺术效果（见图 4-8）。

利用基本的框架型筒和桁架型筒结构还可进一步变化发展。由 SOM 设计的芝加哥西尔斯大厦，结构由多个框架型筒组合而成，形成集束筒，在提高抗剪能力的同时，也为在上部产生错落的形体提供了条件（见图 4-9）。由贝聿铭设计的香港中国银行大厦则是把平面桁架型筒演变为空间桁架型筒，并通过削减建筑上部的体量，引入了斜向视觉元素，让结构作为建筑的形式更加活跃（见图4-10）。

超高层建筑经常要达到技术的极限，结构因素总是需要优先考虑，建筑的外形在很大程度上是由结构产生的，建筑形态即结构形态也就成为理所应当的事。

4.2.2.3　轻型建筑

建筑的重量主要与采用的结构材料和结构形式相关，要减少建筑的重量则必须在设计中对结构技术因素予以重点考虑。对于轻型建筑来说，其形状几乎完全要由相关的技术标准来决定。

帐篷是一种轻型的受拉模式结构，并具有方便组装、拆卸的特点，许多游牧民族都使用帐篷作为居住的房屋。在当代，一些临时性的建筑也应用轻质的帐篷式结构来搭建，结构材料多为钢索和膜材组成，它们的形式都反映出结构技术特征的需要。也有一些使用受压模式建造的轻型建筑，它们也大都是临时性的，经常应用于建造展览会的展馆。

在整个20世纪，随着高强钢材、高强混凝土、膜、碳纤维等新型材料的出现，建筑结构更加轻质高强化，产生出空间桁架、空间网架、预应力混凝土、索壳、索膜以及套筒和集束筒等一大批结构形式和结构技术，引导建筑形态发生了革命性变化。建筑形态即结构形态的做法已成为当代建筑形态发展的重要方向之一。

图4-9　西尔斯大厦

图4-10　香港中国银行大厦

4.2.3　建筑形态顺应结构要求

建筑形态顺应结构要求即建筑的形态是在应用某种结构体系基础上发展出来的，即使这样的建筑并不是为了表现结构。这类建筑中一般都采用了结构上合理的构件设置，并且结构的特征与建筑的美学规范相融合。在具体的设计操作中，也会出现另一种情况，即仅仅是被动地应用现有的结构技术，对建筑美学方面的追求与结构特征没有联系。

古罗马的拱结构建筑，如角斗场、公共浴场等均属于建筑形态顺应结构要求的范畴，建筑中的拱券或拱顶是结构要求与审美需要的双重产物，虽然不是为了歌颂技术，但却是人们想象性地利用了必要的技术，结构形态成为建筑形态视觉特征的重要组成部分。

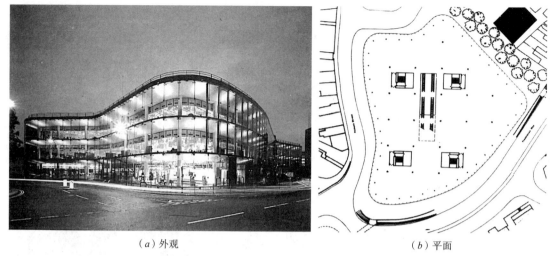

（a）外观 （b）平面

图4-11 维利斯、弗伯和杜马斯办公大楼

20世纪的许多建筑师也采用同样的原理来创作现代建筑。其中，一位最积极的倡导者是勒·柯布西耶，他所喜爱的结构技术是钢筋混凝土板柱结构，并从钢筋混凝土结构特征出发，发展出著名的"多米诺"体系，它以一个钢筋混凝土框架为基础，方便制造与复制，并且能以类似骨牌排列的方式连接起来。此后，柯布西耶在以萨伏依别墅为代表的一系列建筑中对"多米诺"体系进行了成功应用。与古罗马的建筑观类似，柯布西耶利用与结构相关的优越性充分展现了他提出的"新建筑五点理论"，表现了混凝土结构和现代审美规范的融合。

框架结构的优越性在现代建筑中已得到了充分认可和发掘，为建筑师的形式创作带来了空前的自由度，大量的多层或高层建筑都是由钢筋混凝土或钢框架结构实现的。虽然框架结构在结构实效方面并不高，但对于只需要中等以下空间跨度的建筑来说，出于经济性和施工方便的考虑，它仍然是首选的结构形式。直到当代，建筑师仍在利用框架结构的优越特点来实现他们所创造的丰富多彩的建筑形式。由福斯特建筑事务所和安东尼·亨特工程事务所合作设计的英国伊普斯威奇市的维利斯、弗伯和杜马斯办公大楼（见图4-11），由于基地的限制，建筑平面呈曲线形，但这仍然属于钢筋混凝土框架结构的适宜范围，建筑的结构柱网排列与平面形状相吻合，为建筑内部提供了大量的开敞空间，并且楼板朝边柱外悬挑，为立面覆盖大片的玻璃留出了操作余地。

在建筑设计中，对美学方面的追求是多种多样的，一些建筑的形式与结构不存在直接联系，尽管建筑师仍能保证他所设计的建筑可以用某种合理的结构来实现，但结构的特征已完全不在形式表现的范围内。这时，建筑形态只是被动地顺应结构要求，这样的建筑从文艺复兴开始就大量出现。它们的做法往往是将结构完全包裹起来，虽然建筑表面也经常出现装饰化的结构符号，其真正目的只是装饰作用，建筑的形体和表面也没有任何真正属于结构因素的暗示。如文艺复兴时期、巴洛克和古典主义时期以及新古典主义时期的建筑立面上的古典壁柱和山花，它们已具有了某种文化符号的特征，是在具有被广泛认同的文化内涵后才大量应用的。在当代，运用现代结构技术手段建造的仿古建筑，具有"肥梁胖柱"特征的后现代风格建筑，以及一些波普建筑均属于此种情况。

事实上，建筑形态顺应结构要求的方式已成为自文艺复兴至今应用最为广泛的建筑形态与结构的关系。

4.2.4 建筑形态以结构作为装饰

建筑形态以结构作为装饰即按照视觉要求来应用结构体系和结构构件，并使其成为建筑表现的主要对象。这是 20 世纪后新出现的一种建筑艺术特征，目前大都存在于某些"高技派"建筑中。与建筑形态为经过装饰的结构不同，此类建筑的结构应用是由视觉因素而不是由技术因素决定的，因此建筑的结构性能用技术标准来衡量往往不太理想，甚至有些外露的"结构"形式已丧失了应有的结构功能，成为技术化的符号。建筑形态以结构作为装饰又可以细分为三种情况。

4.2.4.1 利用结构的象征意义

这种情况主要受当代航天和航空工业发展的影响，目的在于赞美科技进步的作用，自由展现技术美学所产生的建筑艺术。在建筑语汇中常出现 I 形截面、桁架大梁、腹板中带有圆形减重孔等，这些构件更多具有技术象征意义，而有时与真正的结构受力需要还存在一定矛盾。如伦敦劳埃德总部大厦的入口雨篷，结构是由带有圆形减重孔的弯曲钢构件制成，上面覆盖透明玻璃，形象极其轻盈。这种设置减重孔的做法用在飞机的结构中是完全合理的，能有效减轻重量，但对于建筑来说，过轻的结构自重在风荷载的作用下则容易发生破坏。显然，这样的构件处理方式更多具有高科技的象征作用，而并非结构本身的需要（见图 4-12）。再如，位于英国斯温登市的雷诺汽车展销中心是一座壮观高雅的当代建筑，暴露的钢结构构成了建筑形象的重要成分，其目的是要反映该公司在高科技领域的地位，并树立注重"质量设计"的企业形象（见图 4-13）。建筑的基本

图 4-12　伦敦劳埃德总部大厦的入口雨篷

图 4-13　雷诺汽车展销中心

结构是纵横排列的多跨门式框架,在形式上具有许多与结构效应相关的特征:每个框架的纵断面与主荷载的弯矩图相吻合;受压构件和受拉构件单独设置,结构的传力关系十分清晰;I型截面受弯构件的腹板上带有圆形的减重孔。尽管如此,由于该建筑的结构跨度并不大,这些看似高效的结构处理方式并没有真正起到应有的作用。实际上,对于类似雷诺汽车展销中心这样的结构规模来说,采用带有主次结构体系的门式框架会更加经济合理,但这种结构无法产生令人瞩目的建筑形象。显然,采用如此昂贵而又醒目的结构主要是出于建筑形象的考虑。

4.2.4.2 利用结构产生复杂形式

在此种情况中,暴露结构的形式从技术角度上讲是合理的,但它只能够被看作是由建筑师提出的一种多余的或冗余度很高的技术问题解决方案。巴黎蓬皮杜艺术中心就是这样的例子。该建筑为矩形体量,每层平面都有三个分区,中部为主要使用空间,两侧各为交通空间和服务区,这种空间划分是借助竖向结构布置来实现的。中部各层的水平结构为钢桁架大梁,大梁与从立柱挑出的悬臂牛腿内侧相连,产生的结构荷载又由位于悬臂牛腿外端的拉杆系加以平衡。这里的悬臂牛腿实际上起到杠杆的作用,施加在两端的作用力相互提供反作用力,而中间的支点是牛腿与立柱连接处的可旋转的铰接销。蓬皮杜艺术中心的结构是一个巧妙而又复杂的平衡系统,反映出建筑师具有革新精神的设计理念,而200多个精心制作的悬臂牛腿构成了这座建筑的主要视觉特征(见图4-14)。单从工程结构的角度上看,应用如此复杂的结构方式是不必要的,该建筑完全可以用更为简单的梁柱结构体系来实现,而且会取得更好的结构效益。也就是说,建筑外观中大量重复出现的悬臂牛腿实际上是一种多余的技术问题解决方案。可见,建筑师之所以把原本可以简单处理的结构问题复杂化,主要是想利用结构的复杂形体来满足建

(a)外观

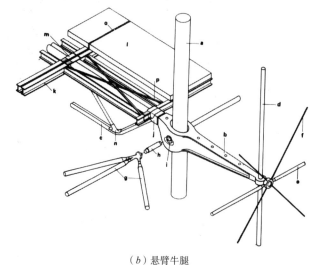

(b)悬臂牛腿

图4-14 蓬皮杜艺术中心

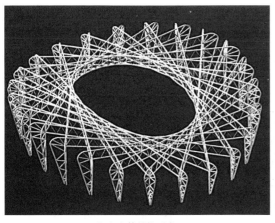
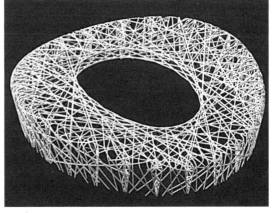

（a）主体结构示意　　　　　　　　　　　　　　　（b）次级结构示意

（c）外观

图4-15　北京2008年奥运会主体育场

筑在视觉方面的需要。

　　北京2008年奥运会主体育场——"鸟巢"，也属于同种情况。"鸟巢"的主体结构实际上是由48根桁架柱与桁架大梁经扭转排列构成，对于超过200m的跨度来说，这种结构的实效并不高，而为了产生具有不规则编织效果的外观形象，主体结构上又附加了大量次级结构，出于可视性的考虑，次级结构的构件尺寸和排列密度远比实际要求大，造成结构整体的冗余度很高（见图4-15）。从建成后的效果来看，"鸟巢"在形式上的确做到了"标新立异"，具有强烈的视觉感染力，但以超过500kg/m²的用钢量实现的表皮化结构效果，让它与当代主流大跨建筑"大而轻"的结构取向相去甚远。

4.2.4.3 把结构作为技术符号

此种情况是为了创作既体现技术又易于理解的建筑。但在实际应用中，这种把结构作为装饰的做法经常与结构自身的逻辑相矛盾，其目的仅是要把结构变成一种"可读"的符号。例如，在混凝土结构的构件外包裹金属去表达钢结构的工艺美，甚至用虚假结构去作装饰，等等。与建筑形态顺应结构要求关系中的虚假结构表现类似，把结构作为技术符号同样只具有表面上的意义，但不同的是前者在经过千百年来的意识积淀后，已经完成了从技术符号向文化符号的身份转变，而后者目前仍仅仅属于技术符号。

对比建筑形态中以结构作为装饰的三种情况，可以看出，它们的相同之处在于都是利用暴露结构作为形式表达要素，对形式的视觉化追求是各种结构处理方式的共同目的。它们之间的不同点则在于，前两种情况虽然在技术上存在缺欠，但却体现了建筑师从其关心的形式角度创造性地运用结构的能力，结构在起装饰作用的同时也具有真正的结构作用，并且暴露结构传达出的信息与结构的实际状况相吻合，而第三种情况则是有意放弃了对结构真实特征的表达，这种建筑在实现科学技术的"可读性"同时，却还原出错误的本体信息，造成了"表里不一"的假象，与强调"真实性"表达的当代主流建筑伦理观相违背，很难禁得起人们长时间的推敲。因此，尽管在当代多元化的社会大背景下，建筑形态中把结构仅作为技术符号的做法仍存在很大争议，对其应用需要谨慎行事。

4.2.5 建筑形态忽略结构要求

建筑形态忽略结构要求即凭借当代高度发达的结构技术所提供的保障，在设计建筑时不用考虑支撑和建造问题，至少在方案设计阶段是这样。这是20世纪新出现的一种建筑形态与结构的关系，自从钢和钢筋混凝土结构技术发展以来，人们已经有可能摆脱早期砖石材料和木材对建筑形式的束缚，去创造某些更具表现力的形式。正是钢和钢筋混凝土优异的强度特性，决定了此类建筑几乎可以建造成任何形式。20世纪20年代建造的爱因斯坦天文台，50年代建造的朗香教堂等一批具有表现主义倾向的作品属于早期成功的实例。

20世纪后期，计算机技术的出现让建筑师能更加不受限制地进行各种非线性形式创作，对非常复杂的形式进行描述，并对建筑材料的切割和制造过程进行调节，这是一些解构主义作品中能够出现极其复杂几何形体的一个重要原因。如蓝天组（Coop Himmeblau）设计的维也纳屋顶办公楼的"受限无序"（Controlled Order）扩建方案，弗兰克·盖里设计的维特拉家具设计博物馆（Vitra Design Museum），丹尼尔·李伯斯金设计的维多利亚与艾伯特博物馆扩建工程以及柏林犹太人博物馆，等等。这些当代著名的解构主义建筑连同早期的表现主义建筑之所以能够得以实现，主要在于它们都具有共同的特点，即结构跨度都不大，并充分利用了现代结构材料的突出特性以及结构的连续性。即便如此，由于这类建筑的结构构件中一般存在较大弯矩，所产生的内力相对于所承担的荷载来说会很高，这就意味着结构材料的利用率会很低，而满足要求的构件尺寸会很大，造成结构粗大笨重。

也有极个别的实例，建筑规模和结构跨度都很大，但建筑形态与结构要求却存在着严重矛盾。如约恩·伍重（Jorn

图 4-16　CCTV 总部大楼

Utzon）设计的悉尼歌剧院，雷姆·库哈斯（Rem Koolhaas）设计的北京 CCTV 总部大楼。以 CCTV 总部大楼为例，在 80m 的高空、双向超过 70m 的巨大水平悬挑是这一方案的魅力所在，也给设计和建造带来了巨大困难，尽管采用了适应应力分布图的外围结构，但还是无法从根本上改变建筑在整体上对重力传输常理的挑战，也无法改变因之而来的超高造价（见图 4-16）。

事实上，绝大多数已建成的属于建筑形态忽略结构要求的建筑，虽然缺乏结构的合理性，但并非完全不具备结构的可行性，否则就不可能最终实现。正如吴焕加先生所指出，解构主义建筑所解的多是"构图"的构，而不是"结构"的构。

通过对上述五种建筑形态与结构的关系进行分析，可以确定结构建构方法的适用范围。从对结构的重视程度上看，建筑形态与结构的关系可以分成两大类，即重视结构和不重视结构。在重视结构一类中，采用的建筑形式是根据相关的结构技术标准产生的，包括建筑形态为经过装饰的结构、建筑形态即结构形态和建筑形态顺应结构要求；在不重视结构一类中，结构仅作为实现建筑形式表达的保障手段，包括建筑形态以结构作为装饰和建筑形态忽略结构要求。显然，重视结构一类中的三种关系都在结构建构方法的适用范围之内。另外，从结构在建筑形态中的表现来看，建筑形态与结构的关系又可以分为两大类，即结构暴露和结构隐藏。在结构裸露一类中，结构表现成为建筑形态整体表现的重要组成部分，包括建筑形态为经过装饰的结构、建筑形态以结构作为装饰和建筑形态即结构形态；在结构隐藏一类中，建筑形态所表现的内容与结构没有直接关系，包括建筑形态顺应结构要求和建筑形态忽略结构要求。结构裸露一类中的三种关系也都可以用结构建构方法来实现。经过前后叠加可以得出，除了建筑形态忽略结构要求之外，其他四种建筑形态与结构的关系，都适用于结构建构方法进行设计，这充分表明了此设计方法的广泛适用性。

4.3 建筑与结构的专业合作关系

建筑形态建构的结构作用机制也体现在专业合作的层面上。由建筑本身的复杂性与系统性所决定，建筑设计需要通过多个专业的合作来共同完成。其中，建筑师与结构工程师的合作对建筑形态的确定影响最为显著。并且，建筑师与结构工程师之间的合作关系总是表现出多种方式，在任何时期，他们的合作关系又总是影响着建筑形态与结构的关系，决定着建筑形态与结构的紧密程度。

4.3.1 合作关系的发展历史

在以希腊和罗马为代表的西方古典建筑中，建筑形态与所采用的结构系统是高度统一的，建筑中的建筑要求和结构要求非常积极地吻合在一起，这表明建筑师与结构工程师之间的关系是非常密切的，并且地位相当。实际上，当时的建筑师和结构工程师往往都由同一个人来担当，即建筑匠师（Master Builder）。这种工作方式产生了一大批艺术表现和技术成就都极高的伟大建筑，而且这些建筑都是属于重视结构的范畴。建筑形态为经过装饰的结构产生了希腊神庙；建筑形态顺应结构要求产生出罗马的角斗场和公共浴场。西方的这一建造传统一直持续到以哥特教堂为代表的中世纪建筑中。同样，中国古代的木结构建筑也表现出形式与结构、构造的一体化，也是由负责建造建筑的工匠按照高度程式化的定式做法来确定建筑形式。在上述时期，没有出现建筑师与结构工程师的专业分工，由匠师一人主导的建筑形态与结构之间的关系都是积极的，匠师必须同时对建筑的艺术品位和结构因素进行考量，并且建筑的总体形态是为了满足结构的需要而产生的。

但在西方的文艺复兴时期以后，建筑设计的方法和思路开始发生了改变。文艺复兴时期的建筑师多兼有艺术家身份，他们更愿意把建筑看作为"石头的艺术"，注重建筑形体的比例关系、阴影效果，也注重空间的组织秩序，并且还创造性地应用古典装饰。他们对建筑的结构需求是大体了解的，但建筑设计的出发点却与结构无关，建筑的结构骨架被越来越多地隐藏在与结构作用没有直接关系的装饰内，并喜欢将古典柱式改造成壁柱加到建筑的立面上，形成墙体的外表层，这种壁柱具有装饰意义而不是结构作用。这一时期，在建筑的形式特征中，真正具有结构作用的视觉元素也开始减少，使得结构规则与审美规范相脱离。这对之后形成的建筑师与负责结构设计的工程师之间的合作关系产生了深刻的影响。

在西方建筑中，从文艺复兴到现代主义之前的大部分建筑都是在被动地应用结构。之所以能设计出结构上较合理的建筑形式，主要原因在于当时主要的结构材料均为砖石和木料，产生的各种各样的结构问题仍相当棘手，这迫使建筑师采用从结构观点上看是合理的结构方式，因此结构要求不得不受到尊重，但对建筑而言，由结构因素产生的具有创造性的形式已不复存在。另一个原因则是，从文艺复兴以后大多数建筑的结构规模（主要指结构跨度）都不算太大，建筑师能较容易地掌握所有砌筑墙、木质楼板以及屋顶的结构承载能力。尽管大多数建筑中所采用的形式从结构观点看是合理的，但却没有对建筑形式产生明显的贡献，即使个别结构难度极大的大型建筑，如位于伦敦的圣保罗大教堂也是如此。圣保罗大教堂的石砌外墙仅仅是包裹着内部承重墙体的面层，不具有真正的结构作用，建筑的剖面与中世纪的哥特教堂类似，由巨大的拱顶中厅组成，两边是低侧厅，用飞扶壁为拱顶提供侧向支撑，但这些结构既没有在外部形式中表现出来，也没有任何暗示。在教堂的穹顶中同样存在着表里不一的现象。穹顶由内、中、外三层组成，内部是一个砌筑的半球壳，而在外面人们看到的则是由木框架挑出的半球形轻质薄壳，形成穹顶状的外观体量，坐在一个放大的鼓座上。穹顶真正的支撑结构是一个砖砌椎体，直接用来承担穹顶的荷载，但它却被完全隐藏在穹顶的内外表层之间（见图 4-17）。显然，圣保罗大教堂的外部形式，包括外墙和穹顶，都不是真正的结构。

到 19 世纪中后期，随着数学和力学方面取得的显著进步，以及以钢铁为代表的新型

（a）外观　　　　　　　　　　　　　　（b）结构示意

图 4-17　伦敦圣保罗大教堂

结构材料的出现，促使结构工程成为一门专业学科，建筑师和结构工程师开始正式分离成两种各自独立的职业。也正是在这一时期，建筑设计与结构设计呈现出渐行渐远的趋势。伦敦圣潘克拉斯车站的站棚就是当时由结构工程师主导完成的作品，也是那个时代最大的铁架－玻璃拱顶之一。无疑，当时它在结构技术、材料应用、加工工艺方面都是极为先进的，但还是被具有高度维多利亚哥特式风格的内陆饭店遮挡在后面。站棚和内陆饭店各自代表着结构工程师和建筑师对建筑的理解，但站棚的建筑特性却被长期被看作是实用但不美观的工业产品。实际上，直到 20 世纪初大多数的建筑师和民众也不认为这样的结构物是真正的建筑。

在现代建筑产生之前，尽管建筑师们仍然对结构感兴趣，但只是把它看作是实现建筑形态的一种手段，他们的设计思想与结构因素几乎没有关系。这种建筑设计方式，随着 20 世纪钢和钢筋混凝土结构技术的发展，变得更加具有可操作性。在结构性能方面，钢和钢筋混凝土与砖石砌体和木材相比具有明显的优势，允许建筑形态具有更大的自由度，这让建筑师在很大程度上摆脱了结构因素的束缚，并促使在 20 世纪后期出现了一种新的建筑形态与结构之间的关系，即建筑形态忽略结构要求。

现代建筑主张合理分工，建筑师负责处理功能和形式问题，结构工程师则负责处理结构技术问题，两者的工作过程宛如流水线上的两个不同阶段，建筑为"龙头"，结构作配合。尽管建筑设计在 20 世纪越来越依赖于结构技术和结构工程师的技能与专业知识，但多数建筑师仍然继续像文艺复兴时期以来的情况一样，作为一种英雄式人物，成为整个设计过程的主角。

在现代建筑设计中，也曾出现一些著名的建筑师，他们十分关注利用基本构件组合在一起的关系作为建筑的形式表达方式，这让建筑师与结构工程师之间的合作关系实际上发生了一些变化，然而，在他们的设计队伍中建筑师仍然起主导作用，牵头负责整个设计过程。在介绍由格罗皮乌斯、密斯和柯布西耶等现代大师设计的现代主义经典建筑作品时，很少提到参与结构设计的工程师的姓名。

在当代，甚至在一些极具形式影响力的建筑项目中，结构工程师的地位仍然被看作是从属性的。例如在建筑师弗兰克·盖里、扎哈·哈迪德或丹尼尔·李伯斯金所设计的解构主义作品中，极其复杂的建筑形体给结构工程师提出了严峻的挑战，但结构工程师仍然没有介入建筑形态的最初确定。

建筑师和结构工程师在不同设计阶段的明确分工，带来了审美规范与技术规范相分离的现象。对于大多数建筑，尤其是技术难度不高的建筑来说，在其形态设计阶段建筑师可以不需要结构工程师的协助而独自完成，结构工程师只作为技术人员，在技术设计阶段才参与进来，负责保证建筑在结构方面能够实现，但对其整体形态没有创造性的贡献。

现代的结构技术与材料技术进步在一定程度上为建筑师的形态创作带来了前所未有的

自由度，在处理形式问题时建筑师似乎可以更加"随心所欲"，但实际情况表明，这种形态创作的自由度在绝大多数建筑作品中仍然要受到限制。主要原因在于，现代的主流建筑师大都只接受过建筑学方面的相关教育，他们的结构知识和创造性地解决结构问题的能力仍然相当有限，而出于技术和经济方面的原因，类似于解构主义或某些不考虑结构合理性的大型建筑，真正被实施建造的机会是非常少的。因此，在没有结构工程师参与的形态创作阶段，建筑师也不得不从实际出发，不可能完全不顾及结构因素的影响，他们往往只能用建筑形态顺应结构要求的方式来确定建筑形态。实际上，这种工作模式已经给建筑创作带来了局限性，需要改进。

4.3.2　当代的合作关系

随着当代建筑在形态创新方面的不断发展，建筑师与结构工程师之间的合作关系也得到了扩展，目前主要存在三种情况。

4.3.2.1　遵从型关系

即结构工程师遵从建筑师。这种长期以来形成的由建筑师决定建筑的形态和视觉概念，结构工程师主要作为技术人员，保证建筑在技术上不出问题的合作方式，在当代建筑设计过程中仍然普遍存在。其中的绝大多数情况是，建筑师在遵循基本的结构原则基础上来确定建筑形态，结构工程师则通过计算确保建筑形态得以实现。而少数的情况是，建筑师在不考虑结构的情况下就设计出复杂的建筑形体，形式确定之后才要求结构工程师提供技术上的保障。在结构工程师遵从建筑师的合作关系中，结构与建筑形态之间很少发生创造性关系。

4.3.2.2　兼容型关系

这是一种让结构工程师和建筑师由一人承担的作法。他们不但是结构工程师，具有坚实的土木工程专业知识基础，并且在建筑学方面同样具有很深的造诣。在现代建筑早期，由结构工程师设计的类似于水晶宫、大跨度火车站棚、厂房、仓库、飞机库等结构物，开始被纳入到建筑范畴当中，由此产生出结构工程师兼作建筑师的情况。由于这类建筑的效能往往很高，因此越来越受到人们的赞许，而具有建筑素养的结构工程师也自然地成为了设计过程的主角，并被称为"现代建筑匠师"。20世纪初的奥古斯特·佩雷和罗伯特·马亚尔，20世纪中期的皮埃尔·陆吉·奈尔维、爱德华多·托罗哈、欧文·威廉斯、费利克斯·坎德拉，以及20世纪末的圣地亚哥·卡拉特拉瓦，都是其中享有盛名的佼佼者。他们的作品均属于结构形态即建筑形态或建筑形态为经过装饰的结构，尤其在用推力结构或张拉结构语言表达的大跨度建筑方面取得了极高的成就。这些"全才"式的建筑大师兴趣通常在于将建筑作为一种技术作品来欣赏，并促进了结构技术成为现当代建筑的重要美学表现对象。

4.3.2.3　创造性合作关系

在 20 世纪后期，出现了一种新型的建筑师与结构工程师之间的工作模式，他们在整个设计过程中都保持着一种高度的合作关系，结构工程师从一开始就参与到形态的创作中来，让结构成为建筑视觉语汇的主要方面。促使这种情况产生的一个重要原因是技术美学思想在建筑理论界受到重视，从而引起人们对日益发展的材料和结构技术的关注，对结构逻辑的尊重与表现已成为当代建筑文化的重要组成部分。

几乎所有被誉为"高技派"的建筑师都倾向采用这种设计方法，诺曼·福斯特、伦佐·皮阿诺、尼古拉斯·格雷姆肖、迈克尔·霍普金斯和理查德·罗杰斯，他们与结构工程师托德·哈波尔德、托尼·亨特和彼得·赖斯以及阿鲁普工程事务所之间的合作，都是创造性合作关系的体现。这种工作方法包括设计队伍定期举行讨论会，对设计中的所有问题进行研究。设计的最终成果是在这种密切协作过程中产生的，一般不可能属于某一个人。近年来，通过建筑师与结构工程师之间的创造性合作，产生出了一种新的、更为精致的几何形体建筑艺术。由尼古拉斯·格雷姆肖和安东尼·亨特设计的伦敦滑铁卢火车站的棚顶就是一个代表性的实例，这座建筑是 19 世纪铁架－玻璃火车站棚在 20 世纪的翻版，但应用了最新技术手段，并用计算机进行辅助设计，同时也体现了"高技派"的设计理念。同样，由诺曼·福斯特和安东尼·亨特设计的威尔士国家植物园的穹顶，由尼古拉斯·格雷姆肖与安东尼·亨特合作设计的埃登项目，由雷姆·库哈斯与塞西尔·贝尔蒙德合作设计的波尔多住宅，以及由伊东丰雄与佐佐木睦朗合作设计的仙台媒体中心都是如此。建筑师与结构工程师之间的创造性合作关系促成了彼此优势的互补，让建筑的形式创作与结构创新完美地统一到建筑的形态之中，创作出充满激情又不乏理性的高水准作品，真正实现了当代艺术与技术的融合。

在当代建筑师与结构工程师的三种合作关系当中，第一种最为成熟，目前的应用范围也最广泛，但建筑形态与结构之间很少发生创造性关系，具有一定的局限性。第二种适用于"全才"式的设计者，他们要同时具备建筑师和结构工程师的专业能力，而这样的要求在当代专业分工日益精细化的社会背景下，对于绝大多数建筑师和结构工程师来说都是无法达到的，因此它的实际应用范围相当有限。第三种则是通过充分发挥设计团队的集体智慧来设计具有创造性的建筑形态，实现各种专业优势的最大化整合，并可以借助对第一种合作关系的改造而发展起来，在实际操作中容易融入现行的主流设计体制，显然它具有广泛推广的应用前景，值得认真研究。但为了确保建筑师与结构工程师之间的顺利对话，要求建筑师拥有相当程度的结构概念和结构知识，并积极探索便于双方合作的建筑创作方法。

4.3.3　一个体现创造性合作关系的实例

日本仙台媒体中心是体现建筑师伊东丰雄与结构工程师佐佐木睦朗创作性合作关系的

一个实例典范（见图4-18）。该建筑于1995年3月设计中标，于2001年1月投入使用。建筑落成后受到了极高的评价，并获得了一系列国内外奖项：2001年年度设计大奖、2002年世界建筑奖、最佳东亚建筑奖、BSC奖、2003年日本建筑学会奖。通过解读其设计创作过程，可以让我们对建筑师与结构工程师创造性合作关系的具体操作方法有一个直观的了解。

4.3.3.1 建筑师提出最初意向

建筑师与结构工程师对"结构"的关注有所不同，建筑师关注的是如何让结构对建筑形式有所贡献，而结构工程师所关注的则是结构实现的可能性与安全性。伊东丰雄对这种出于不同角度的结构诉求是有深刻认识的，他在设计之初就把仙台媒体中心立意为一个"水族箱"式的建筑，并希望借助结构处理来实现这一意向。伊东首先用草图的形式把这一意向信息传达给佐佐木睦朗，草图的内容包括图形和文字两部分：图形示意了建筑师所期望的有机的建筑形式，网状且位置任意的柱子；文字说明了建筑师期望用钢管做结构材料，采用半透明的表皮，楼板应尽量轻薄，并注明柱子要呈现漂浮的轻柔海草形态（见图4-19）。采用网状形式的钢管柱是伊东长时间思考的结果，也是他对结构在形式方面的要求。可以看出，草图中的信息包括了建筑形式、结构意向以及消减室内外差异的意图。之后，伊东又用草图表达了对无梁楼板与管筒的关系的进一步设想，内容包括：建筑的结构由贯穿楼板的不规则管状柱与内置规则排列格栅状肋梁的楼板组成；开敞且流动的内部空间秩序；大小不同的楼板开洞等（见图4-20）。应该说这是一个极富诗意的形式立意，但要想实现它，结构方面的难度非同寻常。

图4-18　仙台媒体中心

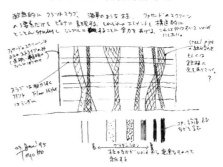

图4-19　最初的意向草图，伊东丰雄

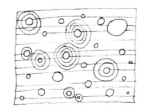

向心系统（波纹）　　条纹（或格栅）系列

设定由等压线形成的场（领域）

设定2个大的洞隙

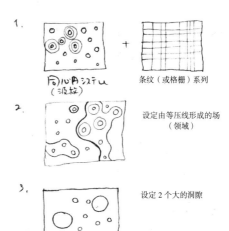

图4-20　无梁楼板与管筒的关系草图，
　　　　　伊东丰雄

4.3.3.2 结构工程师的反馈

佐佐木睦朗毕竟是一位富有创新精神的结构工程师，他从一开始对此项目就表现出极高的兴趣，在他看来"只要不是荒谬的，再难的问题也会有答案"。在随后提交的结构方案中，佐佐木同样用草图的形式反映出结构形式的动态，编织的管状柱，以及轻薄的钢板混凝土楼板。其中，对于管状柱的平面设计，佐佐木提供了三套方案（见图4-21）。但这并不意味着佐佐木完全置结构与形式的矛盾于不顾，他把编织的管状柱画成折线形轮廓，而非伊东草图中的平滑曲线轮廓。对于伊东而言，对建筑形式的美学追求是其重要的立场，而对于佐佐木来说，对结构的安全性的追求是他的首要

图4-21　管状柱的平面设计方案草图，佐佐木睦朗

立场，而非飘逸的美学。伊东基于自己的立场试图创造轻盈飘浮的空间，而佐佐木面对这样一个极具挑战的项目和日本这样一个多震地区，则必须坚持他的专业立场。

在没有类似工程先例的情况下，佐佐木同样从生物形态得到启示，他建议把管状柱的自然界原型由海草改为竹子。原因在于：一方面竹子能在狂风暴雨中屹立不倒，说明其结构的优异性能；另一方面竹竿的空腹结构也正好是管状柱的参照。更重要的是，竹子有竹节，可以对竹竿形成强有力的约束，这与楼板与柱的交接处作用相同。具体讲，竹节对于水平向的剪力具有良好的抵抗作用，节与节之间的曲线纤维有利于将其承受的部分水平荷载平滑传递到竹节部分，这就是竹子抵抗水平向风力的主要原因之一，类似的结构有利于抵抗地震的水平作用力，吸收地震能量。放大的竹节还能有效地保证竖向荷载在传递过程中尽可能靠近截面的形心，类似结构就能够在各方向楼板不均匀的情况下，增加局部稳定性，防止压弯破坏。抗扭使竹节能够在竹竿发生扭曲时为其提供抵抗矩，避免发生扭曲破坏，如果采用了将楼板直接搁置在管状柱上，能进一步避免了地震时扭曲破坏的发生。

编织的管状柱在结构力学方面也类似于竹子，自下而上逐渐缩小的形态有利于其抗倾覆的能力。正因为如此，佐佐木以竹子作为结构原型是非常合适的，符合结构性能方面的要求，只是与建筑师最初的意向有一定矛盾。

4.3.3.3 意见整合后的方案

伊东并没有轻易放弃对轻盈平滑曲线的追求，矛盾的焦点就在管状柱的形态上。之后，

伊东与佐佐木之间的交流更加频繁。对形式的调整是建筑师与结构工程师磨合过程中不可避免的问题，实际上，伊东在此期间也曾设想过用混凝土来表现曲线的方案。在长时间的讨论后，最终还是确定了以折线为主的钢结构方案，不过对折线的节奏与起伏变化再次进行了调整，让它看起来更接近平滑的曲线，具有海草和竹子的双重形态特征，同时，管状柱的大小和位置也根据建筑使用面积要求做出了修改（见图4-22）。将各层的管状柱断面明确之后，伊东开始考虑各层的平面布局，遵循的原则是每层都有完全不同的空间和流线（见图4-23）。正是伊东丰雄与佐佐木睦朗充满激情又不乏理性的合作，仙台媒体中心才以建筑与结构完美融合的形式呈现。

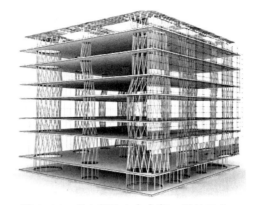

图 4-22　仙台媒体中心空间 – 结构示意

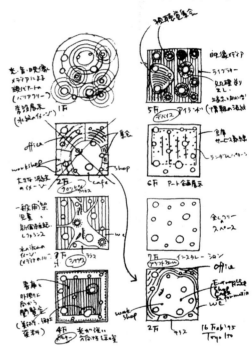

图 4-23　管状柱断面明确后，伊东的平面布局草图

4.4　建筑形态的结构体系规则

在设计操作层面上，建筑形态建构的结构作用机制代表着结构因素在建筑创作中的最初介入方式。这种介入方式要符合结构规则，而这样的结构规则又要具有"显形"的能力，即具有结构架构的形态特征，可以成为进一步设计操作的形式起点。结构体系正是符合上述要求的结构规则。所谓结构体系是建筑内部力流方向与传递的计算方案和形态图形，它作为结构的受力机制，代表着形态设计所要遵守的一般性规则。同时，结构体系还有凌驾于个别结构形态之上的性质，它们不受制于材料及结构的知识现状，也不受制于特定的局部条件，不受时间及空间的制约，而保持其有效性。

4.4.1　结构体系的类型学意义

在从概念转换形式的建筑创作过程中，如何确定形式的起点，实现从无形到有形的转换是关键的一步，它代表着建筑形态合理存在的最基本依据，也是落实结构建构方法所要解决的首要问题。建筑类型学的相关理论研究正是侧重这一方面，能够为把结构体系作为

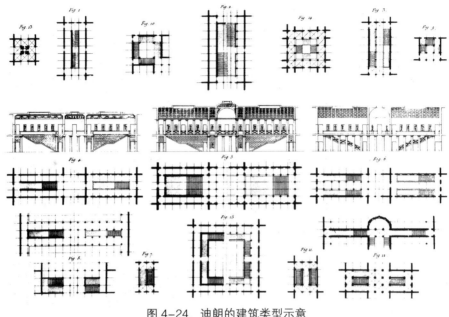

图 4-24　迪朗的建筑类型示意

建筑形态建构创作的形式起点进行理论上的澄清。

　　类型学可以被简单定义为按相同的形态架构对具有特性化的一组对象所进行描述的理论。在 19 世纪初，法国建筑师迪朗（J.N.L.Durand）从经济实用的角度出发，发展出一套视建筑为产品的类型系统，他将历史上建筑的基本结构部件和几何组合排列在一起，归纳成建筑形式的元素，建立了方案类型的图示体系，说明了建筑类型组合的原理，其中的各种类型系统都以简化的结构系统来形成（见图 4-24）。与迪朗同时期的建筑理论家德·昆西（Quatremere de Quincy）把建筑类型学进一步深化，通过区分类型与模型阐明了类型的概念，德·昆西把类型看作为建筑形式的法则和构成原理，类型本身能进一步发展应用到设计过程中的形式改变上。20 世纪 60 年代意大利艺术史学家阿尔根（G.C.Argan）发掘并进一步拓展了德·昆西的类型学理论，阿尔根认为："在比较、编排个别不同建筑形式，并进一步决定类型的过程中，个别建筑的构成特色荡然无存，留下的是一系列建筑共同拥有的组成元素，没有其他的东西。因此，类型可以用一个图形来表达，而这个图形是经过简化的过程得到的，它所代表的是一个整体，包括一个共同的基本形式以及衍生出来的各种变化。如果形式是这种简化过程的产物，那么这个基本形式就不能算是一个纯粹的结构骨架，只是一个内在的形式结构，或者是一个基本的原则，它本身潜藏着无限的形式变化，甚至对于类型本身依然可以作进一步的结构修正"。

　　根据阿尔根的观点，系统、简要的类型正处于抽象的概念与具体的形式之间，实际上就是建筑形式所依托的形态架构，而类型图则可以用于建筑设计的进一步发展与形式定位。此外，阿尔根提出把建筑类型进行等级化处理，他曾将一栋建筑分为以下三个类型等级：

整栋建筑的轮廓与结构、建筑结构的主要材料、装潢材料，并认为这种等级层次还可以增加，扩展到街道和城市的空间系统以及建筑的局部，这让类型学方法在建筑设计的整个形式操作阶段都能发挥作用。在类型学方法的实际操作中，阿尔根把类型转变成具体形式的过程分为两个阶段：第一个阶段，即类型发展阶段，经由简化过程所得来的类型图必须经过各种不同的方式来处理。处理后所得到的是现有类型的新形态，在这个过程中，会发生变形走样（deformation），其中包括旋转、移位、层次上的差异、形状互换等。当类型产生了种种变化后，类型图也发生了组织结构上的改变，现存的类型就完全转化成新的类型。在不同的类型等级中，这样的组织模式将重复发生。第二个阶段，即形式定位阶段，经过处理的类型图，包括所有的类型等级，全都归属于设计者选定的建筑系统。类型本身"披上"了属于建筑的外表或风格。一旦进入了建筑的系统，最后的组合就呼之欲出，形式上的处理在此时开始进行，建筑随即拥有了属于自身的具体形式。

在基于结构因素的建筑形态建构创作中，阿尔根对类型的特征描述与建筑形态的架构体系特征是相吻合的。

首先，结构体系是通过众多个别结构总结出来的结构规则，它们可以表现为体现建筑内部受力平衡关系的基本几何图形，这种图形可以作为类型图成为进一步形式操作的起点，因此结构体系可以被纳入到类型学方法中，作为建筑创作的形态类型。其次，典型的结构体系还具有进一步变形的能力，可以发展出丰富多样的新形态类型，为具体建筑中的形式操作提供了多样化的可能性。如图 4-25 所示，在史卡戴克所做的大型结构组件类型研究中，对各种基本构件取样后并作排列组合，其最终的形式可能性可以相当庞大。

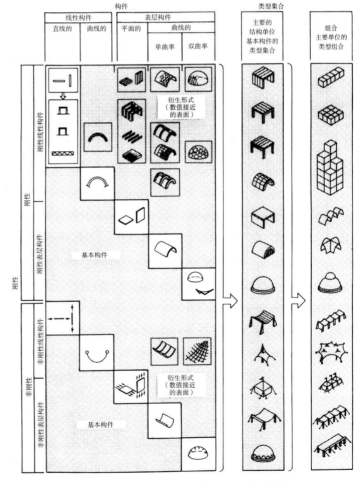

图 4-25　史卡戴克的大型结构组件类型研究

4.4.2　结构体系的类型与形态特征

在建筑中，结构的功能本质就在于如何把各种荷载有效地传递到地面。根据不同的传力机制，海诺·恩格尔在《结构体系与建筑造型》一书中把结构体系分为四种基本类型：形态作用结构体系、向量作用结构体系、截面作用结构体系、面作用结构体系。另外，考虑到高层建筑结构的特殊性，高度作用结构体系也可以自成一类。在以上结构体系中，力流虽然是无形的，但力流的传递关系是可以形象化的，这就可以让各结构体系以形象化的几何图形展现出来。

4.4.2.1　形态作用结构体系

由可挠曲、非刚性物质构成的体系，体系内仅通过简单的轴向压力或拉力来传递荷载。拱压力线和索拉力线是形态作用结构体系的基本形式原型。在理想的状况下，形态作用结构体系的结构形态精确地与应力流相吻合。不同的荷载情况下悬索可变更其形态，故在现有的荷载下悬索形态总是索曲线。但在另一方面，拱因不能任意改变其形态，所以仅能是某一特定荷载状况下的索形。可挠悬索的轻量性，以及拱为了抵抗额外荷载变化而加劲所带来的厚重性，皆为形态作用结构体系在建筑上的缺点。但通过预加应力于体系上，则能大大地消除这些缺点。形态作用结构体系是大跨建筑的理想形式。

形态作用结构体系可以形成悬索结构、帐篷结构、气囊结构、拱结构，并还可以进一步划分。悬索结构包括：平行悬索结构、辐射悬索结构、双向悬索结构、索桁架；帐篷结构包括：高点帐篷、波状帐篷、间接高点帐篷；气囊结构包括：室内气控体系、气垫体系、空气筒体系；拱结构包括：线形体系、穹隆体系、双曲网格体系。

4.4.2.2　向量作用结构体系

由短、坚固、直线杆件构成的体系，体系内的力流传递通过向量分解，是由各压力杆或拉力杆的多项分化来实现的。向量作用结构体系的特点是以三角形方式来组装直线杆件，其本身就形成整体稳定的结构。向量作用结构体系在建筑结构应用上具有两个特征：一方面以高水平的结构性能著称，而另一方面则对艺术塑造有所忽视。随着开发出简洁而醒目的节点及简单细长的杆件截面，三角形结构和桁架体系将能成为建筑美学表达的一部分。

向量作用结构体系可以形成平面桁架、传导平面桁架、曲桁架、空间桁架，并还可以进一步划分。平面桁架包括：上承式桁架、下承式桁架、双弦桁架、弓形桁架；传导平面桁架包括：线形桁架、弯折桁架、交叉桁架；曲桁架包括：圆筒形桁架、鞍形桁架、穹顶形桁架、球形桁架；空间桁架包括：平顶式空间桁架、弯折空间桁架、曲面空间桁架、线形空间桁架。

4.4.2.3 截面作用结构体系

由刚性、坚硬、线形组件构成的体系，两端简支的梁是其基本原型。由于梁具有侧向传递荷载的能力，并仍持有对展示三维空间极有利的限定水平空间的能力，所以梁是建筑中最常使用的结构部件。可借助刚性节点将单独的梁和柱组合起来，使每个构件通过其轴线的挠曲来参与抵抗变形的机制，而形成一个共同作用的多组件体系。截面作用结构系统的承载机制系由梁截面内的压应力及拉应力的联合作用并协同剪应力产生抗弯强度。梁截面，即与中和轴有关的截面纤维分布，对截面作用结构体系的抵抗机制是决定性的，截面纤维离开中和轴越远，则其抗弯能力就越大。由于沿着梁长度的弯曲应力分布极不均匀，并因而对横截面尺寸产生不同的需求，截面作用结构体系可通过组件截面的结构高度变化来表示内部弯曲应力的大小。在平面与立面上，截面作用结构体系主要是具有矩形形态的体系。在解决静力学及艺术创造的问题时，矩形几何条件的简便性是截面作用结构体系的一个优点，并且是在建筑中得到广泛应用的原因。

截面作用结构体系可以形成梁结构、刚架结构、交叉梁结构、板结构，并还可以进一步划分。梁结构包括：单跨梁、连续梁、铰接梁、悬臂梁；刚架结构包括：单节间刚架、多节间刚架、楼层刚架；交叉梁结构包括：均等网格、分级网格、向心网格；板结构包括：等厚板、肋形板、箱形刚架、悬臂板。

4.4.2.4 面作用结构体系

由可挠曲但却是刚性的面来抵抗压力、拉力和剪力所构成的体系。面作用结构体系在建筑结构应用上具有两个前提特征：一是面部件在两个轴向的结构连续性，使其具备对于压力、拉力及剪应力的面抗力；二是面的形状决定面作用结构体系的承载机制。在面作用结构体系中，最适当的形状是能使作用力的方向改变，并将作用力以小的单位应力均匀地分布于面上。面作用结构体系同时是内部空间的骨架及建筑物主体的围护，因而决定建筑物内部空间的形态及外部建筑形象。因此，它们既是建筑物的实体，又作为判断其形态的美学意义及装置的合理有效性的依据。由于同时是结构及建筑物实体，面作用结构体系在结构与建筑物之间既不允许有偏离也不应有差别。由于结构形态并非随意的，所以建筑物的空间与形态，以及建筑师使用它们的意愿，均受力学法则支配。虽然任何包含面结构的体系均受制于一些共同的规律，但还是有很多已知面作用结构体系的机制。而且虽然这些机制各有其典型的起作用的方式或典型的基本形态，但各机制内仍包含着大量可能的原创性设计。

面作用结构体系可以形成墙板结构、折板结构、薄壳结构，并还可以进一步划分。墙板结构包括：等跨墙板、连续墙板、悬臂墙板、交叉墙板；折板结构包括：单向折板、多面体折板、交叉折板、线形折板；薄壳结构包括：圆筒薄壳、圆顶薄壳、鞍形薄壳、线形薄壳。

4.4.2.5 高度作用结构体系

确保垂直向上伸展的坚固的刚性部件抵抗侧向应力并坚固地锚定在地面上，同时能从地面以上汇集高处水平的荷载并将之传递至基础。高层建筑是以特殊的荷载汇集、荷载传递及侧向稳定的体系来表现其特征的。高层建筑使用形态作用、向量作用、截面作用或面作用等体系的力流传递机制，而高层建筑本身并没有固定的工作机制。由于垂直荷载传递需要连续，故高层建筑结构通常具有连续的垂直构件之特征，这些垂直构件可借助其本身的连续而在高度伸展上构成不作划分的立面外观，但亦可经济地采用非垂直构件来作设计，这意味着单调的直线垂直立面外形并非高度作用结构体系必然的特性。由于要最佳地使用楼层空间，有必要减少荷载传递构件的截面，因此为高层建筑功能所必要的所有界定空间的构件：楼梯井、电梯井、设备管道、外围护结构，是具有潜力的结构部件。

高度作用结构体系可以形成节间式高楼、外筒高楼、核心筒高楼、桥式高楼，并还可以进一步划分。节间式高楼包括：框架节间、桁架节间、稳定柱梁节间、剪力墙节间；外筒高楼包括：框架外筒、桁架外筒、稳定柱梁外筒、剪力墙外筒；核心筒高楼包括：悬臂核心筒、间接荷载核心筒；桥式高楼包括：大桥梁、楼层梁、多楼层梁。

4.4.3 结构体系的适用材料与跨度范围

根据形态作用结构体系、向量作用结构体系、截面作用结构体系、面作用结构体系的传力特征，在具体应用中它们的适用材料与跨度范围如下。（见表4-1~表4-4）

形态作用结构体系的适用材料与跨度范围　　　　　　　　表4-1

结构体系		适用材料	跨度范围（单位：m）	
			经济跨度	极限跨度
悬索结构	平行跨度体系	金属（钢） 金属+钢筋混凝土	80-500	50-500
	辐射跨度体系	金属（钢） 金属+钢筋混凝土	60-200	30-250
	双向跨度体系	金属（钢） 金属+钢筋混凝土/+木材	50-120	25-200

续表

结构体系		适用材料	跨度范围（单位：m）	
			经济跨度	极限跨度
帐篷结构	高点帐篷体系	膜 + 金属（钢）/+ 木材	10–25	5–40
	波状帐篷体系	膜 + 金属（钢）/+ 木材	30–70	20–100
	间接高点帐篷	膜 + 金属 /（钢）+ 木材	30–80	20–150
气囊结构	室内气控体系	膜 + 金属（钢）	90–220	70–300
	气垫体系	膜 + 金属（钢）/+ 木材 /+ 混凝土	20–70	20–120
	空气筒体系	膜	10–50	10–70
拱结构	线形体系	钢筋混凝土 胶合木 金属（钢）	25–70	15–100

续表

结构体系		适用材料	跨度范围（单位：m）	
			经济跨度	极限跨度
拱结构	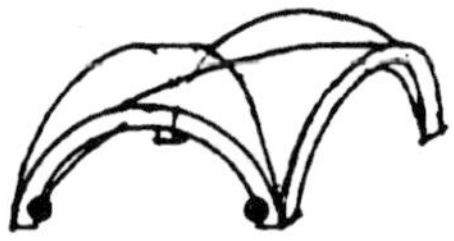 穹隆体系	砖石	8~20	4~30
	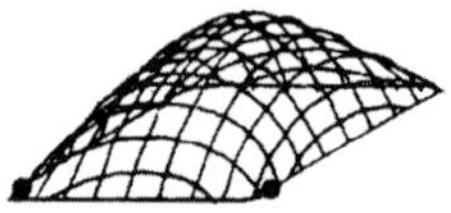 双曲网格体系	金属（钢） 木材	20~90	10~150

向量作用结构体系的适用材料与跨度范围　　　表4-2

结构体系		适用材料	跨度范围（单位：m）	
			经济跨度	极限跨度
平面桁架	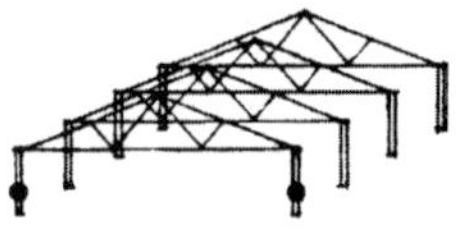 上承式桁架	木材 金属（钢）	15~30 15~30	8~40 10~50
	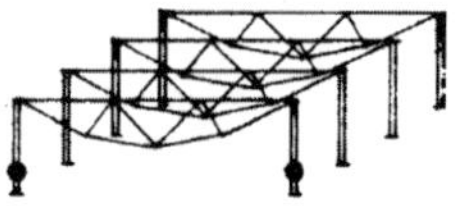 下承式桁架	木材 金属（钢）	20~50 20~80	10~60 20~100
	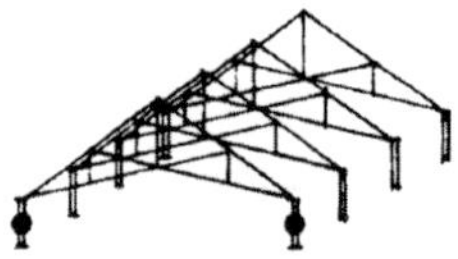 弓形桁架	木材 金属（钢）	10~20 12~25	6~25 10~35
传导平面桁架	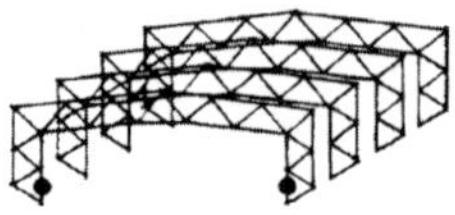 线形体系	木材 金属（钢）	20~50 25~100	15~60 15~120
	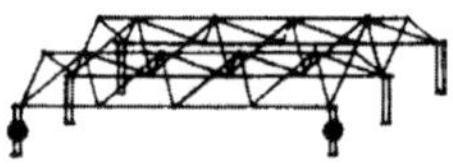 折叠体系	木材 金属（钢）	12~25 20~80	8~30 10~90

续表

结构体系		适用材料	跨度范围（单位：m）	
			经济跨度	极限跨度
传导平面桁架	交叉体系	木材 金属（钢）	15–35 16–60	8–45 15–80
曲桁架	单曲体系	木材 金属（钢）	12–25 20–80	8–30 10–90
	穹隆体系	木材 金属（钢）	12–25 20–80	8–30 10–90
	球形体系	木材 金属（钢）	40–160 50–190	20–200 20–500
空间桁架	平顶体系	木材 金属（钢）	15–60 25–100	8–80 6–130
	弯曲体系	木材 金属（钢）	15–60 25–100	8–80 6–130
	线形体系	木材 金属（钢）	20–50 25–120	15–70 15–150

截面作用结构体系的适用材料与跨度范围　　　　表 4-3

结构体系		适用材料	跨度范围（单位：m）	
			经济跨度	极限跨度
梁结构	单跨梁	木材 金属（钢） 钢筋混凝土	4-8 7-20 4-10	0-12 5-25 0-15
	连续梁	胶合木材 金属（钢） 钢筋混凝土	10-20 8-25 10-25	7-35 5-30 7-30
	悬臂梁	木材 金属（钢） 钢筋混凝土	4-8 7-20 4-8	0-12 5-25 0-12
刚架结构	单跨刚架	胶合木材 金属（钢） 钢筋混凝土	15-40 15-60 10-25	10-50 10-80 7-30
	多节间刚架	胶合木材 金属（钢） 钢筋混凝土	15-45 15-65 10-28	10-55 10-85 8-35
	楼层刚架	胶合木材 金属（钢） 钢筋混凝土	20-50 20-70 15-30	15-60 15-90 10-40
交叉梁结构	均等分格	胶合木材 金属（钢） 钢筋混凝土	12-25 12-25 8-18	10-30 10-30 5-20

续表

结构体系		适用材料	跨度范围（单位：m）	
			经济跨度	极限跨度
交叉梁结构	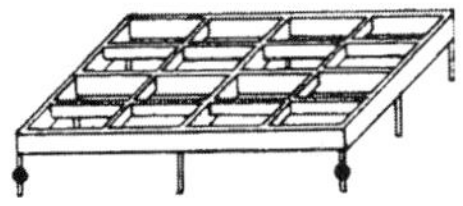 分级分格	胶合木材 金属（钢） 钢筋混凝土	15-30 15-30 6-20	10-35 10-35 5-25
	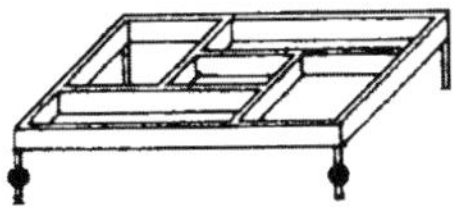 向心分格	胶合木材 钢筋混凝土	10-20 8-15	8-25 5-18
板结构	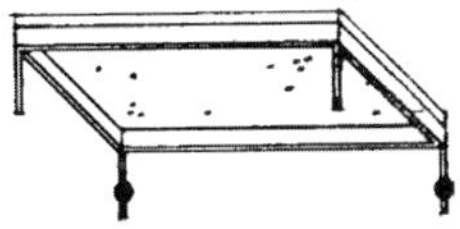 等厚板	木材（板材） 钢筋混凝土	0-5 0-6	0-6 0-8
	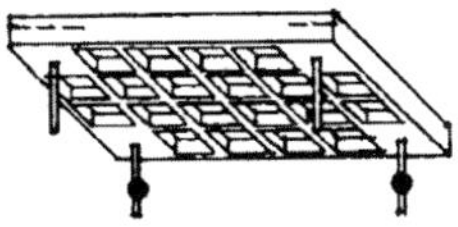 肋形板	钢筋混凝土	7-15	5-20
	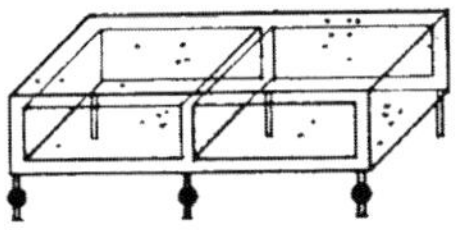 箱形框架	钢筋混凝土	4-9	3-12

面作用结构体系的适用材料与跨度范围 表4-4

结构体系		适用材料	跨度范围（单位：m）	
			经济跨度	极限跨度
墙板结构	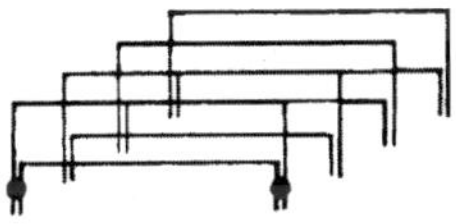 单跨墙板	钢筋混凝土 木材	10-40 8-30	8-50 6-50
	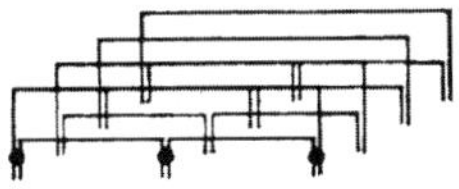 连续墙板	钢筋混凝土 木材	15-50 10-40	10-60 8-50

结构体系		适用材料	跨度范围（单位：m）	
			经济跨度	极限跨度
墙板结构	悬臂墙板	钢筋混凝土 木材	8~20 5~15	5~25 3~20
折板体系	单向折板	钢筋混凝土 木材	15~50 10~40	10~60 6~50
	多面体折板	钢筋混凝土 木材	25~150 20~120	20~200 15~150
	交叉折板	钢筋混凝土 木材	25~80 20~60	20~100 15~80
	线形折板	钢筋混凝土 木材	20~70 15~60	10~90 10~70
薄壳结构	单曲薄壳	钢筋混凝土	20~60	10~75
	穹顶薄壳	钢筋混凝土	40~150	20~200
	双曲拱顶薄壳	钢筋混凝土	25~70	15~90

续表

结构体系		适用材料	跨度范围（单位：m）	
			经济跨度	极限跨度
薄壳结构	鞍形薄壳	钢筋混凝土 木材	25-60 20-50	15-70 15-60
	线形薄壳	钢筋混凝土	25-80	20-100

对于每种结构类型来说，其构件的特定应力条件是固有的，这为形态设计中选择主要结构材料和跨度提供了合理的依据。

上述结构体系规则是具有典型性的，有进一步拓展的可能。在相应规则允许范围内，通过对结构构件几何形状的调整以及不同结构体系的组合，可以形成符合具体要求的结构形态。这样一来，建筑师在设计创作中就可以依据通晓的力学知识以及力学逻辑所能产生形态的可能性，在结构工程师进行详细的计算和分析之前，凭借直觉和想象力去构思既符合结构要求又丰富多样的建筑形体与空间。

4.5　本章小结

（1）建筑形态的逻辑架构。建筑是一个复杂的系统，建筑形态则是这种系统化的反映。以功能架构、结构架构、环境架构、有机架构和形式架构组成的形态架构体系对建筑形态的形成起着决定性作用，丰富多彩的建筑形式正是形态架构体系的外在表现。对建筑形态的逻辑架构进行研究，不仅能为"形式从何而来"找到答案，还能为建立结构建构方法，即基于结构因素的建筑形态建构创作方法，提供逻辑依据。

（2）建筑形态建构的结构作用机制。在结构应用层面上体现为建筑形态与建筑结构的五种关系，即建筑形态为经过装饰的结构、建筑形态即结构形态、建筑形态顺应结构要求、建筑形态中以结构作为装饰、建筑形态忽略结构要求。其中，前四种关系都适用于结构建构方法来实现。在专业合作层面上，结构作用机制体现在建筑师与结构工程师的合作关系上。纵观千百年来双方在形态创作阶段的合作关系，可以看出这样一个发展规律：从合到分，再从分到合。古代的"合"是二者合二为一，当代的"合"则强调二者的密切合作。

由伊东丰雄和佐佐木睦朗合作设计的日本仙台媒体中心就是一个极佳的例证。对于当代建筑师来说，应顺应上述发展规律，重视结构工程师在形态创作阶段可能发挥的作用。这也要求建筑师拥有相当程度的结构概念和结构知识，并积极探索便于双方合作的建筑创作方法。在设计操作层面上，结构作用机制代表着结构因素在建筑创作中的最初介入方式，这种介入方式要符合结构规则，而这样的结构规则又要具有"显形"的能力，可以成为进一步设计操作的形式起点，结构体系正是符合上述要求的结构规则。

第 5 章 建筑形态建构的结构整合方式

在建筑形态建构创作过程中，结构因素并非是判定方案优劣的唯一价值标准，它需要同形态架构体系中的其他方面进行整合。整合是指在不妥协局部个性的前提下，把全部的建筑组成成分以综合的方式协调在一起。按照结构建构方法模式，在结构整合阶段可以实现结构体系的进一步变形，并以此推动建筑形态的进一步发展。在当代建筑理论中，功能和环境的概念内涵都已被扩大，且彼此之间有所重叠，出于研究的需要，本论文把功能架构的相关因素定位于建筑形态内部，而把环境架构的相关因素定位于建筑形态外部。另外，在有机形态架构的相关因素中，仿生理念对建筑结构的发展应用影响最为显著，也是对功能架构和环境架构在自然层面的提升，并且这些影响还会在建筑形态中得到展现。基于上述考虑，把内部功能、外部环境、仿生理念作为与结构因素进行整合的三种途径，并且整合过程要在遵循结构正确性的原则下进行。

5.1 结构正确性原则

"结构正确性"（Structural Correctness）的概念最初源于奈尔维在《建筑的艺术与技术》一书中提出的"技术的正确性"，奈尔维所指的"技术"主要是结构技术，因此后来被普遍称之为结构正确性。

5.1.1 结构正确性的含义

所谓结构正确性，就是要遵循结构系统受力合理、传力正确的逻辑，让结构材料的效能得到了最大的发挥。这种"正确性"是工程学意义上的、可证明的正确性，是自然科学的范畴，它与建筑的安全性、适用性和经济性直接相关。考虑到建筑是一个复杂的系统，要使所运用的结构达到理论上最完美的境地是很困难的，但通过整合构思的深化还是可以找到相对合理的答案，这种实践层面上的结构合理性是理论层面上的结构正确性的反映。尽管，在一些特定的条件下，异常的价值取向会使建筑师在某种可以接受的程度上做出牺牲结构合理性与正确性的选择，"但即便如此，基于理智的审慎思维的取舍也仍会比简单的拒绝或回避令人信服的多。换句话说，在我们建筑师的思维中，我们不应忘记结构正确性这一问题的存在……"。因此，从现实的角度出发就可以认为，结构正确性中的"正确"是合理范围内的正确，是相对的正确，只有这样它才能在建筑的系统中上升为一种代表"建筑正确性"的原则。

5.1.2　结构正确性原则的双重意义

在建筑设计中，遵循结构正确性原则具有本体和表现的双重意义，它既有服从于自然法则的内涵，也是实现作品艺术表现力的手段。著名建筑家奈尔维在这方面的思想最具说服力。

奈尔维清楚地认识到现代技术对建筑产生的革命性作用，这种作用已远非局限在建筑结构这一狭小的范围，而是影响到整个建筑领域。因此，他毕生的理论和实践探索远远超出了结构工程师一般意义上的专业范围，而涉及更为广阔的建筑技术与建筑艺术之间的关联性。奈尔维把技术看作是实现良好建筑的必要条件而非充要条件，他提倡用表达结构正确性来化解建筑技术与建筑艺术之间的矛盾，并最终在建筑中实现技术与艺术的融合。

奈尔维倡导的结构正确性如同一座依据力学要求而达到完善的大型桥梁，以及一座符合结构逻辑的大跨建筑或高层建筑，它们的美学特征是不容置疑的，它们都拥有从物质世界导引出来的形式，并拥有一个共同的结构本质。正是通过对这种结构本质的表达，才能树立一种由线条和形体组成的现代建筑风格。奈尔维还表明，将创造性与物理规律结合必然会导致单调和千篇一律的观点是没有道理的，因为作为技术要求的约束总是保持为一个自由度的限定，它足以显示一个设计者的个人风格，即使在严格的技术约束下，也将允许创造出真正的艺术作品。在包括建筑在内的各个艺术领域中，从技术性的正确到艺术诗意的过渡，是决定于相互关系和细节上的变化，这种变化很细微，即便在受技术因素制约最多的创作活动中，也总能让个人的风格特点保持在所允许的自由度范围内。奈尔维在晚年曾这样写道："基于结构设计领域近 50 年的经验，我敢乐观地宣称：结构的科学理论将为建筑设计提供无限可能。借助于新型建材和当代技术，一切新的结构方案都有可能，真可谓不怕做不到，就怕想不到。随着社会和经济的发展，建筑日益复杂庞大，它为结构设计开辟了人类历史上前所未有的广阔天地。然而，如果不从实用、坚固和美观的要求出发，如果不对建筑概念、结构分析……和正确的实施方案这三个与结构密切相关的基本因素进行综合思考的话，那么一切美妙的可能都将化为乌有"。

为了实现在建筑中表达结构正确性，奈尔维提出要在建筑师和建筑教育中提倡比过去远为强烈的技术意识。对此他这样描述："在结构方面，建筑师必须是他所设计的建筑的承载要素、结构方案的创作者。对于一个设计得很差的结构，想以堆砌附加的东西来加以掩盖完全是徒劳的。建筑的受力结构必须以简图方案为基础正确地进行设计，它应该以最简单和最自然的方式，符合于把重量和应力传递到柱子和基础的功能要求"。接下来他又谈到了对结构材料的应用方式："然而仅仅只有一个良好的结构方案是不够的，特别是在结构尺寸很大、必须将结构外露的时候，还需要通过调整各部分比例，充分发挥材料的承载能力，并在材料承载力的范围之内使结构骨架构成结构的主体，使结构成为一个完整的有机体，一个真正的、实实在在的结构意义上的建筑"。同时，奈尔维也指出，公式和数学计算方法在方案设计阶段是无济于事的，建筑师需要的是建立在技术理性基础之上又超出基本运算的、直观的感知能力。因此，奈尔维认为以直观为基础的"力学意识"（Static Sense），是进行建筑形式创作所不可或缺的，凭借它也能让建筑师在结构构思中进行迅速的、大致的估算。奈尔维还鼓励青年建筑师掌握施工方面的知识，他曾说："无论他们在纸上画出什么样的线条、形状或体积，也无论他们见到纸上画着什么样的线条、形状或者体积，只有当实现它们的条件完全满足的时候，它们才能作为一种建筑的现实存在"。在奈尔维看来，建筑师虽然不必精通所有相关专业知识，但他的知识体系应该是相当广泛的，应具有像他的所有专业合作者们那样清楚的、一般性的认识和概念。

奈尔维也把表达结构正确性作为一种普适的创作方法来看待。他相信建筑的艺术表现要基于建筑师个人的美学意识修养，而有关艺术的修养总是间接得到的，也就是说美和艺术表现的方法是无法直接传授的，它是扩展到所有各个可能方面的知识修养的结果。奈尔维眼中的建筑师首先是一个营造师，他要用功能的、力学的、施工技术的手段来解决具体的问题，如果他具有足够的艺术天赋，就会获得美的形式。实际上，奈尔维认为仅有少数天才式的建筑师才能做到把各种复杂的因素很好地综合在一起，并实现真正具有艺术表现力的精品，而对于绝大多数建筑师来说，则可以通过充分满足功能上、结构上、经济上的要求，得到一个令人满意的、正确的艺术效果。

应当注意的是，奈尔维是一位集结构工程师与建筑师于一身的伟大建筑家，他的知识背景是绝大多数建筑师所无法企及的，因此在现实的设计操作中，建筑师要想运用好结构正确性原则，除了自身需要掌握相当程度的结构知识特别是结构概念外，还需要与结构工程师保持密切合作，这样才有可能在设计创作中真正实现技术与艺术的融合。

5.2　结构与内部功能整合

建筑的内部功能主要由内部的使用空间来体现，此外也包括建筑物理和建筑设备方面的非空间性功能。

5.2.1　结构布置与使用功能契合

结构的运用首先是为了创造合乎使用要求的空间。在结构围合的空间中，除容纳了建筑的使用空间外，还包括结构本身所占用的空间。当结构的围合空间与建筑的使用空间趋近一致时，不仅可以提高空间的使用效率，而且还可以提高建造和后期使用的经济性。因此，这是结构布置与使用空间整合的主要目标。在常见的大量性建筑中，大多数使用空间的规模都不大，并且空间形状多为矩形，利用常规的砌体结构、框架结构容易与之取得协调。但当建筑中的单一空间规模较大或形状富于变化时，结构布置就需要作有针对性的选择或调整。反之亦然，建筑的使用空间也经常需要根据结构形式的合理性和可行性来进行安排。

由于本项中的情况多适用中小规模的使用空间，利用现代结构技术处理此类问题的自由度很高，具体手法相对灵活而广泛，在此不作展开论述。

5.2.2 结构选型与大空间覆盖

现代大空间建筑的屋盖结构形式十分丰富，而使这些屋盖保持静力平衡的结构传力系统也极富变化，按其力学作用可以分为：（1）主要是承受双曲扁壳、扭壳、折板、平板网架等屋盖结构竖向作用力的结构静力平衡系统；（2）主要是承受拱、半圆球壳、球面扁壳、拱形网架等屋盖结构水平推力的结构静力平衡系统；（3）主要是承受悬索、帐篷、悬挂式梁板、悬挂式薄壳等屋盖结构水平拉力的结构静力平衡系统；（4）主要是承受悬挑折板、悬挑薄壳、悬臂式刚架、悬臂式梁板等屋盖结构倾覆力矩的结构静力平衡系统。现代结构技术为大空间建筑屋盖结构静力平衡系统提供了各种新的可能性，因此与之相适应的大空间的组合方式也就越来越灵活多样了。

5.2.2.1 单一式大空间

许多屋盖结构形式都可以覆盖单一的大跨度室内空间，而不必像过去拜占庭建筑或哥特建筑那样，另外附加为结构静力平衡系统所必须设置的附属建筑空间。

当采用有水平拉力或水平推力的大跨度屋盖结构来覆盖单一式大空间时，应着重地考虑平衡拉力或推力的支承结构系统，从形式上看又可以进一步分为竖向支承结构系统和整体支撑结构系统。平衡屋盖水平拉力或水平推力的竖向支承结构系统，一般是由屋盖圈梁和与该圈梁连接的垂直支柱构成的，使得支撑结构和屋盖结构相对独立。相比之下，平衡屋盖水平拉力或水平推力的整体支承结构，可以使力的传递比较直接而少走弯路，同时在形式上也更具活力。例如美国北卡罗来纳州雷里体育馆的悬索结构张拉于两个高 27.4m 的抛物线形钢筋混凝土拱之间，这两个拱是对称斜向交叉的，对平衡来自悬索屋盖的拉力十分有利，可以充分发挥和利用钢筋混凝土拱的受力性能，并且斜拱张拉的索网还恰好符合观演性建筑的内部空间需要（见图 5-1）。再如由奈尔维设计的罗马小体育宫，其拱顶由预制的钢筋混凝土菱形板、三角形板以及弧形曲梁拼合而成，为了平衡拱顶推力，在拱顶四周布置了 36 根 Y 形支柱，它们按一定角度倾斜放置，上端与拱顶波形边缘相切，因而 Y 形柱轴向受压，将来自拱顶的推力传递到地下一个直径约为 84m、宽 2.4m 的环形预应力钢筋混凝土基础上，这样构成的屋盖结构静力平衡系统，不仅增强了建筑物的刚度和稳定性，而且也相应减小了地基所承受的压力。

5.2.2.2 复合式大空间

在空间组合中，可以利用附属空间的结构来构成覆盖大空间的屋盖结构的静力平衡系统。反过来，也可以紧密结合大跨度屋盖结构传力系统的合理组织，来恰当安排大空间与其附属空间的组合关系。

理查德·罗杰斯设计的泰晤士河谷大学学术资源中心，是一个合理利用附属空间的结构来构成大空间屋盖结构静力平衡系统的范例。建筑由两大部分组成，一个是三层钢筋混凝土框架结构的信息仓库，外形为规则的方盒子状，另一部分是由拱形钢架支撑的轻型大跨度曲面屋盖，下面覆盖着带有夹层的办公区。为了让建筑在功能使用上连为一体，拱形钢架一端落地，而另一端搭在相邻钢筋混凝土框架的上部，并与梁柱对位，这样一来框架结构就成了拱形钢架的侧推力平衡系统（见图5-2）。整幢建筑虽然使用了截然不同的两种结构体系，但二者之间却存在着紧密的力学平衡关系，从外观上看结构逻辑也表达得十分清晰。

丹下健三设计的东京代代木体育馆更是由于结构形式与内部功能组织的巧妙结合而受到世人的高度评价。体育馆一馆的主体结构为跨度126m的悬索结构，悬挂在两根27.5m高的巨型立柱上，两端斜拉至地面锚固；二馆也为悬索结构，在直径65m的圆形平面一边设一根高35.8m的立柱拉起整个屋盖，为平衡立柱上的弯矩，钢索另一端同样锚固在地面上。建筑师巧妙地利用了钢索落地

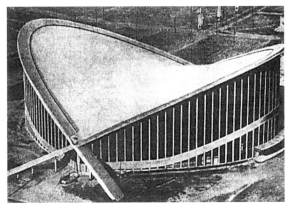

（a）外观

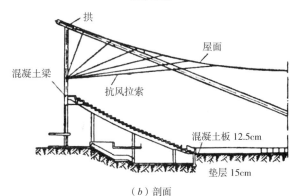

（b）剖面

图5-1 雷里体育馆

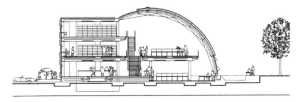

（a）剖面

（b）内部

图5-2 泰晤士河谷大学学术资源中心

（a）外观

（b）内部

图 5-3　东京代代木体育馆

图 5-4　斯伦贝谢研究实验室

锚固端所围合的宽大空间，布置了体育馆的门厅、楼梯、坡道等附属空间和使用设施，让富有动感的造型中同时蕴含了结构理性和功能理性因素（见图 5-3）。

5.2.2.3　并置式大空间

在一些实验室建筑和工业建筑的大空间组合中，可以在满足使用要求的前提下，有意识地将两个或多个大的使用空间并置在一起，这样不但能扩大空间规模，还可以通过各结构单元的相互作用实现静力学平衡。

由迈克尔·霍普金斯事务所设计的斯伦贝谢研究实验室（一期工程，1985 年）就是这样一个实例（见图 5-4）。根据功能要求，实验室建筑中部设置了一个长方形的大空间，结合平面特点，设计者采用 3 个并置的张拉膜结构一字排开作为屋顶（每个尺寸均为 24m×18m）。每个屋顶的下部边缘处都设有门式框架，框架的顶角处再设支撑点，支撑起一系列长钢管张拉杆，就像帆船的桅杆一样形成膜屋顶的主要外部吊挂结构。这些支撑点各自分别支持着一对升起的吊杆和一组较低的悬臂支架。所有周边承受膜屋顶重量的桩基础都是斜插入地下的，以此来平衡张拉索的拉力。值得注意的是，张拉杆在横断面方向稳定了框架体系，从地面到下方悬杆，再到上方悬杆，跨过屋顶，又回到地面上。在跨过开间的纵向上，有着相似的一系列张拉杆，将上方吊杆捆扎成组，然后又一起锚固在基础上。从整体上看，吊杆、拉杆和桩基础共同形成了一个张拉支撑结构，从而拉起三个纤维膜屋面。

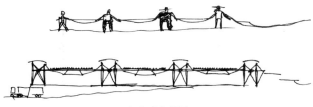

（a）意向草图

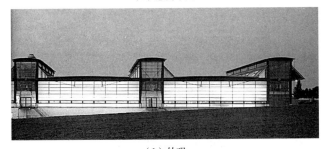

（b）外观

图5-5 产品大厅和中心能源工厂

同样的结构平衡构思也被托马斯·赫尔佐格应用在位于Eimbeckhausen的一座产品大厅和中心能源工厂建筑中（1989年）。厂房中间的支撑结构把100m×33m的大厅等分成3部分，并用吊挂在其上的悬索结构承托起厂房的屋盖，各结构单元产生的拉应力由相邻结构单元来平衡，结构体系的力学性能得以最大程度地发挥（见图5-5）。

5.2.2.4 单元式大空间

单元式大空间可以看作是并置式大空间的二维扩展。通过同一类型结构单元的组合来获得较大的使用空间，这也是现代建筑大空间组合中的一个典型手法。

图5-6 吉达航空港

一般来说，这种结构单元都是由一根垂直的独立支柱和一个屋盖单元构成的，此屋盖单元可以具有不同的平面形状，其中以正方形和六边形最常见。在剖面方面，屋盖的形式则取决于传力方式：当屋盖是通过拉杆悬挂于立柱顶端时，其剖面可以为平板型；当屋盖按壳体考虑并与立柱连成一体时，则多为倒伞形；当采用帐篷结构单元时，其屋顶又具有相应的结构形态特点。单独每一个结构单元在受力上都是不稳定的，然而通过结构单元的组合与联结，则可以保证结构的整体刚度和稳定性。这种结构方式所带来的空间组合特点是，既可以形成较大的室内空间（内部有少量支柱），又能保证以后在建筑物的任何一边以同样的结构单元灵活地进行扩建。SOM事务所于1982年完成的沙特阿拉伯吉达航空港是单元式大空间的典型代表（见图5-6）。

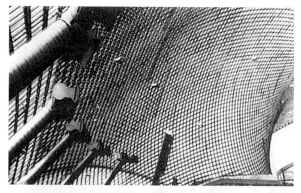

图 5-7　德国曼海姆花园展览馆

5.2.2.5　自由式大空间

由于要实现结构效能的最大化，大跨度结构形态一般都具有相应的几何规律，无法做成完全自由的形式。但也有一部分大跨度结构本身具有相对自由成形的能力，并且，保障其稳定与平衡的传力结构系统可以灵活组织，因此可以覆盖极不规则的使用空间，其中以帐篷结构和推力网格壳体结构最为突出（见图 5-7）。设计此类建筑，要求建筑师具有扎实的结构专业知识，同时也要有高超的技术 – 形式整合能力，即便如此，这样的大空间建筑在设计和施工建造方面的难度也相当巨大。正是由于这些原因，到目前为止真正的自由式大空间建筑还极少出现。

5.2.3　结构改进与空间规模扩展

建筑在水平和竖直方向的空间扩展，都要受到承重结构性能的制约。结构受力性能和整体形式的改进，势必会为建筑空间的扩展提供新的可能性。

5.2.3.1　预应力结构技术实现的空间扩展

在大量应用的钢筋混凝土结构中，通过施加预应力的方式可以大幅度地改进水平结构、悬挑结构和空间结构的性能，进而实现空间扩展的目的。

在水平承重结构中，通过加设预应力钢筋，能增大结构的承载能力。由于预应力钢筋能产生一个向上的承托力，它所起的作用如同在跨中设立一个隐形的支柱一样，可以有效地平衡横向结构的弯矩。因此，在一般和中大跨度的建筑设计中，可以根据不同的具体情况，灵活地运用预应力结构技术所带来的便利。例如，加入预应力筋的钢筋混凝土水平承重结构，可以减小结构的断面尺寸，进而增加使用空间的净高；也可以增加水平结构跨度，创造更为灵活的内部使用空间。另外，通过对预应力技术的合理使用，可以大幅度减少混凝土的用量，从而减轻结构整体自重，减少基础的承载力，使结构体系在受力方面更加合理，甚至还可以降低建造造价。

在重力作用下，一般的悬臂构件将产生挠曲下垂。施加预应力后，则可以使它和重力的合力通过悬臂梁轴线，从而消除结构中的弯矩。这时，整个悬臂梁在支座以外没有重量，它如同竖直构件一样只承受轴向力，并将此力传递到竖向支承结构上。这就使得原本厚重的钢筋混凝土结构也能实现轻巧而优美的大尺度悬挑。另外，通过预应力技术还可以让高层建筑增加抵抗侧向荷载的能力。随着高度的增加，侧向荷载逐渐成为高层建筑结构主要抵抗的荷载形式，因此高层建筑可以看作为从地面伸出的巨大悬臂体，预应力的运用可以很好地控制其结构中内力的传递，为垂直方向上的空间扩展提供新的可能。

采用多向预应力筋布置还可以改进空间结构的性能。在薄壳曲面中施加三向预应力后，其竖向分力可以平衡薄壳的重量，使得薄壳在自重作用下没有弯矩产生，同时结构的变形和次应力也能减少，这样薄壳就能有效地覆盖更大跨度的使用空间。运用预应力技术还可以合理地平衡大跨度钢筋混凝土穹顶或拱顶的侧推力，解决此类问题最原始的方法是采用类似哥特建筑的"扶壁"支撑，这种平衡系统往往使得支撑结构复杂化，而建筑空间组合也受到一定制约。在施加预应力之后，则可改变屋盖结构的传力路线，根据预应力与推力的合理作用方向，支撑结构可以布置成垂直的支柱，这就为大跨度建筑的剖面设计提供了更大的灵活性。另外，对穹顶或拱顶的拉力环施加预应力还可以降低结构的矢高，避免结构覆盖空间过高而造成浪费。

5.2.3.2 高层结构的空间扩展

有效地解决抵抗水平荷载问题，是高层建筑结构实现空间扩展的关键。在创作中，一般从改进建筑形体、调整结构布局和简化传力路线三个方面进行考虑。

高层特别是超高层建筑的体形设计应力求简洁、匀称、平整、稳定，以适应结构的整体受力特点。简洁的建筑体形可以保证高层结构的组成单一、受力明确，有利于抵抗水平风力和地震力。为了增强抗侧力结构的稳定性，高层和超高层建筑的体形设计多采用如下手法：（1）使高层或超高层建筑的底部逐渐扩大，一般常结合底层大空间的布置采用倾斜的框架结构；（2）使高层或超高层建筑的上部逐层或隔层收缩，这种收缩可以是对称的，也可以是不对称的；（3）使高层或超高层建筑由下至上逐渐收分，并将结构的稳定体形与空间的组织和利用紧密联系在一起；（4）采用圆形、三叉形等建筑平面，这类平面形式可以增强结构在各个方向上的刚度，从而取得较好的抗侧力效果。建筑形体空气弹性模型试验表明，圆柱形建筑最好，其承受的侧向风荷载比方柱形建筑可减少20%~40%，三角形平面虽然很差，但作切角处理后即修正三角形，则要比矩形平面优越得多。

在结构布局方面，高层建筑的平面安排应有利于抗侧力结构的均匀布置，使抗侧力结构的刚度中心接近于水平荷载的合力作用线，以减小水平荷载作用下所产生的扭矩。在一般情况下，风力或地震力在建筑物上的分布是比较均匀的，其合力作用线往往在建筑物的中部。如果抗侧力结构，如刚性井筒、剪力墙等分布不均匀，合力作用中心就会偏离抗侧力结构的刚度中心，从而产生扭矩。对于框架–剪力墙体系来说，只有剪力墙的均匀布置，才能避免结构平面内出现刚性部分与柔性部分在形体边缘出现显著差异，才能保证水平荷

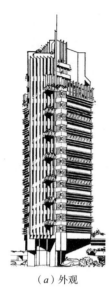

（a）外观

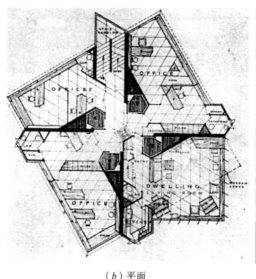

（b）平面

图 5-8　普赖斯塔楼

图 5-9　皮雷利大厦

载按各垂直构件的刚度来进行分配，使剪力墙真正能承受绝大部分的水平荷载。由于建筑艺术方面的原因，高层建筑的平面设计有时也要突破简单规整的几何形式，为了使平面的重心仍能接近于抗侧力结构的刚度中心，可以在平面布局中对剪力墙和电梯井筒的分布作适当调整。赖特设计的普赖斯塔楼巧妙地将刚性墙体布置成风车形，使得建筑空间和形体突破了简单几何形式的束缚（见图 5-8）。建筑师还需要掌握按抗侧力结构布置的力学原则与建筑功能要求来综合考虑空间组合的基本技巧，如在筒体结构中，一般外筒都由紧密排列的柱子组成，这为在进深方向加大柱距提供了条件，按此方式构成的"框筒"结构可以灵活地布置较大的室内空间。

高层建筑的剖面设计应力求简化结构的传力路线，降低建筑的重心，避免在竖向上抗侧力结构的刚度有较大的突变。布置大空间厅室是高层建筑剖面设计中的一个重要问题，当层数很高而不宜采用一般框架结构体系时，底层大空间则又会与剪力墙、刚性筒体等的布置发生矛盾。在这种情况下，一般都将大空间作脱开处理，使大厅室的结构布置与高层主体相对独立，运用这种手法可以取得体量对比、轮廓线丰富的建筑艺术效果。而当厅室空间不是很大又用地紧张时，也可以采用框支剪力墙结构（不考虑抗震设防），即将底层部分做成框架，来形成连续的空间。多层地下室对降低高层建筑的重心有利，同时也是与高层建筑宜优先采用深基础的原则相一致的。另外，高层建筑的剖面设计还应注意使抗侧力结构的刚度由基础部分向顶层逐渐过渡，这样才不致由于刚度的较大突变而削弱这一部分抵抗水平荷载的能力。奈尔维设计的皮雷利大厦是一个十分典型的例子（见图 5-9），它逐渐向上收缩的结构断面，是与在水平风力作用下结构中弯矩分布的几何图形相一致的，整个高层结构连续渐变而没有任何被削弱的部位。

5.2.3.3　大跨结构的空间扩展

如何克服屋盖结构中可能产生的巨大弯矩以及由此而带来的结构自重等问题，是大跨度建筑结构构思的一个基本出发点。因此，择优选用结构体系是大跨结构（特别是超大跨结构）实现空间扩展的主要方式。以下以超大跨结构来进行说明。

超大跨建筑的屋盖必须呈"起拱"或"下垂"状，因为只有以"拱型"结构（如穹顶、拱顶）或"链型"结构（如悬索）取代"水平型"结构（如平板网架），才能克服超大跨结构中巨大弯矩值的增加。这样，超大跨结构的"起拱度"或"下垂度"便十分可观。而由于适应悬索"下垂"而多出的室内空间比穹顶"起拱"而浪费的室内空间要小得多，所以从减小建筑体积来看，悬索体系比穹顶体系更加优越，再加上超大跨穹顶结构过重，因而普遍认为穹顶体系在超大跨建筑中是没有发展前途的。另外，由于超大跨度结构一般都采用柔性结构体系和轻质结构材料（如整体张拉的索膜结构），如何抵御风荷载产生的倾覆作用就成为设计此类屋盖又一必须考虑的问题。如在这样的大型体育馆中，可以在屋盖中心悬吊由电视屏和照明、扩声设备系统，以此来增加结构的整体刚度。

5.2.4　结构形体与非空间性功能适应

建筑的功能要求涉及面很广，除了使用空间的大小、形状及其组成关系外，诸如采光、通风、音响等非空间性功能要求，对结构形式或结构几何形体的确定也都有较直接的影响。

5.2.4.1　利用结构形体布置天然采光

建筑的天然采光大致可分为侧面采光和顶部采光两种类型。现代建筑常用的结构系统（特别是框架结构）为在建筑侧面上开设采光口提供了丰富的选择余地，但当需要采用顶部采光或顶部高侧采光方式时，采光口的形式与结构布置的关系则显得更加紧密。因此，下面的论述主要集中在后一种类型。

利用结构形体布置顶部采光或顶部高侧采光的常用方式有：（1）结构构件之间开设采光口，如在桁架上下弦杆之间设置下沉式天窗；利用桁架悬挑端部的收束做进光口；结合钢筋混凝土大梁布置采光井；在平板网架周边的高度内开高侧窗等。（2）结构单元之间开设采光口，如在剖面设计中，屋盖结构单元可以按高低跨或锯齿形等方式排列；在平面组合中，结构单元之间则可以留出空档，设置水平向顶部采光带。（3）结构界面上直接开设采光口，如在双曲抛物面壳体上布置圆形采光孔；在网架或网壳屋面上设角锥形或带形采光罩；在折板或折拱上嵌镶条形采光带等。

有时候看似寻常的技术处理手段也会被建筑师作为一种形式处理手法并发挥到极致。伦佐·皮亚诺设计的休斯敦德梅尼尔收藏馆（De Menil Collection）是20世纪80年代建成的最好的新式博物馆和艺术馆之一。这座建筑的形式和结构都源于一个细节——造型精巧的混凝土"叶片"，起到光线反射板的作用（见图5-10）。休斯敦的夏季炎热，这种设

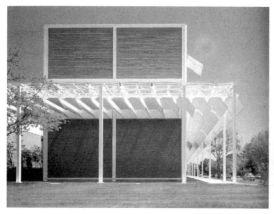

图 5-10　德梅尼尔收藏馆

图 5-11　阿尔卑斯温室

图 5-12　2000 年汉诺威世博会德国馆

计使博物馆可以从屋顶采光，而且整天都可以有自然光。收藏馆的主体结构极为简单，采用外露的钢框架结构，无论是采光屋顶还是外部的柱廊，均有众多遮阳"叶片"吊挂在简洁的钢框架上，吊挂角度正好可采到尽可能多的光线，而又能避免阳光直射，满足了业主坚持艺术收藏品要在自然光下展出的要求。需要附加光线时，装在"叶片"里的聚光灯就会发光。这种简洁而又优雅的设计手法成为该收藏馆建筑的主要形式特征。

5.2.4.2　用结构形体布置自然通风

让建筑的结构形体有利于自然通风，也是结构构思的一个重要出发点。常用的方式有：（1）结构所形成的侧界面有利于通风换气，这种做法一般利用结构在建筑内部形成竖向的高狭空间或"人"字形空间，并结合设在顶部的排气孔形成"烟囱效应"，具体的手法可根据实际情况灵活使用。（2）结构所形成的顶界面有利于通风换气，具体手法甚多，但同样都应以力求使结构传力简捷，避免受力状况恶化为其原则。

威尔金森·艾尔建筑有限公司（Wilkinson Eyre Architects Limited）设计的位于英国理查蒙德的阿尔卑斯温室，为从阿尔卑斯山采集来的重要植物提供可持续性的、低能耗的生长环境。温室采用矢高较大的抛物线拱形悬挂结构形成烟囱效应，抽拔室内的热空气。在地表下，空气被送入混凝土形成的弯道中冷却，随后通过一系列置换管道重新循环到温室周边进行热交换（见图 5-11）。在侧面的大面积玻璃幕墙上，还有一个类似于孔雀开屏式的折扇形系统，用来调节阳光射入量。

托马斯·赫尔佐格设计的 2000 年汉诺威世博会德国馆，巨大的展厅长 200m，宽116m，由 3 个并置式的反曲悬索结构屋盖覆盖着下面的空间（见图 5-12）。每个悬索结构都设计为一端高起，正是通过这种结构形体使功能性的空间高度足以呼应大厅的巨大面积，同时又提供一个自然通风的必要高度，从而保证了使热量上升的构造效果得以充分发挥。具体的方式是：新风经由沿着服务区的透明导管，通过位于 4.7m 高的巨大入口进入大厅中，先向下流动并均匀分布在整个地面上。地面处的进风口也以相似方式提供新鲜空气。然后，空气被加热并逐渐上升，混浊空气经由屋脊处连续的折板排出。这些折板能根据不同的风向，以不同的角度单独开启，以确保有效通风。这种作用方式通过固定在出风口处的水平条状构件得以增强，创造出一种"文氏管"效应。利用屋顶结构形成的自然通风系统连同一系列有利于环保节能的采光措施，使该建筑在空调方面的投资费用减少 50%。

5.2.4.3　利用结构形体布置设备设施

在这方面，主要指结构本身占据的空间应尽可能得以合理利用。进一步又可分为：（1）水平结构空间的利用。如在高层或多层建筑设计中，可以有意地留出较大的结构层空间，以便能作为技术设备间、服务间、储藏间以及检修道来使用。（2）竖向结构空间的利用。如当竖向承重结构能形成"井筒"时，则可以布置楼梯间、电梯间、通风管道以及其他各种管道竖井。

著名建筑大师路易斯·康总是有意识地利用结构形成独立的设备空间，以此来全面实践他的"服务空间与被服务空间"理论。为此，康拒绝将吊顶作为解决大空间空调管道问题的常规方法，因为在他看来吊顶不可避免会掩盖楼层的基本结构关系。康的这种态度源于现代社会中对科学的崇敬，他坚信自然界中存在着某种潜在的秩序，而科学研究揭示的正是这种秩序。因此，在康的建筑中，结构与空间的契合问题就占据了建筑品质的首要位置。在 1960 年完成的理查德医学研究楼中，结构与空间的契合以一种清晰的方式得以体现。这一建筑采用了单元式布局，清楚表达对服务与被服务空间区别的强调，服务空间的范围由之前为人的活动扩展到为设备提供被区分的空间，实验室所需要的错综复杂的设备、管线、通气道等都有了独立的空间，并在外观上清楚表达。在 1965 年完成的萨尔克生物研究所中，设备空间更是用一种错综复杂而又精巧微妙的结构方式来设计，从剖面上来看梁截面的复杂正好为管线提供了所需要的空间（见图 5-13）。

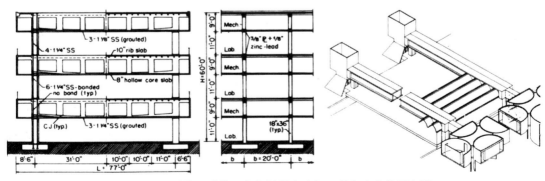

图 5-13　结构形成的服务与被服务空间，萨尔克生物研究所

（a）外观

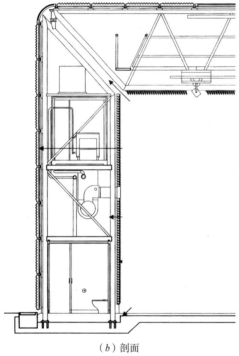

（b）剖面

图 5-14　塞恩斯伯里视觉艺术中心

当代的高技派建筑师也经常把建筑的结构系统与设备系统相结合来实现某些特殊的意图，由诺曼·福斯特事务所设计的塞恩斯伯里视觉艺术中心（1976 年）就是一个典型的例子。建筑师在这座建筑的 6.9 英尺厚的结构框架中，布置了所有的设备设施（包括机房和管线），甚至办公室、储藏间以及卫生间也在其中（见图 5-14）。这样，位于中央的开敞空间就可以有更良好的光照和更纯净的视觉效果。

5.2.4.4　利用结构形体满足声学要求

声学设计不仅限于剧院、电影院、音乐厅、礼堂等对音响效果要求较高的建筑，在其他类型建筑中，如火车站、体育馆、展览馆、工厂车间等，当使用空间有较大的噪声产生时，都应当考虑结构形式对室内声学效果所产生的影响。认为仅有声学吊顶才是弥补建筑声学缺欠的好办法的观点是十分片面的。

结构的几何形体与声学要求之间的关系应从以下几个方面来分析：（1）结构的几何形体是否会产生音质缺欠，包括声焦聚、回声、颤动回声、沿边反射等。例如，一些薄壳、悬索、网架等所具有的圆形或椭圆形平面形式，容易产生声场不均匀，出现声焦聚和沿边反射等缺点；向上凸起的双曲扁壳与地面之间容易产生颤动回声，等等。（2）结构的几何形体是否有利于达到所要求的响度、清晰度和混响时间。高大的结构形体能消耗较多的有效声能，即消耗较多的直达声和直达声后 35ms 以内的前几次反射声，同时还会加大反射声的行程，使 50ms 前的几次反射声减少，这些对提高响度和清晰度都是不利的。所以，对会堂、电影院、话剧院等厅堂来说，结构的形体以避免高大为宜，在音乐厅、歌剧院等厅堂建筑中，由于混响时间要求较长（为一般会堂混响时间 4~5 倍），每一席位所占有的观众厅体积相应增大，因此高大的结构形体可以得到较好的利用。（3）结构的几何形体是否有利于声扩散。声扩散不仅可以保证观众厅中声音从四面八方来的空间感和丰满度，而且还可以减弱室内噪声的影响。因此，直接利用各种有利的结构几何形体起声扩散作用，乃是一种十分经济有效的声学设计手法。

由汉斯·夏隆设计的柏林爱乐乐团音乐厅是利用结构形体满足声学要求的典范实例（见图5-15）。建筑在外观上极具表现主义风格，但这一形式又与音乐厅内部的声学设计紧密相关。音乐厅硕大的屋顶看上去像是用来悬挂现代声学设备的巨大帐篷，它的轮廓几乎与声学吊顶完全一致，而且屋顶结构实际上也并不复杂。看似不规则的坐席区布置，让音乐厅的侧界面具有了良好的声学反射效果。音乐厅的规模也处理得恰到好处，每一个座位离舞台的距离都小于35m，位于建筑师称之为"接近上帝的地方"。

（a）外观

（b）剖面

图5-15　柏林爱乐乐团音乐厅

除上述4款外，结构形体还可以与其他非空间性功能设施巧妙结合，如屋面排水、太阳能利用、设备检修、坡道与阶梯等，只要处理得当，同样能取得相互因借、事半功倍的效果。

5.3　结构与外部环境整合

建筑的外部环境所包含的内容十分广泛，其中，能够对结构产生影响的主要有形体环境、气候环境和文化环境三个方面。

5.3.1　结构与形体环境协调

建筑总是要坐落于一定的形体环境之中，与形体环境的密切关系是建筑和工艺美术品、工业产品等其他人工设计产品存在的根本不同之处，也是影响建筑形态及其结构形态生成的主要制约因素。大体上看，建筑的形体环境包括自然形体环境和人工（城市）形体环境两类，利用结构形态与之相协调的方法还可以做进一步划分。

5.3.1.1　结构形态与自然地貌融为一体

常用的手法有三种：一种是充分利用自然地形地势，因势利导地布置结构；第二种是通过化整为零取得与自然地貌的结合；第三种是利用结构形态完善自然地形轮廓。

由HOK事务所设计的香港政府大球场是与地形地势相结合的较好例子（见图5-16），它于1992在原有露天老体育场的基础上重心设计改造，于1994年建成。该建筑位于三面环山的山谷中，看台的走向与山坡近乎一致。设计坐席4万座、包厢50个，还为运动员、管理人员及新闻媒体提供了必要的使用和休息空间，并配备了现代化设施。两个主看台的中部比端部略低，从而增加了坐席数量，并在视线设计方面也取得了良好的效果，两个主

图 5-16　香港政府大球场

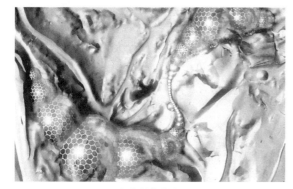

（a）整体布局

（b）气枕局部

图 5-17　伊甸园工程

要看台可容纳观众总数的 75%。作为建筑的显著标志是两个主看台上的屋盖结构，它的表面采用特富龙涂层的玻璃丝织物，屋面具有自洁功能，明亮显著，形似两片蚌壳。体育场屋盖的主体结构是两个跨度达 240m 的钢管格构桁架拱，与许多平行设置的小型弧形钢管桁架共同组成主次分明、传力明确的结构体系。由于东西主看台结合地形、强调了山谷的天然走向，加之屋盖结构自然舒展，使得如此庞大的体量与周围环境融为一体。

在不规则的自然环境中，把巨大的建筑体量化整为零可以取得与自然地貌相互融合的良好效果。建筑师尼古拉斯·格雷姆肖及其合作者把这一思想进一步发展，并成功地应用在由他们设计的英国康沃尔郡博尔德瓦伊甸园工程（2000 年）这一单体建筑中（见图 5-17）。该工程是世界上最大的人造植物环境，要求有良好的日照，这意味着必须采用透光性良好的围护材料，且承重结构应尽量纤细轻巧。建筑原址为一处山峦起伏、沟壑纵横的废弃黏土矿坑，地形条件极其复杂，这要求创造一个前所未有的有机结构形态与之相适应。设计者决定采用由多个大小不同的轻型单层网状半球结构组成的组合体，并设双面张拉索保证结构的稳定性，网格单元为六边形，外径尺寸 5~11m 不等，中间嵌入由 ETFE 材料制成的气枕（重量只有玻璃的 1%）。最终形成一个首尾长度近 1km，跨度从 15~120m 不等，内部空间最高达 60m 的整体结构体。在自然山势间，就像一串自由、连续的气泡，呈现出有机的形态，与自然环境融合为一体。在设计者看来，该建筑将来同植物一样，还可以不断生长、延伸、有机地发展。

诺曼·福斯特事务所设计的威尔士国家植物园大型温室（2000年），是利用结构形态完善自然地形轮廓的较好实例（见图5-18）。这一大型椭圆形温室是世界上最大的单跨玻璃拱顶结构，建在一处地形起伏和缓的坡地上。建筑露出地面部分最终选用的是一个对称的圆环外切体，与双曲橄榄球形状类似，在山坡上有如一个人工加上的山包，对周围起伏的地势做了完美的补充。这一结构在加工制作方面也有很大的优点，这是因为构件都是环形体的切割部分，所以具有相同的直径。另外，拱顶向南倾斜7°，面向太阳，最大限度地引入了阳光。作为环境温度控制措施的一部分，一些玻璃窗可以根据需要自动转动。虽然规模庞大，但其结构非常简单，钢管拱设置于环形混凝土地梁上，玻璃幕墙安置在钢管拱结构上，圆形地梁设有开槽可以使钢管拱外侧与地梁内部相连。

（a）外观

（b）内部

图5-18　威尔士国家植物园大型温室

5.3.1.2　结构形态与自然景观相互衬托

常用的手法有两种：一种是让结构形态以自然景观为背景，形成相互呼应的态势；另一种是让结构形态与自然景观在一定程度上形成对比，凸显结构技术精美。

具有现代美感的结构形态与秀丽的自然景

图5-19　威廉·赫顿——扬格地球动力中心

色并非不可兼容，只要处理得当，二者不但可以共存，甚至可以提升彼此的美学价值。由迈克尔·霍普金斯事务所设计的爱丁堡威廉·赫顿——扬格地球动力中心（1999年）就是一个例证（见图5-19）。建筑的大部分功能空间都置于地面以下，露出地面的只有该建筑顶部的巨大膜结构雨篷，它既是展厅的屋顶，同时又是建筑的入口。这一巨大的PTFE膜结构屋顶为对称分段式的甲壳虫形状，由4对安置在阶梯梁座上的桅杆吊挂支撑，外观洁净而优雅。远处"亚瑟王座"和索尔兹伯里悬崖上巨大的火成岩为该建筑提供了美丽的

图 5-20　广州新体育馆

（a）外观

（b）立面

图 5-21　特拉弗西桥

背景，二者遥相呼应、相得益彰。

与之类似，保罗·安德鲁设计的广州新体育馆坐落在白云山和城市新区之间，主馆、训练馆和大众活动中心上覆盖着山丘形的屋顶，并自由地沿着一条弧线排列，成为城市景观和白云山之间的过渡。三个山形屋顶采用同一种结构形式，但由大到小，由高到低，由饱满到细长逐渐变化，也与白云山山峦起伏的走势相符合。远远望去，体育馆的外轮廓好似白云山的抽象剪影，在苍翠山色的映衬下，白色的建筑形体更显熠熠生辉（见图 5-20）。

位于瑞士的特拉弗西桥（1996 年），是一个无论在技术上还是在美学上都无可挑剔的结构作品（见图 5-21）。桥身跨度达 48m，主要构件为抛物线形的桁架梁和带 H 形固定架的桥板，总体形状完全与简支梁在均布荷载作用下的弯矩图相吻合，内部应力分布十分合理，当承受自重及行人荷载时，所有的钢索都受拉，而大部分木制支柱受压，它是木结构和钢索结构结合的杰作。该桥横跨维亚马拉河大峡谷，秀丽的景色与完美的人工技术产品形成了强烈的视觉对比，形象地表现出现代科学技术的神奇魅力。

5.3.1.3 结构形态最大限度保持原有地表环境

常用的手法有两种：一种是通过向地下扩展保持原有地表环境；另一种是通过地面架空保持原有地表环境。

随着建设量的增加，人工建造痕迹与原有地表环境之间的矛盾日益突出。将使用空间掩藏于地下，是对地形、地貌影响最小的营造方法之一。在现代城市中，地下空间已越来越多地得到开发利用，如地铁、地下商城等。在更具保护价值的自然环境中，此种做法也被大量采用。贝聿铭事务所设计的日本京都美秀美术馆位于国家自然公园山区，此处远离城市，最接近大自然。建筑师将 95% 的建筑建于地下，外露部分在形式上承袭传统木构建筑，用材则是现代的不锈钢管和玻璃,并使屋顶坡度与山坡接近。在技术构成上充分运用现代技术,节点构造新颖简洁。施工采用开挖形式,将土石沿开凿的隧道运出,待土建完工时再将其回填,并补种植物。该建筑不仅最大限度地维护了自然环境,错落而别致的建筑形象还为环境增色不少(见图5-22)。在直岛当代美术馆设计中,安藤忠雄也采用了将空间向地下发展的方法。建筑选址在岛南端一处狭长海岬的山崖上,可以俯瞰下面的海滩和平静的海面。因为有一个景色宜人的国家公园围绕着建筑,为了不破坏周围的景致,美术馆的大部分体量均设在地下。地上部分则是利用建筑屋顶形成的阶梯状露台,有蜿蜒的道路相连接。在建筑师的精细安排下,该建筑巧妙地融入了自然,并像一件大地艺术品一样,创造出了新的景观(见图5-23)。

图 5-22 京都美秀美术馆

利用结构将建筑向高空架起,同样可以起到保护地表环境的作用,这样的实例有很多。诺曼·福斯特与阿如普工程事务所合作设计的巴塞罗那电信塔建在城市周边的山丘之上,塔身拥有13个结构层,内置各种技术和电子装置,以及办公空间。该塔同埃菲尔铁塔一样高,但结构原理却截然不同,它并非由建筑主体支撑本身的重量,而是靠多条拉紧的钢缆让电信塔纤细的中心杆竖起,达到稳定平衡,形成城市精美靓丽的天际线(见图5-24)。另一个值得一提之处是,该塔的所有构件均由工厂预制,并在8小时内在现场吊装完成装配,最终拴定在山丘之上,让建造更快捷、更安全,最大限度地减少了对自然环境的影响。通过"轻轻地触碰大地",设计师诠释了与自然和谐共处的新型科技之美。

图 5-23 直岛当代美术馆

5.3.1.4 结构形态与基地形状协调一致

常用的手法有三种:一种是用完形的结构形态与基地形状协调一致;第二种是通过对整体结构布置的调整取得与基地形状的协调;第三种是通过结构体组合取得与基地形状的协调一致。

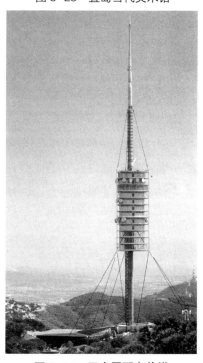

图 5-24 巴塞罗那电信塔

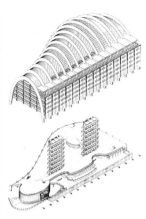

（a）外观　　　　　　（b）柱子看似支撑着楼板，实为楼板吊挂在拱顶上　　　　　（c）结构示意

图 5-25　柏林股票交易所及商会

　　基地形状不但是建筑设计的重要制约因素，也可以转化为创作的灵感。为了实现建筑与基地形状的有机融合，建筑师经常从多种角度寻求突破，其中也包含着对结构布置的创造性理解。由理查德·罗杰斯事务所设计的伦敦千年穹顶（1999 年），是用完形的结构形态与基地形状协调一致的很好例证。该穹顶是迄今为止规模最大的空间结构，位于格林尼治半岛上，形状采用饱满的圆形，直径达 358m，高 48m，周长超过 1km，占地面积8 万 m²。12 根格构式梭形钢桅杆高达 100m，通过斜拉索与辐向、环向索组成稳定的张拉球形结构，上覆双层 PTFE 涂层的玻璃纤维膜，以利隔声和隔热。穹顶的圆形形体很好地与突出的基地形状相适应，并因其形态简洁、结构鲜明，获得了工程界的广泛赞誉。

　　对于一些不规则的地块来说，完形的建筑形体并不总是最好的适应方式，这时经常需要作一些调整，让结构契合于基地条件。尼古拉斯·格雷姆肖事务所设计的柏林股票交易所及商会（见图 5-25），基地位于三边为直线，而另一边不规则的狭长地块内，正是这个不规则形状在某种程度上促进了建筑的最终形象。建筑师在充分利用基地地块的基础上，也充分表达了结构形态。建筑的主体结构由 15 个高度和跨度不等的平行钢拱组成，形成的平面形状一边为连续的曲线，另外三边是直线。所有楼板都悬挂在钢拱上，并将传力部件在细部上作了明确的表达，使人们对结构体系一目了然。在功能上，底层空间开敞，便于变换使用用途。

　　又如伦佐·皮亚诺建筑公司设计的辛德尔芬根梅塞德斯－奔驰汽车设计中心（1998年），建筑的基地位于一处由公路限定的不规则地块中。建筑师根据各部门的使用要求，将建筑平面处理成扇形，像一只张开的手一样牢牢抓住基地，每根"手指"相互成 9° 角展开，内部的结构处理是相同的，这为设计和建造提供了便利条件。它们的屋顶几乎连成一片，屋顶宽度从北向南逐渐增大，这些略为弯曲的钢屋顶并没有叠合在一起，而是向一侧微微翘起，从西侧天窗射入的光线可以照亮内部空间的每一个角落（见图 5-26）。

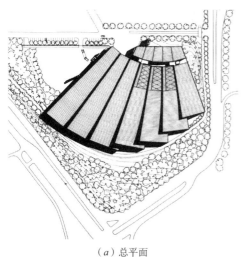

（a）总平面

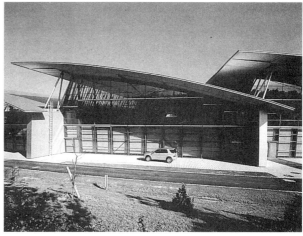

（b）外观

图 5-26　梅塞德斯·奔驰汽车设计中心

在一些大型规模公共建筑设计中，通过多个简单结构体的组合也可以取得与基地形状的协调。拉斐尔·维尼奥里设计的东京会议中心（1996年）是一个能容纳演出、办公、会议和接待功能的大型建筑综合体，地段南侧被火车道限定呈弧线形，其余三边为直线。建筑采用了群体式布局，在北侧沿地段直边布置一排四个方形建筑，内部容纳大型礼堂和会议厅，在南侧按火车道形成的弧线布置了一个被建筑师成为"banana"的梭形钢结构玻璃大厅（见图 5-27）。大厅净高为 65m，整个结构完全依赖一个 210m 长、呈倒拱形的巨型桁架来支撑。之所以采用倒拱断面，是因为这一形状与三维结构的弯矩图类似。这一晶莹剔透的结构体不但让建筑与基地形状完全契合，还很好地传达了结构的力学逻辑。为实现同样的目的，在主体结构保持规整的情况下，利用附属结构的灵活布置也可以取得与不规则地段的协调，由理查德·罗杰斯设计的伦敦劳埃德大厦就是这样一个例子。大厦位于伦敦拥挤的旧城区，周围弯曲的街道让基地呈不规则形状。建筑平面布局应用了"服务与被服务空

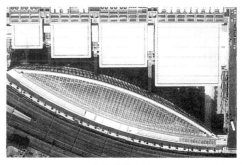

（a）整体布局

（b）内部

图 5-27　东京会议中心

147

（a）外观

（b）室内

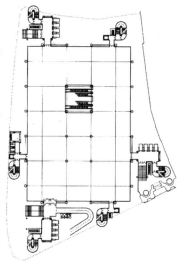
（c）平面

图 5-28　伦敦劳埃德大厦

图 5-29　里昂歌剧院

间"理念，主体部分为 68.4m×46.8m 的矩形，采用钢筋混凝土框架结构，结构形式简单明确，而由楼梯、电梯、卫生间和设备管井组成的被服务空间被甩在外侧，其灵活的形式不但实现了与地段的协调，也成为了"高技派"建筑特殊美学取向的重要组成部分（见图 5-28）。

5.3.1.5　新型结构与既有建筑协调一致

常用的手法有两种：一种是通过结构整体造型取得协调；另一种是通过结构细部取得协调。

科隆音乐厅位于 Breslaner 广场，以高度分别为 32.4m 和 27m、跨度为 58m 的 4 个桁架拱与索为主体，与膜材料组合，形成巨大的建筑空间。其独特的造型与高耸的哥特式教堂相映成趣，成为一次现代与传统的对话。让·努维尔在里昂歌剧院加层扩建工程中，在原建筑顶上以筒形钢拱结构作为扩建部分的主体结构，筒体两端以大面积的玻璃幕墙实现围护（见图 5-29）。扩建后，虽然新旧部分在结构和材料的区分上一目了然，但其具有的整体感却令人称道，其中原因在于，拱形是西方古典建筑的传统形式，将其移植到新古典主义风格建筑上，尽管完全是现代构筑方式并没有附加任何装饰，仍能给人以协调感。

福斯特设计的卡里艺术中心（1993 年），位于现今世界上保存最为完好的古罗马庙宇迈松·卡里神庙侧面，坐落在一座已焚毁的 19 世纪歌剧院旧址上。虽然地处特定的历史建筑环境中，但建筑师并没有直接对形式和风格进行模仿，而是大胆选用了最新型的现代材料与结构方式，通过精心安排的细节处理，如比例、尺度的把握，实现了新型结构与历史建筑的近距离对话。具体做法是：将艺术中心同卡里神庙一样坐落在一个高起的石头基座上，面对神庙一侧设开敞的柱廊，由5根17m高的纤细钢柱支撑起金属格栅屋顶，传达出古罗马神庙所具有的典雅神韵；在建筑形体方面也采用对称式布局，并把大部分功能空间置于地下（地下5层，地上4层），让平直的檐口不超过神庙的高度。整座建筑虽然规模较大，但却巧妙地融入了周围的历史环境之中（见图5-30）。

（a）外观

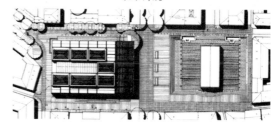

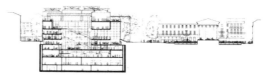

（b）总平面、剖面

图5-30　卡里艺术中心

1999年，福斯特在德国国会大厦改建设计中，再一次成功地运用现代结构和材料在大厦顶部加建了一个全新的玻璃穹顶。一方面，穹顶从形态上与具有历史厚重感的原建筑协调得体，成为国会大厦新的构图中心；另一方面，新结构、新材料和新技术也让穹顶这一古老建筑形态得到了新的诠释。白天阳光透过玻璃穹顶照入位于下方的议会大厅，一定程度上解决了天然采光问题，夜晚内部的灯光则反向映出，整个形象晶莹剔透、熠熠生辉（见图5-31）。同样，贝聿铭在卢浮宫"玻璃金字塔"的设计中对新建建筑的尺度也进行过细致的推敲，将塔尖的高度确定为老建筑的三分之二，并让钢结构的塔身尽量通透，最终使扩建后的卢浮宫整体空间效果和视觉效果十分舒适、协调。

图5-31　德国国会大厦

5.3.2　结构与气候特征协调

气候是重要的环境因素，对于气候的关注在建筑中古已有之。在影响建筑的诸要素中，建筑材料、工艺技术、人们的生活方式、审美趣味等都随着社会经济和文化的发展而改变，惟有气候是一种相对稳定的因素。建筑创作中，利用结构手段与气候环境进行协调，一方面体现出对于不同气候条件因势利导的反馈，另一方面表现为汲取理念精华的创作性探索。

5.3.2.1 继承性适应

不同的气候条件反映在建筑上表现为各异的形式，相同气候、地域下的建筑通常表现出相似的特征。而且地域气候特征愈典型，这些特征在建筑上的反映就越显著。

世界各地多种多样的乡土建筑便是对当地气候的真实反映。在这些具

图 5-32 杨经文自宅

有长期使用经验积淀的建筑中，自身形态、布局、朝向、空间关系及地方材料的选用和结构方式上往往采取传统、简单但行之有效的建筑手段，在对气候条件的适应上却能取得良好的效果。

乡土建筑具有对气候的高度适应性，吸引了许多建筑师以之为借鉴来解决现代建筑的问题。马来西亚建筑师杨经文设计的自用住宅（1984年），采用了一个被称之为"覆盖屋顶的屋顶"的结构体，同样是缘于对炎热气候条件的适应。格栅式的混凝土曲面屋顶构架覆盖着宅后天井和二层屋顶上的水池和平台，起到遮阳和加强自然通风的作用，同时也打破了常见的平屋顶给人留下的简单、生硬的印象，为建筑增添了丰富的光影效果和空间变化（见图5-32）。

作为印度本土建筑师的查尔斯·柯里亚（Charles Correa），他的建筑作品中针对气候的创作手法渗透到设计的方方面面。柯里亚认为，"因为气候在根本上影响着我们的建筑物和我们的城市。首先是直接影响，建筑物外表是由阳光照射的角度、遮阳设施、能量节约问题等等决定的。其次是间接影响，通过文化影响，因为气候对任何社会的礼节、礼仪以及生活方式等起着决定性的作用"。柯里亚作品中"开放向天"（open-to-sky-space）的空间理念，便是来自于对印度当地气候与传统建筑的深刻理念。利用开敞的空间，最大限度地增加通风量，以达到降温的作用。"开放向天"的空间一方面表现为庭院、阳台、屋顶、平台及内廊等结构性的实体构件，另一方面在深层次上体现着印度人特有的利用室外、半室外空间的生活方式。

5.3.2.2 创造性协调

这是一种针对当地气候的条件，更多地借助新材料、新结构和新技术为手段，来创造性地与气候环境相协调的方式。在这方面，德国建筑师托马斯·赫尔佐格的探索性实践堪称典范。

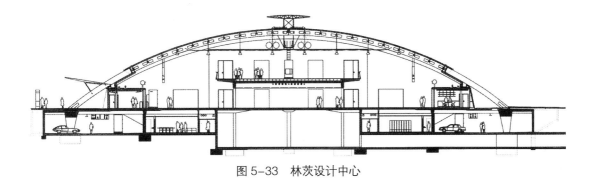

图 5-33　林茨设计中心

　　1993 年落成的林茨设计中心，是赫尔佐格从对气候条件的适应出发，并利用现代技术对"水晶宫"这一建筑概念的重新诠释（见图 5-33）。林茨位于奥地利北部，属大陆性气候，每年的 11 月到下一年 4 月平均有 54 天下雪，全年有 20% 的时间在零度以下。赫尔佐格意识到帕克斯顿的水晶宫没能解决现代建筑要求的隔热、眩光控制和遮阳问题（这些也是现代玻璃建筑普遍存在的问题）。同时，他希望营造充满阳光且具有轻盈感的内部空间。为了实现对建筑的理解，他首先把最大限度地减小空气体积作为设计的主要目标。因此，这个设计中心的室内高度限制在 12m 以下，屋顶的结构由 34 根较舒缓的钢拱梁组成，跨度达到 76m，进深为 204m，表面由玻璃覆盖。采用这样的大跨结构，也保证了使用功能达到最大的灵活性，所有的展览和会议空间都和一个公共的休息空间相连接。控制室内自然采光是赫尔佐格另一个关注的问题，既要使展示区达到很高的采光质量，却又不以牺牲室内热舒适度为代价，同时也不增加额外的能耗。最终，建筑师把一种新开发的建筑构件用于透光屋面上，这种构件是将一种塑料格栅装配在屋顶面板上，通过复杂的反射、折射仅使来自北向的漫射光能够进入建筑，而把南侧的直射光屏蔽掉，这样就可以避免夏天室内产生过热的现象。这种光反射格栅厚度仅为 16mm，由薄薄的纯铝作为反射涂层，置于屋顶双层玻璃之间。这种格栅的几何划分是通过计算机程序确定的，其设计考虑到以下各项因素：太阳在不同季节的高度角和方向角；对建筑的遮挡和建筑的朝向；以及屋顶的坡度。进行了隔热处理的钢结构构件有助于减少穿过建筑表层的热损失。保证在这个如此扁平又如此大进深的建筑内有足够的空气交换也是建筑师要解决的问题。新鲜空气从地板的小口和大厅四周的通风口进入室内，而室内热空气根据热压原理升上屋顶。废气不停地从屋顶顶端的一个巨大的、连续的开口中逸散出去，这个开口配备由可关闭的、百叶式的通风瓣。为了保证在不适宜的气压下废空气仍然能顺利地逸散，在屋顶的顶端设计了一个阻流板式的封盖物。这个 7m 宽的构件向内侧凸起，利用"文氏管效应"（文氏管指文丘里管，是一种流体流量测量装置）来保证室内空气的逸散。从上述分析可以看出，建筑的表面是根据它们的技术功能和结构的变化来确定的，除了传统的蔽护功能以外，它们还可以被用来控制室内温度以及日光的进入。

　　高层建筑常常被认为与资源保护的思想不相符合，但在赫尔佐格 1997 年设计的德国贸易博览会有限公司管理楼中，通过结构形式与能源理念的相互协调，并对当地现有环境资源和特殊的建筑物理知识的合理应用，实现了一个"可持续发展"高层的建筑（见图 5-34）。大楼的平面布局为一个 24m×24m 中心工作区和两个位于侧面的、包括辅助性空间的交通出入核心区。这保证了这座 20 层高的大楼在使用上能有巨大的灵活性，在需要的情况下，每层楼根据需要可划分为开放式的、组合的或独立单元的办公室，每个工作区都可得到相似的空间质量。该大楼的承重结构由钢筋混凝土框架和混凝土楼板构成。建筑物由两个交通塔支撑，双塔连接着楼板，形成了稳定的结构体系。塔体使用的是莫丁立面系统，这是一种悬挂于主体结构上的、背面可通风的陶瓷面砖。大楼的最大特点是在办公区域采用了双层玻璃幕墙表面。通过开启通向双层立面之间夹层空间的落地推拉窗，所有使用者都能享受自然通风。当窗户关闭时，新鲜空气通过位于内层立面上通风管道的入口进入室内。混浊的废气通过内部热空气上升的方式从办公室内抽出，并通过一个中央管道系统和垂直竖井引向一个旋转的热交换设施，在冬天保证了被抽出空气中 85% 的热量能够用来预热将要送入的新鲜空气。采用双层玻璃幕墙表面的优点还在于：外层的玻璃表面阻挡了高速的气流，起到屏障作用，由此保证了建筑的自然通风；遮阳板可以一种简单的方式安装在外层表面的背后，这样能保护遮阳板，并易于进行维护和清洗；双层表面之间的狭长空间所形成的缓冲效果以及双层玻璃所具有的高保温性有助于减少内部表面附近的日光直照影响，并增加了内部空间的舒适感；悬臂结构的钢筋混凝土楼板及其防火性能允许按楼层的高度设置玻璃构件作为大楼立面的构造形式，这也便于最大程度上开发利用日光，并创造出内部空间的宽敞感觉；外部的表皮使用了具有隔热效果的双层玻璃，这意味着楼板的悬臂部分不必因热工方面的原因与主体区域相隔离；将承重柱置于双层皮表面的中空部分，这样柱子就不会对功能性的楼层空间产生影响。

　　福斯特事务所设计的法兰克福商业银行是一栋 52 层的三角形塔楼，这座高 300 米的三角形高塔是世界上第一座高层生态建筑，也是目前欧洲最高的办公楼（见图 5-35）。福

（a）外观

（b）双层玻璃幕墙

图 5-34　德国贸易博览会有限公司管理楼

（a）外观

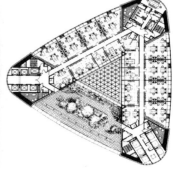
（b）平面

图 5-35　法兰克福商业银行

斯特将传统位于塔楼中央的公共交通等核心（电梯、步梯、洗手间等）分散在建筑三角形平面的三个角，并形成建筑的竖向支撑结构，每2个交通核之间的梯形部分则是建筑的主要办公区，三个梯形又围合出一个空透的三角形中庭，其过人之处是在这些梯形部分每隔8层就安排了1个高达4层（约14m）的空中花园，而且花园是错落上升设置的，这让每层的办公室都可以接触到花园般的景色。这栋建筑通过以上的处理，终于实现了设计者在设计伊始所创立的目标：通过室外的自然条件来满足室内舒适的气候环境，在自然通风的基础上创立节省能源的舒适的环境，除非在极少数的严寒或酷暑天气中，整栋大楼全部采用自然通风和温度调节，将运行能耗降到最低。

福斯特事务所的另一个作品瑞士再保险公司大厦高50层，外观呈螺旋式纺锤形。为了避免由于气流在高大建筑前受阻，在建筑周边产生强烈的下旋气流和强风，建筑的形态经电脑模拟和风洞试验，由空气动力学测算决定，从而实现了对周边环境的关照，尽力减少巨大建筑物给人带来的不适。大楼内部，沿螺旋形排布的楼板被分隔为1层或6层，在内庭中盘旋而上，这有利于自然通风，可以使该建筑每年减少40%的空调使用量。螺旋内庭同时还让该建筑得以使用自然光照明，并使室内保持视觉上的联系。内庭的布置使建筑与自然元素有了更大的接触面，实现了自然对人工的穿透。与螺旋上升的内庭区域相对应，建筑的幕墙由可开启的双层玻璃板块组成，采用灰色着色玻璃并有高性能镀层，用来减少阳光射入。瑞士再保险公司大厦在结构布置、建筑表皮以及空间上的处理方式，创造了伦敦第一个高层生态建筑（见图5-36）。

此外，杨经文和英国"未来系统"建筑事务在"生物气候摩天楼"（Bioclimatic Skyscrapers）的设计方面也做出了许多与结构合理性相契合的有益探索。杨经文曾为新加坡设计的一座展示性高层生态建筑方案，大量的绿化被引入到建筑中，建筑的形式也很丰富（见图5-37）。其实，建筑的主体结构并没有看上去那么复杂，只要让楼板做到可以"任意加减"，在不同楼层中灵活插入各类建筑元素就没有太大的困难。另外，建筑的结构还满足了可以灵活拼装的要求，甚至楼板都可以重新组装。

（a）外观

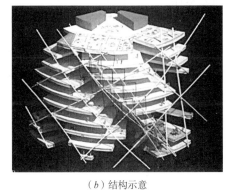

（b）结构示意

图5-36　伦敦瑞士再保险公司

   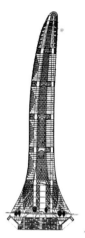 

图 5-37　新加坡展览塔楼　　　　　　　　　图 5-38　"绿鸟"大厦

可以说，该建筑把能源和材料消耗降到了最小程度。"未来系统"所设计的"绿鸟"方案，旨在探索现代城市中心区摩天大楼建设所遇到的能耗过高、交通混杂、人情淡漠等问题（见图 5-38）。该建筑的结构系统一方面与具有"烟囱效应"的自然通风系统相适应，一方面又以卵形平面和双曲线构成的形体与空气动力学原理相吻合，达到了以最少的材料消耗完成建造任务的初衷。内筒中的 4 根主要结构柱仅一侧在大楼高度二分之一处向内倾斜，而另一侧则始终保持垂直状态，形体的弯曲只通过水平楼板的悬挑和外围护结构系统的相应变化而形成，构思十分巧妙。

5.3.3　结构与地域文化协调

建筑现象学理论家舒尔茨认为，环境影响人类，人们单凭科学不可能理解根据地（即场所）的意义，他需要符号，即"显示生活情境"的艺术作品。他认为，当代建筑的目的应该超越早期功能主义所给的定义。因此，舒尔茨提倡场所精神，强调艺术作品作为生活情境的"具体化"是人类基本需要之一，人类体验他的生活情境作为有"意义"的目的，而艺术作品的目的就是"保持"并传达这些意义。舒尔茨曾明确指出，不存在不同"种类"的建筑，只有为了满足人们的物质和精神的需要，不同情境要求不同的解答。建筑意味着使场所精神成为可见的，而建筑师的任务就是创造各种有意义的场所。

在人造环境方面，其现象赋予人们的意义是通过三方面的因素形成的，这就是显现、补充和象征。其中，显现性协调和象征性协调与结构的关系最为紧密。

5.3.3.1　显现性协调

所谓"显现"是指通过建筑与特定地段中的人文环境特征相共鸣，使原有的环境更为有利地体现出来。

这种手法在意大利建筑师伦佐·皮亚诺设计的新喀里多尼亚努美阿的奇芭欧文化中

心表现得尤为突出（见图 5-39）。让建筑以和谐
的方式介入文化和环境之中，这是皮亚诺建筑
作品的重要主题之一。该文化中心的总体规划
借鉴了村落的布局特点，将 10 个平面接近圆形
的会议厅单元一字展开，根据功能的不同，设
计者将它们分成三组并以连廊串联。皮亚诺从
当地的卡纳克（Kanak）传统棚屋形态中提取
出核心的构造元素——棕榈木肋结构，并对这
种古老的构筑方式加以新的诠释。最终，这些
抽象的棚屋具有两层皮：外层是用桑木"编织"
而成的木肋结构；内层则是钢与玻璃制成、由
机械自动控制的百叶。借助当今的科技手段，
皮亚诺实现了建筑与特定"场所精神"的共鸣。
卡纳克人对该建筑的评价是，"它像是用茅草覆
盖着我们的棚屋，它已经不再是我们的了，但它
仍然是我们的"。

图 5-39　奇芭欧文化中心

在教士朝圣教堂设计中，皮亚诺从结构角度
对传统建造文化进行了富有个性的表达和诠释
（见图 5-40）。这座神秘主义教堂坐落于一座小
山坡上，其内部能容纳 7200 名朝圣者，外部前
厅可容纳 3000 人。皮亚诺传承了教堂建筑延续
1500 多年的石质传统，借助现代技术手段，通
过对当地出产的石材独具匠心的处理，明确地传
达了地域文化特征。整个建筑采用一系列巨型石
拱构成，平面形状像一只海螺。在此，传统意义

（a）外观

（b）内部

图 5-40　教士朝圣教堂

上的墙体不见了，石拱、空间、光线成了建筑的主导，巨大的石拱汇聚于主祭坛和一个中
心巨柱上，产生了强烈的震撼效果。建筑中不仅每个石拱各不相同（最大的跨度达 50m），
每块拱石也不一样。石拱由一系列固定在一起的 5 个楔形拱石组成，每组拱石上有 4 根锚
索穿过，锚索被施以预应力，以防止地震时拱石脱落。两个 V 形支柱置于两组拱石的节点处，
支撑着由抗压材料制成的双重屋顶结构。

此外，一些当代日本建筑师的理论和实践在这方面也极具代表性，安藤忠雄就是其中
的佼佼者。在创作中，安藤往往不直接使用任何传统元素，却能成功地将传统和地域建筑
文化的精神用现代的手段表现出来，他曾说，"我深信建筑不属于文明而属于文化，建筑

图5-41 1992年塞维利亚世博会日本馆

（a）外观

（b）内部

图5-42 小筱邸

存在于历史、传统、气候和其他自然因素构成的背景之中"。在1992年塞维利亚世博会日本馆设计中（见图5-41），安藤创造了一个巨大的木结构建筑，凭借对传统材料和构筑方式的当代诠释来表现日本文化的一些基本精神，如简明、朴素、素静的张力和抽象性。安藤还善于利用混凝土实现像日本传统建筑中的木构和窗纸表面那样细腻精美的效果。安藤曾说："混凝土的木模板都是由专业木匠制作的，而他们的技艺则来源于古代木构建筑的手工艺传统"。并且，安藤的混凝土非常特别，除了像康那样用模板的细部设计清晰地表达了混凝土墙面的交接关系，他还在混合物中掺入一种带有蓝色颗粒的砂子，从而增加了混凝土的"无重量感"。

1982年他在家乡大阪附近的芦屋完成的小筱邸，其室内外独一无二的空间品质与这种混凝土材料的质地和加工工艺分不开（见图5-42）。小筱邸的墙体为20cm厚且完全暴露的混凝土制成，室内的光线从屋顶滤过，勾勒出墙面上细微的起伏，这是由模板表面微弱的变形所形成的。暴露模板尺寸多为日本传统榻榻米的模数，即1.8m×0.9m。最终的表面效果如同纸屏风般轻盈光滑，在明媚的阳光下仿佛微微泛起的涟漪，又如同自然光线渲染的水墨画一样。建筑外部设有阶梯状的庭院，同样渗透出日本传统外部空间的气息，安藤将这个设计看作传统枯山水园林在现代的翻版。

5.3.3.2 象征性协调

"象征"是用建筑的形象引起人们的联想，具有取材于它类事物的具体形态又超越其上的性质，是赋予建筑文化内涵和场所精神的一种行之有效的处理手法。在特定环境中，恰如其分的形象象征能给观赏者带来心理暗示，并借此还原出建筑所要表达的文化信息，强化建筑的精神气质。

从本体角度来看，建筑存在着区别于他类事物的本质特征，不能也无法从他类事物中直接获取形式。高明的象征手法不是通过具象化来完成对文化的表达，而是借助某种不明确的、似是而非的形式从更深层次传达文化象征的含义。在设计操作中，只要综合考虑到

（a）外观

（b）内部

图5-43 2000年汉诺威博世博会计的日本馆——"超级纸屋"

功能以及与建筑的物质技术层面相关的结构、材料、建造问题以及它们的合理存在方式，就会发现这种不明确和似是而非的形式经常是实现文化象征的最佳手段，因为只有这样，建筑的象征含义才能用真正属于建筑的语言来表达，并且在此基础上甚至可以实现象征含义的多译性。

日本建筑师坂茂为2000年汉诺威世博会设计的日本馆——"超级纸屋"，通过对"纸"质结构进行的大胆尝试，传达出日本文化特有的内涵，具有相当的创新精神。本次世博会的主题是"人·自然·技术"，以此为出发点，坂茂认为展馆建筑的结构应该采用最容易回收的材料——纸，在拆除时将产生最少的垃圾。展馆结构由特制的12.5cm粗纸筒交叉绑扎构成，并利用纸筒可以任意加长和弯曲的特点，形成起伏的拱顶，结构层以外延拱顶形状设置了一系列间隔3m的梯形木拱，上铺木檩条，屋面和墙身的围护材料采用织物和纸膜。整幢建筑在外观上看宛如一个巨大的传统纸制灯笼（见图5-43）。同时，建筑吸取了日本传统的木格纸门窗的意向，体现了日本人对纸、木等自然轻质材料的偏爱，它的建造、拆毁和再生过程也体现了日本传统建筑理念，是对民族传统建筑文化的极好诠释。

5.3.3.3 运用象征性协调的实践探索

创造具有象征意义的结构形态也是体现标志性建筑地域文化内涵的常用手段，类似的手法在当代建筑创作中大量存在。笔者在研究过程中，把满洲里国门建筑设计作为运用象征性协调方式的一次实践探索。

满洲里位于我国内蒙古自治区东北部，是一个美丽的口岸城市，当地拥有辽阔的草原、绵延的山脉、展翅的雄鹰以及热情好客的淳朴民风。国门是一个国家的象征，要代表国家的形象，同时也要反映当地的地形地貌和文化特质。该设计的整体构思正是在此定位基础上，确定了一个具有多义性的形体象征表意目标：人、桥、山、鹰。在具体的设计操作中，这一立意又结合了门式建筑的特点、业主提出的功能要求和现代结构技术手段后一步步地获得形式。

按照瑞士心理学家荣格（C.G.Jung）的理论，原型是处于概念和具体事物之间的中介形式，具有抽象和稳定的属性。对建筑来说，原型又是一种先验的形式，可以成为进一步发展具体形式的"胚胎"，它形成于长期的经验积累与意识的积淀，暗含着形式建构的合理性。原型与类型在概念上是相通的，建筑的原型是从人类心理经验角度出发的、具有"原始意向"的建筑类型，它同样可以由基本的结构体系来描述。门的原型是由落地的两根立柱和上部一根横梁组成的框架，整体形态概括起来就是"两竖一横"。另外，从中国古代汉字"門"的写法可以看出，两侧立柱产生的围合作用要重于中间贯穿的横梁。门的基本功能是让人通过，从一个区域进入到另一个区域，进而又作为一个区域的"门面"，其形态往往需要醒目并具有标志性，以区别两侧封闭的边界。根据具体的功能要求，满洲里国门的门洞宽度应在 55m 以上，高度不小于 8m，这决定了本案设计应具有较大的体量，且门洞的高宽比不宜过大。再考虑到平坦空旷的场地周边环境，建筑要以天空和大地为背景，需要高大的形体来进行控制。然而，"两竖一横"的原型形态更适合于中小尺度的门式建筑，从人的感受以及经济方面考虑，这一基本原型不适合用等比例放大的方式形成大体量形体。综合考虑上述情况后，决定将"两竖一横"的原型形态演变为"四竖一横"，并对建筑的轮廓作不等高处理，再将外侧的"两竖"放大进行拓扑变形，对外形成下大上小的高耸体量，宛如升腾的两翼，对内形成便于底层使用的大空间。中间的廊桥水平穿插到两翼之中，横跨在门洞之上，让整幢建筑连成一体。

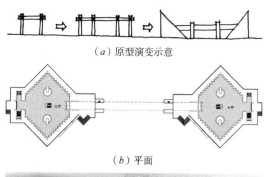

（a）原型演变示意

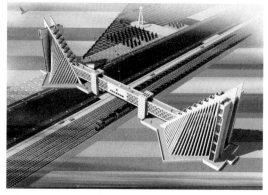

（b）平面

在进一步的设计中，采取了以下调整措施：中部的廊桥采用型钢桁架结构，其倾斜穿插的形式既体现出现代技术之美，又神似中国传统建筑中的格子窗；位于内侧的两个柱墩支撑着廊桥，并利用其内筒空间布置疏散楼梯和管道井；两翼大厅的平面为近似旋转 45° 角的正方形，对国门洞口以外的外部空间形成宛如"拥抱状"态势，并沿底部方形平面对角升起两品倾斜 45° 角的三角形预应力钢筋混凝土巨型框架，作为"雄鹰"两翼的主体结构，再由一系列从平面边界升起的具有不同角度的倾斜构件支撑，增强主体结构的侧向稳定，并且对内可利用倾斜构件间隙满足大厅的天然采光需求，对外则展现出扭转排列的结构韵律，塑造出富有升腾与动感的山形建筑形象（见图 5-44）。

（c）鸟瞰

图 5-44 满洲里国门方案

从本节中列举的大量实例可以看出，在当代建筑设计中，对地域文化特征的强烈关注是建筑师创作的不竭动力。借助先进的科技手段，建筑师可以从不同的角度深入挖掘本民族的文化特质。在对传统的认识上，建筑师已跨越了简单的形式的再现阶段，转向了更深、更广泛的文化意义的探索。

5.4　结构与仿生理念整合

既有的自然结构对于人工结构的创造具有重要的启示作用，借助仿生理念可以让建筑的结构在自然层面得到提升，更加符合自然规律。仿生理念在结构设计中的借鉴，主要集中在自然结构的结构原理、结构形态以及生命体的生命机制三个方面。

5.4.1　自然结构与人工结构的关系

物质环境中包含有单一的与组合的、宏观的与微观的、有生命的与无生命的、生长的与建造的物体。物体通过它们的形态起作用，因此形态的保持是使物体存在的先决条件，而物质结构正是抵抗外力与内力作用并保持物体形态存在的支撑系统。根据物体的起源可将它们分为自然物体与人工物体两类，与之相对应，又可以把它们的物质结构分为：自然结构与人工结构。

5.4.1.1　相同性

大自然是最高明的建造者，经过自然选择的自然物体形态最能符合自然的法则。人类在有计划、有目的的塑造人工环境的过程中，一直以自然为蓝本，并采取师法自然的态度，结构科学和结构技术都是在探索自然的过程中不断发展起来的。因此，自然结构与人工结构在一定程度上都要符合相同的自然法则，具有相同性：（1）两者在持续抵抗作用力的过程中，都担负着支撑和保护物质形态的作用；（2）两者都依据相同的力学规则来起作用。从力学的角度看，自然结构和人工结构都是为了保持明确的物体形态，以便维持物体的功能，两者共同的结构工作原则均是传递力流并保持平衡，这也是决定两者存在相同性的根本所在。对于人工物体来说，结构的创造以及处理功能、形态和结构的关系，可以自然物体的结构为参照。

5.4.1.2　相异性

自然结构与人工结构的关联性更多的是基于两者整体的一致性，而并非局部的近似性。因此，要想切实有效地参照自然结构来完善人工结构，还有必要认清二者的差异，它们主要在于结构的成因以及结构与物体的关系方面具有相异性：自然结构的成因表现为"生长—突变—分裂—融合—进化—衰退"的各个过程，都是由物体本身自发决定的，在时间上各个过程之间高度融合，是连续的或周期性的；人工结构的成因表现为"设计—分析—实施—建造—毁坏"的各个过程，各个过程都要借助生产工具，并根据人的自觉意识来实现，在时间上各个过程呈现出清晰的先后顺序，且彼此之间相对独立。由此可见，对人工结构的创造可以从自然结构中得到启示，但要首先弄清具体自然结构的生成机制，然后加以取舍与改造，不能不折不扣地照搬。

生命体作为自然界的高级成分，其自身具有的高度合理性不言而喻，但物质化的生命结构与建筑结构同样存在着相同性与相异性，在建筑形态的创作中应该有针对性地借鉴，不可一概而论。

5.4.2 结构原理仿生

许多生物的结构原理对建筑结构的发展都具有直接或间接的借鉴意义，如从一个蛋壳能看到其自由抛物线形曲面的张力与薄壁高强的性能；从竹子和苇草的圆筒形断面到筒状壳体的运用；从一片树叶的叶脉发现了其交叉网状的支撑组织肌理以及将蜘蛛网的结构体系运用到索网结构中等等，这些对建筑结构的创新设计都具有十分有益的启示。在实际应用中，利用生物的结构原理实现建筑仿生的做法是相当丰富的，其中，肋架结构、树状结构、壳体结构和纤维结构在现代建筑中的应用最为广泛，也最具典型性。

5.4.2.1 肋架结构

自然界中动植物的骨骼或经脉一般并非呈均匀状态分布，而普遍以肋架的形式存在。肋有承担荷重和转移荷重的作用，如动物的腹骨结构、鸟类的翅骨以及植物叶片中的叶脉等，它们总是按需要布置在平面或曲面的主要应力线的方向上，它们的横断面也总是符合材料力学性能的要求。这种充分发挥材料效能的轻型肋架结构组合原理，对人工结构中的结构材料分布具有很好的借鉴作用。

人类自古以来就对肋架在力学上的作用有了充分的认识，并让其在建筑中发挥效力。10世纪罗马风时期曾为保持圆拱的刚性及减少圆拱厚度就采用了拱肋以承载及传导荷重，哥特时期把肋架券结构大大地向前发展了一步，终于使建筑能摆脱沉重的厚墙，让哥特教堂实现了前所未有的高耸与轻盈。

进入20世纪，钢筋混凝土的应用给肋架结构的利用创造了更大的适用范围。最具代表性的当属意大利建筑家奈尔维的作品。他应用肋架结构充分发挥钢筋混凝土的性能，在施工便利、用料最少、自重最轻的前提下建造出轻薄的大空间建筑，并获得了很强的艺术表现力。奈尔维在罗马迦蒂羊毛厂设计中让楼板板肋按主弯矩等应力线布置，这样既减小了楼板厚度，又增加了它的刚性，且实现了一种韵律美（见图5-45）。在罗马大体育宫设计中，奈尔维用预制的钢筋混凝土肋架拱形构件在现场装配成为一个穹顶结构，跨度达到约330英尺，并利用肋架构件的间隙成功地解决了吸声、空调管线穿通和照明问题。

　　另外，当代著名建筑师圣地亚哥·卡拉特拉瓦也曾系统地研究过动物骨骼形态的力学规律，并在他的作品中大量使用了肋架结构，如西班牙巴伦西亚科学城、多伦多 BCE 广场、东方里斯本车站等（见图 5-46）。在卡拉特拉瓦手中，肋架结构不但符合仿生力学原理，而且具有非凡的仿生形态艺术效果。

　　自然界的肋架结构力学原理还为人工结构的改进与发展提供了灵感。下面以哈尔滨工业大学研发的新型现浇预应力混凝土空腹板楼盖为例进行说明。

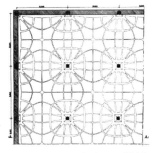

图 5-45　迦蒂羊毛厂楼板

　　此种现浇预应力混凝土空腹板楼盖的基本设计思想受到植物叶片特别是大型叶片受力和传力体系的启示。植物把薄薄的、扁平的叶片撑开进行光合作用并承受外力，叶片上起支承作用的材料并不是均匀分布的，而是集中在叶脉上，叶脉的材料分布也并不均匀，而是周边密实中央疏松，这样的材料分布除有利于输送水分和养料外，在受力方面也是十分合理的。不同种类的植物，叶片形状不同，叶脉分布也不同，但传力路线总是最短的，能直接将外力传到叶柄。薄且扁平的楼盖与叶片具有同样的力学原理，若想用最少的材料跨越最大的空间，就应该做到：（1）要集中使用材料；（2）要将材料分布在截面周边；（3）传力路线要最短最直接。当然，楼盖与植物不同，所用的材料是钢筋混凝土，还应考虑这种材料的力学特性。为了实现大跨度应采用高强材料，而要发挥高强材料的强度，还应采用高效预应力技术。此种楼盖是借鉴叶片支承体系并与高效预应力技术相结合研制出来的，空腹率可达 70%，是目前国内较轻的，其经济跨度可达 24m。这种楼盖外观像板具有上下平整的表面，有与板相近的结构厚度（$h=L/25\sim40$），但实质上是具有工字形截面的网格状肋梁体系，肋梁沿跨度方向设置，间距 1.5~2.0m 并可根据需要布置成单向或双向，预应力筋布置在肋梁内，肋梁还可根据受力需要采用等截面或变截面。上板一般厚 60~80mm，下板一般厚 30~40mm，上下板是肋梁的上下翼缘，共同形成力学性能优良的工字形截面。空腹是用隔声、隔热的轻质材料做模板形成的，轻质材料可因地制宜地选用，如水泥珍珠岩制品、轻骨料混凝土或阻燃型苯板等，这些轻质材料只需要具有一定的强度和憎水性就能满足要求（见图 5-47）。

（a）西班牙巴伦西亚科学城

（b）多伦多 BCE 广场

（c）东方里斯本车站

图 5-46　圣地亚哥·卡拉特拉瓦建筑中的肋架结构

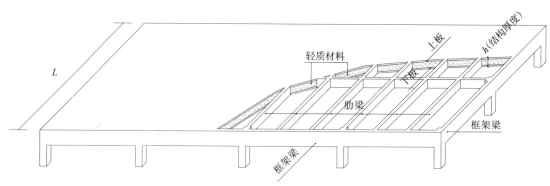

图 5-47　哈尔滨工业大学研制的预应力混凝土空腹板楼盖

5.4.2.2　树状结构

在自然界中，高大乔木的枝干能托举起巨大的树冠，树冠的重力荷载通过层层分级的枝干汇总到主干，并最终传递到地面。树干的结构原理是高效且实用的，可以借鉴到建筑的支承结构之中。

德国建筑结构大师弗赖·奥托在 20 世纪 60 年代首先提出了树状结构概念。此后，树状结构的意义越来越多地引起人们的关注，许多结构工程师和建筑师对其在建筑中应用的工作原理、计算方法和形式表现方面做了大量的探索性工作。从已建成的作品来看，建筑中典型的树状结构具有多级分枝、三维伸展的形态特征。自然的树枝尽管有一定的生长分级规律，但随机性较强。对这类特别复杂的结构进行分析，要靠分形几何来划分单位、构筑形态。作为建筑结构，要有一定的规则性，便于找形和加工。分支节点必须采用相贯形式，以保证形态的真实性，因此对加工精度要求很高。

斯图加特机场候机楼是最为典型的大规模树状结构建筑，它的结构形态是在奥托主持下的轻型结构研究所通过多年试验研究最终确定的。候机大厅屋面向一侧倾斜，内部采用了大型的树状支撑结构体系，呈三级分权（见图 5-48）。大厅面积 82.8m×93.6m，共 12 根树状束柱，柱网尺寸 32.4m×21.6m。由于大厅屋盖的支撑构件众多，横向分枝深远，有助于克服整体结构的水平稳定问题。从表现手法来看，建筑师借用结构形态和现代技术实现了人与自然的亲近。

为了便于设计和建造，树状结构在实际应用中经常被变形和简化处理。变形的树状结构通常是对具象的树状结构作某种抽象化的处理，如把空间树状结构变为平面树状结构。简化的树状结构则是在保持斜向支撑的工作原理基础上，把结构的形态设计成规则的几何形状。V 形支撑可以看作为最简化的树状结构，它可以是钢结构构件，用于支撑柱与空间网架结构屋面间起过渡作用（见图 5-49），也可以是钢筋混凝土 V 形柱或锥形柱，应用范围相当广泛。

图 5-48　斯图加特机场候机楼的树形结构　　　图 5-49　斯坦斯特德机场候机楼的 V 形柱

5.4.2.3　壳体结构

　　壳体是自然界中普遍存在的结构形式，如鸡蛋、坚果、螃蟹、贝壳、种子的荚或昆虫的甲壳等。自然界的壳体结构一般较薄，都是以"曲面"和"刚性"材料为基本特性的，主要抵抗压应力，它们内部不产生明显的弯曲应力，并也能抵抗一定程度的拉力和剪力。壳体是典型的形态抵抗结构，即将材料造成一定的形状而获得强度去承受荷载的结构，壳体赖以获得这种能力的"形"就是曲面。

　　人们很早就对壳体优异的结构性能有所了解，壳体结构在建筑中应用的历史也相当久远，在缺少抗拉性能结构材料的古代时期，拱壳和球壳结构是用砖石建造大空间建筑的唯一途径。20 世纪以来，随着结构科学的发展以及钢和钢筋混凝土现代结构材料的出现，壳体结构取得了长足进步。著名的建筑家奈尔维把钢筋混凝土薄壳结构推向巅峰，创作出一批让技术与艺术完美融合的大空间建筑作品。在罗马小体育宫设计中，奈尔维应用了部分球形薄壳，并让壳体的内部应力与壳体边缘相切，底部的 Y 形支柱沿其切线方向支承，保证了结构的稳定性，并在视觉上传达了合理的力学逻辑，壳体边缘的波浪形处理有助于防止支承柱间薄壳的挠曲。

　　壳体结构具有的省材料、重量轻的特点被巴克敏斯特·富勒（Buckminster Fuller）发展到极致。他认为要对有限的物质资源进行最充分的设计，满足全人类的具体需要，也就是他所说的"最大限度利用资源，最少结构提供强度"。按照这一思想，富勒在 1948 年发明一种称之为"短程线"的几何向量系统，这是一个基本单元为四面角锥体的轻质空间覆盖结构，他用这种结构设计出多面体张拉杆件球体穹隆，穹隆构架的总强度能随着规模扩大按对数比增加。1958 年，富勒在路易斯安那州的巴吞鲁日为联合车厢制造公司（Union Tank Car Co.）设计的铁路列车修理厂应用了此种穹窿结构，其直径为 117m，高度与 10 层

图 5-50　联合车厢制造公司列车修理厂

图 5-51　蒙特利尔世博会美国馆

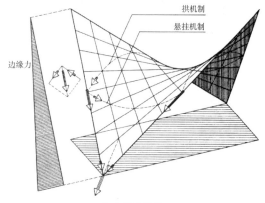

拱机制
悬挂机制
边缘力

（a）传力示意

（b）外观
图 5-52　郑州大学体育馆

楼房相仿，成为当时世界上最大的圆顶建筑。该半球体穹隆由一系列金属或塑料制成的八面体或四面体组成，相当于用相对最小的表面积围合出最大的内部空间（见图 5-50）。1967 年，富勒在加拿大蒙特利尔世博会美国馆中进一步发展了这种结构，创造出一个直径 76m，高 60m 的近似球体，内部的空间容积十分巨大，甚至有一条架在 11m 高空的火车道从中穿过（见图 5-51）。富勒的这一建筑系统经常被认为是对约瑟夫·帕克斯顿在设计水晶宫时所采用轻型预制方法的发展，他的轻质结构在规模上具有极强的扩展能力，在理论上没有尺度的限制，几乎可以是一个包容一切的结构形式，直至做到对气候条件的完全控制，富勒曾以此设想过一个极为壮观的方案，用一个 2 英里大小的半球形穹顶把整个纽约城包容在内。

除了拱壳和球壳外，双曲抛物面壳也在现代大空间建筑结构中大量应用。双曲抛物面壳体结构的承载机制相当于拱和悬索结构的结合，有很好的力学稳定性，壳体中荷载产生的合力系最终还要以轴力形式通过边缘构件传到位于低端的两个支座上。同时，它具有正反两个方向的曲率，造型也十分优美，因此深受建筑师的青睐。根据双曲抛物面壳的传力特点，还可以把多个直边双曲抛物面壳体进行组合，形成一个更有几何秩序的屋盖体系，并且能借此塑造出造型更加丰富的大空间建筑形象（见图 5-52）。

5.4.2.4　纤维结构

在动物界中，拥有利用纤维体的受拉特

征建造"房屋"的高手，蜘蛛就是其中典型的例子。蜘蛛织网的方式很特别，它把网用辐分成若干等份的扇形，辐排得很均匀，每对相邻的辐所交成的角都相等，在同一个扇形里，所有的弦都互相平行，并且越靠近中心，这些弦之间的距离就越远。每一根弦和支持它的两根辐交成四个角，一边的两个是钝角，另一边的两个是锐角。而同一扇形中的弦和辐所交成的钝角和锐角正好各自相等。蜘蛛通过它独特的织网方式将纤维结构的受拉特征充分发挥，使整个网呈现巨大的张力。

图 5-53　蒙特利尔世博会西德馆

　　人们将蜘蛛网的建造原理运用到建筑结构设计中，产生了索网结构，德国建筑师奥托是该领域的奠基者。奥托的研究小组曾发展了一种标准网，能够迅速地预制并适用于多种跨度。这种网先在工厂预制好，运到工地，可在地面或空中装配，并支撑在桅杆上吊起，安装时不需复杂的建筑设备，简便迅速。索网结构的围护材料可吊在索网下，也可铺在网上。1967 年的蒙特利尔世博会西德馆是第一个应用这种索网结构的建筑（见图 5-53），结构索选用直径 12cm 的钢缆，网眼尺寸 5cm×50cm，整个结构有 8 个高点和 3 个低点，由 14m 到 35m 高的桅杆支撑，覆盖了约 8000m² 面积，索网受力由脊索传递给各桅杆，蒙布用带有 PVC 塑料涂层的纤维织物挂在网下，每隔 50cm 设一个支点。奥托还为此项工程专门研制了一种新式网夹，它质量很轻，并可形成任意夹角，在网上每隔 50cm 设一个。这项工程从方案设计到施工结束仅用了 3 个月，简易的构件预制、灵活方便的安装以及可靠的装配引起了世界瞩目。此后，索网结构在建筑领域大量应用。借鉴自然界中纤维结构的工作原理，奥托还发展出充气结构和张拉帐篷结构，并建立了一套生物学建筑理论，它不仅包括将自然的规则直接转化为建筑的结构形式，还包括一种由轻质结构规律所左右的形式发现过程。

5.4.3　结构形态仿生

　　结构形态仿生自古有之，从远古时期的巢居、穴居到古代建筑中立柱和拱券的出现，无不留下模仿自然结构的痕迹。在现代建筑中，结构形态仿生是建筑师通过对生物体形态规律的研究，将功能、结构与形式有机融合，它虽然源于对生物体形态的模仿，但最终要超越模仿并创造出符合建筑特征的新形态。现有的结构形态仿生创作可以进一步分为形式拟态和结构拟态两种方式。

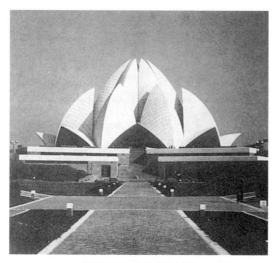

图 5-54　"母亲圣殿"

图 5-55　里昂塞特拉斯火车站

5.4.3.1　形式拟态

在早期的现代建筑中，一些建筑师曾从自然界中得到灵感，创造出具有曲线和弯曲形状的有机建筑和表现主义建筑，如高迪的神圣家族教堂、门德尔松的爱因斯坦天文台、赖特的纽约古根汉姆博物馆等，它们的共同特点是利用混凝土的可塑性来塑造有机形结构形态。

在现代主义建筑成为主流以后，一些建筑师运用结构形态仿生手段突破现代主义建筑千篇一律的"方盒子"形象，表达更为"柔化"且具有隐喻特征的视觉效果，从而缓解人为技术形态对自然和人工环境造成的负面影响。这其中最有代表性的作品是伍重设计的悉尼歌剧院，它位于悉尼湾海边，建筑形象主要采用两排钢筋混凝土壳体组成，象征海上航行的风帆；与之类似的还有新德里的巴哈伊教派"母亲圣殿"，钢筋混凝土壳体模仿花瓣形式（见图5-54）；由埃罗·沙里宁设计的纽约环球航空公司候机楼（TWA）的组合壳体屋顶则是模仿飞翔的大鸟。这些建筑虽然在形象表意方面都取得了巨大成功，但从结构技术的角度来衡量却并不尽如人意。

此外，在20世纪，还出现了一些具象模仿鱼、蝴蝶、海螺、鸟等生物形态的建筑，这些建筑多是用结构方式来被动地实现建筑形态，它们一般采用较为普通的结构技术，在仿生原理方面也较为表面化。

5.4.3.2　结构拟态

在20世纪后期，通过诸多富有探索精神的建筑师的实践，使建筑的结构形态仿生更具技术内涵。卡拉特拉瓦在设计结构形态仿生建筑方面颇有成就，他不仅善于从自然生物的外形形态中获取形式灵感，也善于从人和动物的内部结构形式和运动方式中寻找能体现生命规律和自然法则的结构方法。他设计的里昂塞特拉斯火车站也形似一个展翅飞翔的大鸟（见图5-55），但与沙里宁的纽约环球航空公司候机楼相比结构布置则更为合理。

弗赖·奥托和英恩崔恩合作的德国斯图加特火车，是结构拟态设计的又一经典之作（见图5-56）。建筑的实现主要基于奥托早年所进行的肥皂薄膜最小面积受力试验，试验结果表明：在没有产生张力的情况下，要形成一个单力支持的薄膜必须通过一个带孔"光眼"的组合体方可实现。通过大量试验，设计师最终利用钢网和混凝土材料获得了自然现象中的"光眼"组合体。

英国"未来系统"建筑事务所设计的"诺亚方舟"方案，展示了生态科学技术在建筑中的各种应用可能和巨大的开发潜力。该方案是集生态学展示中心和会议中心为一体的建筑综合体，外面被一对椭圆形屋顶覆盖着，造型如同两只昆虫的巨型"复眼"（见图5-57）。两个椭圆形屋顶的结构和功能十分复杂，具有双层"皮肤"结构，在三角形预应力混凝土和金属轻型结构上，铺设铝合金圆筒和太阳能集热板。第一层的圆筒是为了确保建筑的通风，第二层的集热板可以吸收太阳能，为室内供电和供暖。通风口被设计成圆形，可以有效地利用自然光，也可以增加集热板的受光面积，有利于吸收太阳光线。通风与供热系统是相对独立的，其使用和控制受气候和季节的影响。在夏季屋顶会充分打开，排出室内废气，引入新鲜空气，达到调节自然空气的目的。

5.4.4 类生命体结构

自然界中的生命体是复杂而精致的，它们在产生、生长、成熟和衰亡的过程中，具有自调节、可生长和自循环的特征。将生命机制的特点引入到建筑中，建造具有类生命体特征的"活"的建筑，是当代建筑仿生研究的又一重要方向，而类生命体结构的运用是让建筑具有类生命体特征的重要手段。

图5-56 斯图加特火车

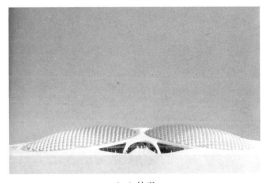

（a）外观

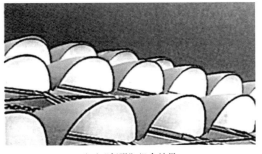

（b）"复眼"构造

（c）"复眼"组合效果

图5-57 "诺亚方舟"方案

5.4.4.1　自调节结构

同所有生命体一样，建筑可以具备自我调节和组织能力，以实现自身整体功能的完善。从结构角度来说，可以通过可变形的结构来实现这一目的，而开合结构（Retractable Structures）是可变形结构的典型代表。

国际上从 20 世纪 60 年代至今已建成 200 余座开合屋盖结构，主要用于游泳馆、网球场等体育建筑。这些工程充分体现了开合结构的优越性：当遇到雷雨风雪天气时将屋盖关闭，而当天高气爽时将屋盖打开，室内外融为一体。

图 5-58　天空穹顶

图 5-59　福冈穹顶

1961 年建成的美国匹兹堡会堂是世界上第一座大型开合结构，平面设计呈圆形，直径 127m，建筑高度 33m，采用回转式开合屋盖，屋盖分 8 块，开启率为 75%，观众席朝向街区，随着屋盖的慢慢开启，街区的楼群轮廓可浮现在观众面前。加拿大蒙特利尔奥林匹克体育场 1976 年就完成了看台部分的施工，但因为经济问题开合屋盖结构直到 1987 年才竣工，屋盖采用上下折叠开合方式，开口部位长径 180m，短径 120m，面积 18000m²，呈椭圆形。1989 年建成的加拿大多伦多天空穹顶，一度是世界上跨度最大的开合结构（见图 5-58）。其屋顶直径 205m，覆盖面积 32374m²，为平行移动和回转重叠式的空间开合钢网壳结构。整个屋盖由 4 块单独钢网壳组成，其中 3 块可以移动，中间部分为两块筒状网壳，可水平移动，两端为 2 块 1/4 球壳，其中一块固定，另一块可旋转移动 180°。屋盖开启后 91% 的座位可露在外面，赛场面积开启率可达 100%，开闭时间约 20 分钟。天空穹顶与著名的多伦多电视塔相临，屋盖开启后呈现在观众面前的是安大略湖和以高 553m 的电视塔为背景的多彩空间。直径 222m 的日本福冈穹顶是当今世界规模及跨度最大的开合结构（见图 5-59）。

该建筑于 1993 年 3 月建成，建筑面积 72740m²，是 1995 年在福冈举行的世界大学生运动会的主会场。屋盖由 3 片网壳组成，最下一片固定，中间及上面两片可沿着圆形导轨移动，因此开合方式为回转重叠式，全部开启可呈 125° 的扇形开口。各片网壳均为自支承，为避免在开合过程中振幅过大在顶部引起覆面材料互相碰撞，在屋顶中心设置液压阻尼减震器。并且，屋盖移动的轨道上装有地震仪，当发生地震时屋盖能自动停止移动。

　　由于开合结构造价较高、施工难度大，维护管理费用要求也很高，所以目前在大跨度建筑中这种结构还十分有限。但开合结构的自调节能力一直受到人们的青睐，一些有特殊要求的中小跨度建筑也应用了这种结构。

　　圣地亚哥·卡拉特拉瓦在中小规模的开合屋盖和动态建筑设计方面作过许多富有成效的探索。1989 年，卡拉特拉瓦曾为位于瑞士苏黎世中心的一个城堡设计了一座餐厅，建筑的主体结构由 9 根 12m 高的金属与玻璃结合的树状支柱组成，每根支柱上都设有一个可以像雨伞一样开合的屋盖，开启后形成露天餐馆（见图 5-60）。同年，卡拉特拉瓦还为纪念瑞士联邦成立 700 周年设计了一座混凝土纪念亭，亭子位于一个漂浮的岛屿上，为了让建筑与基地环境具有动态的呼应关系，亭子的屋顶采用了由 24 片叶状结构构件组成的开合屋盖，由此形成能够变化的形态，屋盖开启时宛如绽放的花朵（见图 5-61）。

　　在 1992 年西班牙塞维利亚博览会科威特馆的设计中，卡拉特拉瓦为了塑造独特的建筑形象，并使建筑在晚上参观时展现不同的风貌，在展馆二层平台上部设置了两组平行排列的手指状活动屋盖，在白天可以遮阳，晚上打开则可以进行露天放映和展览。此展馆的屋盖结构可以通过不同程度的开合来展现不同的建筑形象，完全打开后高度可达到 25m，足以在基地环境中成为一个标志性形象（见图 5-62）。

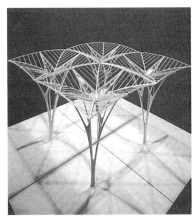

（a）闭合状态

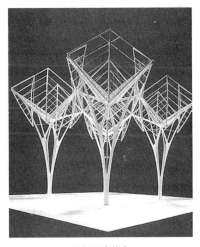

（b）开启状态

图 5-60　堡尚茨利餐厅

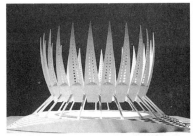

图 5-61　混凝土纪念亭

图 5-62　塞维利亚博览会科威特馆屋顶开启过程

图 5-63　米勒沃克艺术博物馆

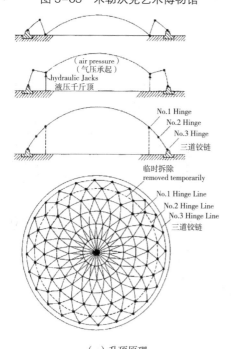

（a）升顶原理

图 5-64　潘达穹顶体系

2002 年落成的美国米勒沃克艺术博物馆，是卡拉特拉瓦迄今为止设计的规模最大的动态建筑（见图 5-63）。该建筑的引桥采用了建筑师擅长的悬索形式，在引桥端部有一对 66m 宽覆盖着接待大厅玻璃天窗的巨型百叶装置，它由 72 只钢制翅条组成，翅条的长度从 8~32m 不等，当翅条张开的时候，像一只展翅欲飞的大鸟。这一构思体现了建筑师把结构形态仿生引入类生命体特征的设计倾向。

可变形的结构对于建筑的建造施工也有特殊的意义。建筑的施工过程中一般都要搭设脚手架，建造大跨度结构更是如此，临时性脚手架的消耗往往非常巨大。潘达穹顶体系的出现改变了这一状况，该种建造方法的特点是在施工时首先将穹顶或相似的大空间结构折叠成不稳定的状态，并拆除桁架式穹顶纬线方向的连接杆件，利用合页状的 3 个铰链构件生成只可以在竖直方向运动的可展开机构。然后，把各部分结构构件在地面进行拼装，在装饰工程和设备工程完成的状态下，利用起重机和临时支撑塔架进行顶升作业（见图 5-64）。整个施工过程不需要临时性脚手架，并且快速、安全。潘达穹顶施工工艺不单纯是为减少支撑的建造方法，更是一种可使形态变化的自调节结构体系，与此类似的还有张拉整体体系

（b）日本浪花穹顶升顶过程

图 5-64　潘达穹顶体系（续）

（Tensegrity System），它们的形成过程就宛如一个幼虫在一瞬间蜕变成展翅飞舞的蝴蝶（见图 5-65）。

5.4.4.2　可生长结构

以丹下健三为代表的新陈代谢学派认为建筑应该像生命体一样，处于不断的生长变化之中。这意味着建筑应该具有良好的应变性，可增加新功能，可改变或扩大原有功能。

丹下在他的一系列作品中充分体现出这种生长与变化的特征。他设计的山梨文化会馆是一座为传媒服务的大楼，丹下借助于十六个内含有电梯、楼梯和各种服务性设施的筒形结构，构成了可随使用过程进行灵活扩展的结构体系。黑川纪章在创作上继承并发展了丹下的思想，他更强调建筑随时的发展产生"变形"的可能性。在 1970 年世界博览会 TB 实验住宅中，黑川设计了可供插入的框架体系，可以根据需要插入由工厂预制的不同功能的可供居住、生产或工作的座舱，或插入交通系统、机械设备等，在体系的末端还可以继续接受新的构件与新的单元，因而形成一种可以无限延伸的结构，随着时间序列的递进而发生各种变化。东京中银舱体楼是黑川另一个利用可生长的结构实现建筑不断发展的作品。建筑中心是一个具有一部电梯和一部楼梯的竖向结构筒，围绕中心筒用两个高强螺栓以悬挑方式固定类似容器的结构单元，整座建筑由140 个外壳为正六面体的舱体组成，这些单元可以根据使用者的愿望增减或更换。谈及这一建筑的创作思想，黑川作了如下评价："这一工程的中心思想并不是寻求大批量生产的优越性，而是寻求在自由地布置单体空间的过程中表达新陈代谢的可能性，同时也是

（a）内部效果

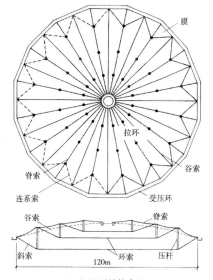

（b）屋顶结构布置

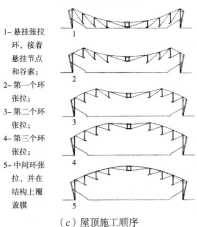

1- 悬挂张拉环，接着悬挂节点和谷索；
2- 第一个环张拉；
3- 第二个环张拉；
4- 第三个环张拉；
5- 中间环张拉，并在结构上覆盖膜

（c）屋顶施工顺序

图 5-65　韩国体操馆整体张拉结构屋顶

 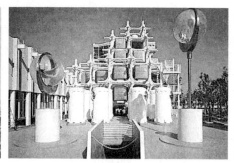 

（a）山梨文化会馆　　　　　　　（b）1970年世界博览会TB实验住宅　　　　（c）中银舱体楼

图 5-66　"新陈代谢"建筑

为了获得一种技术上的自信心"。遗憾的是，这座大楼自建成至今还从没有实现过"生长"。新陈代谢学派的实践作品虽然有限，但其思想为之后在建筑设计中考虑提供弹性的改造与扩建的可能，实现可持续发展，起到了理论指导作用。（见图 5-66）

5.4.4.3　自循环结构

主要方向是利用结构体特殊的性能实现建筑的重复利用。折叠结构（Deployable Structures）是一种典型的自循环结构，它具有用时展开、不用时可折叠收起的特点，一般可以重复使用，且折叠后体积小，便于运输及储存，与永久性建筑物相比不仅在施工上省时省力，而且可避免不必要的资金再投入而造成的浪费。

实际上，折叠结构的应用历史十分悠久，雨伞就是最常见的折叠结构，而帐篷、蒙古包是折叠结构在建筑中的早期应用形式。随着人们对"折叠"概念逐渐理解，折叠结构在计算理论上及结构形式上都得以很大发展，目前这种结构已得到了广泛的工程应用。在生活领域，可用于施工工棚、集市大棚、临时货仓等临时性结构；在军事上可用于战地指挥、战场救护、装配抢修及野外帐篷等，对提高部队的后勤保障能力、增加部队战斗力有重要意义；在航空航天领域，折叠结构有着不可替代的地位，已用作太阳帆、可展开式天线等。

由 M·G·迈克拉伦和布罗·哈波尔德合作设计的纽约卡洛斯·莫斯利音乐棚可以作为当代折叠结构建筑的代表性实例。这个音乐棚是提供都市歌剧院和纽约交响乐团在纽约公园进行音乐演出使用的，其主要功能是为音乐家和表演者提供一个演出场地，舞台需要能够在运到现场后几个小时内组装起来，演出结束后再运走，并且不留任何痕迹。整个结构用 7 辆卡车运送到公园，这些卡车同时也是结构基座，其中 3 辆分别承载 3 个 20m 长的支撑桁架，桁架中间以可折叠的铰连接，并在 24m×12m 舞台的周围以特定的角度固定。整个结构体的展开过程为：第一步，前端的两根桁架在牵引机的作用下，在拖车的临时地板上将其升起，平直地跨过舞台，展开后自锁固定；第二步，前端两根桁架相连的顶端与第三根仍然折叠的桁架顶端连接，让第三根桁架跨过舞台中央呈直角；第三步，让与牵引机相连的拖车向舞台外拖拉，使折叠的第三根桁架逐渐展开并提升另两根桁架，直至 3 根

图 5-67　卡洛斯·莫斯利音乐棚的展开过程

支撑桁架完全锁定；第四步，在三脚支撑的结构下方悬挂织物顶棚及照明装置（见图 5-67）。

　　此外，通过结构改造对既有建筑的原有使用功能进行置换或完善，并使既有建筑的生命周期得以循环和延续，也是实现建筑类生命体特征的重要方式。世界城市发展的历史表明，任何国家城市建设大体都经历三个发展阶段，即大规模新建阶段、新建与维修改造并重阶段以及主要对旧建筑更新改造再利用阶段。西方发达国家从上世纪 60、70 年代起，为了改善城市生存环境，让旧城区重赋活力，开始在大城市及城市中心区大量对一般性旧建筑进行改造与更新，把城市中的一般性旧建筑同样看作社会生产、生活和历史发展的载体，重视此类旧建筑在经济、文化和生态层面的价值，通过合理的改造，充分挖掘旧建筑的可利用潜能，避免了经济资源和文化资源不必要的浪费，使旧建筑及其所在的城市区域再现生机。目前，我国的城市空间形态正在由水平拓展为主的平面模式向以调整、配置、组合再开发为主的立体模式转变，追求城市空间的内涵发展质量取代了城市建设的外延扩展规模，开始成为城市规划的主导思想，这意味着我国的城市建设即将进入新建与维修改造并重的新阶段，有计划地对一般性旧建筑进行改造和更新已势在必行，需要建筑师做好相应准备。

5.5　本章小结

　　（1）结构正确性原则。结构正确性是工程学意义上的、可证明的正确性，是自然科学的范畴。从现实的建筑创作角度出发，可以认为结构正确性原则中的"正确"是合理范围内的正确，是相对的正确，只有这样它才能在建筑的系统中上升为一种代表"建筑正确性"

的原则。遵循结构正确性原则具有本体和表现的双重意义，它既有服从于自然法则的内涵，也是实现建筑艺术表现力的手段。

（2）结构与内部功能整合。在建筑中，结构担当的主要角色就是让建筑保持形态，以实现各种空间功能和非空间功能。结构依据的原则受自然法则的影响，功能则反映着人们的各种现实需求。正是"结构理性主义"与"功能主义"思想的结合直接推动了现代建筑的产生与发展。因此，可以认为结构因素和功能因素的相互整合是建筑设计中的最重要环节。

（3）结构与外部环境整合。建筑的外部环境所包含的内容十分广泛，其中，能够对结构产生影响的主要有形体环境、气候环境和文化环境三个方面。"合规律性"的结构技术在与"合目的性"的使用功能整合后，又一同在环境中彰显出"场所精神"。

（4）结构与仿生。"仿生"设计理念在当今建筑形态设计中占有重要位置。21世纪称为生命科学的时代，自然与生命现象本身就是一个巨大的复杂性系统，为人类提供了广阔的未知领域，建筑形态作为一种技术与文化的载体，需要对此做出反应。结构仿生是建筑仿生中最为成熟的分支学科，并且应用前景十分广阔。结构工程师和建筑师通过对生命体生成规律的研究，能够创造出新的仿生结构和建筑形态。

第 6 章　建筑形态建构的结构物化表现

在运用结构建构方法模式进行的建筑创作中，结构物化表现阶段是让建筑形态所依附的结构形态与符合结构材料特征的形式架构相互作用，以此形成物化的结构形态，并让建筑形态实现源于技术又超越技术的美学表达，最终确定具体的建筑形式。结构材料首先是材料，它们除了具有可以形成建筑结构的相关力学特征外，同时还具有符合材料自身状况的、由生产加工、构件制作、施工工艺所决定的建造特征，这决定了结构的物化表现应该是对结构材料综合特征的综合呈现。另外，各种结构材料都有各自的综合特征，彼此之间的不同点往往要多于相同点，即使具有相近力学特征的两种结构材料，也不总能形成相同的结构形态，而经过物化的结构表现出的建筑之美更是差异明显。基于上述考虑，对结构物化表现阶段的研究易于从各种结构材料的性能与建构特征入手，在此基础上探寻符合结构力学逻辑和建造逻辑的建筑形态表现规律。

6.1　结构材料的性能与建构特征

现代建筑以来，建筑的结构材料极大丰富，从一直沿用的传统砌体材料、木材，及其经现代技术改进后的新品种，到钢铁和钢筋混凝土，再到结构玻璃、膜材等新型结构材料，当前的绝大多数建筑结构都是用它们来制作的。因此，对上述主要结构材料的性能与建构特征进行研究，可以具有广泛的代表性和适用性。

6.1.1　砌体材料

砌体是一种复合材料，由单个的石头、砖或砌块用砂浆砌筑而成。从形成砌块所使用的主要材料和制作过程看建造用的砌块大致可以分成三种：经过烧制的黏土砖、开采的天然石材和各种新型砌块材料。这些材料作为构成建筑的受力构件具有以下两个特点：第一，材料的性质为受压材料且在构成建筑时基本的受力状态为受压；第二，具有相同的或相近的尺寸，具有某种数的关系，并且这一尺寸符合人的操作尺度。

6.1.1.1　物理特征

砌体材料具有共同的物理特征，即中等的抗压强度、很低的抗拉强度和比较高的密度。这决定了在砌体材料构筑的结构中主要内力宜为压力，制成柱、墙和像拱、穹顶这样的受压模式构件。在梁柱体系结构中，通常砌体只作竖向承重构件，而用作承重梁时跨度十分有限。当用砌体构筑大跨度结构时，则必须采用拱或穹顶形式，因为此时的结构内力中拉力和弯矩是最小的。在砌体承受较大弯矩处，如承受风荷载的外墙，墙的整体厚度必须足够大，需要通过加大截面面积的惯性矩来保证拉伸、弯曲应力尽可能小，但此时达到有效厚度的墙体可以改进为空心的，材料的用量可以更少，西方传统建筑中的扶壁柱就是应用这一原理来增加砌体结构的稳定性。

6.1.1.2 建构特征

砌体都是由很多非常小的块状基本单元组成，它们的砌筑方式多样而且简便，在不需要精密的设备或尖端技术的情况下就能很轻易地产生出复杂的几何形体，并可以通过一些简单的方法来建造大尺度的结构。叠砌是最原始、最基本的建造方式，工人按一定的组砌方式，或以砂浆为粘结材料，砌筑成砌体结构，砂浆连接没有增强结构的坚固性，只是提高了材料之间荷载的传递效能，可以适应不同的传力趋向。横梁、拱门、石拱形圆顶、扶壁、尖塔等各种能解决大跨和特殊造型要求的构造方式都是后来在叠砌方式的基础上逐渐发展出来的。砌体的不足之处在于砌筑水平跨结构如拱和拱顶时，合龙前需要有临时的支撑。

另外，砖石类材料非常耐用，这种特性让它们在建筑物内外均可采用。砖石还是一种有利于环境的材料，在多数地区都可以就地制作某种形式的砖石材料，因此不需要长距离运输，这也是长期以来砖石类材料一直在建筑中大量应用的主要原因。

6.1.2 木材

从远古时代起，木材就被用作为结构材料。它既具有抗拉强度又具有抗压强度，因此在结构功能方面适宜制造承担轴向压力、轴向拉力和弯曲荷载的构件。在现代建筑中，木材被广泛应用于建造住宅，包括制造结构框架、楼板和屋顶。另外，如椽、地板梁、框架、桁架、各种类型的组合梁、拱、壳和折板构件等也都可以用木材制成。

6.1.2.1 物理特征

木材是一种生物材料，这决定了它的物理特性。木材由长纤维细胞组成，长纤维细胞与树干平行排列，由此与年轮形成的木纹相平行。细胞壁的纤维材料使木材具有强度，木材轻的原因也是由于细胞内部结构所造成的，因此木构件具有较低的密度。

木材顺纹抗拉强度最高，而横纹抗拉强度很低。由于与木纹平行，强度在拉力和压力方面近似相等，径切的木板能够被用作为构件来承担轴向压力、轴向拉力或弯曲类荷载。在与木纹垂直的方向上，木材的强度不大，仅为顺纹抗拉强度的 1/10~1/40。因此纤维在受到这个方向上的压力或拉力时会很容易破坏，并且在破坏前变形很小，没有显著的塑性变形，属于脆性破坏。

木材的受剪可分为截纹受剪、顺纹受剪和横纹受剪。截纹受剪是指剪切面垂直于木纹，木材对这种剪切的抵抗能力很大，一般不会发生这种破坏；顺纹受剪是指作用力与木纹平行；横纹受剪是指作用力与木纹垂直。横纹剪切强度约为顺纹剪切强度的一半，而截纹剪切则为顺纹剪切强度的 8 倍。木结构中通常多用顺纹受剪，剪切破坏属于脆性破坏。

6.1.2.2　现代木结构的建构特征

与传统的木结构技术相比，现代木结构技术已焕然一新，主要表现在材料加工和性能上的进步、结构效能的创新和突破、构造应用及建造过程的逻辑合理和精美化三个方面。

（1）新型材料

传统木构建造术一直以原木及锯材作为主要建造材料。随着科技的发展，20 世纪木材产品取得了很大的进步，已能制造出性能更好的木质复合材料，主要包括叠层木材和复合板。叠层木材是一种通过将较小的矩形截面实心木杆件粘合在一起组成具有大截面矩形杆件的工艺，它的显著优势在于允许用锯材制造比实际可能性更大的实心截面杆件。一般情况下，叠层木材的质量和强度要高于锯材，这是由两方面原因决定的：一方面是在粘合之前，小截面的基本构件比大型的锯材构件能够更加有效地自然干燥，并有较少的自然干燥瑕疵；另一方面，采用榫接方法能使连接处的强度损失最小，并可以除去组合材中的主要瑕疵。复合板是由木材经胶粘结后制成的复合材料，主要品种包括胶合板、板条芯胶合板和刨花板等，所有这些板都是薄板形式的，其中胶的注入量很大，产生了良好的尺寸稳定性，减少了各向异性性能。多数复合板对于钉和螺钉的应力集中现象有较好的抵抗能力。复合板通常用来作为次要构件，如组合木结构中的节点板。复合板的另一个常见用途是作为 I 形或箱形截面复合梁中的腹板构件，而锯材作为翼缘。

（2）新型结构体系

传统木构建筑的结构，以梁架式、穿斗式和井干式最为普遍。面对当代建筑的种种新要求，特别是在大跨度结构方面，传统木构建造术往往无能为力。现代木材加工技术的进步使得木构件的结构性能大幅提高，特别是复合结构用材的出现改变了人们传统概念中对木材的认识。经过高度工业化的加工制作，甚至可以用叠层木材制成一体化的大型拱或门式框架，从而扩展了现代木结构在当代建筑中的应用范围。另外，虽然同等截面的木材强度不如钢材，但木材的密度较小，单位重量的木材强度并不比钢材差。在钢结构的设计运用发展到相当成熟之后，钢结构的结构体系和构造做法也被现代木结构加以借用，使木结构的应用范围延伸到了钢结构的领域，在网架或桁架等结构中可以用木杆代替钢杆。

（3）新型构造节点

构造设计一直是木结构设计中最为繁琐的环节，传统的木构造多采用榫卯方式，构造断面之间相互进行切割，相应的受力面积减小，造成节点处应力集中，往往需要增加结构辅助用材，节点也由此变得复杂臃肿，结构造型更加困难。在现代木结构建筑中，钢节点得到广泛应用，主要包括螺栓、铆钉、点节板、预制钢构件、空间球形节点、铰节点、板式钢节点、钢箍拉接件、拉索销式节点、铸钢节点等。同木结构的榫卯交接方式相比，钢节点受力更为直接合理，同时钢节点相对木材体积大为减小，在处理复杂的交接时更加游刃有余。现代木结构设计中，节点也作为造型的一部分被积极地展示出来，反映出一种新的美学取向。

6.1.3   钢筋混凝土

混凝土是一种材料，由胶结材料、水和粗、细骨料按适当比例配合，拌制成混合物，经过一段时间后硬化而成。配筋后的混凝土就成为了钢筋混凝土。

6.1.3.1   物理特征

混凝土是被看成为一种人造石，具有密度大、抗压强度较高，而抗拉强度很低的特性（一般仅为抗压强度的 1/10~1/20）。未加钢筋的素混凝土与砖石的性能相当，古罗马时期曾用素混凝土结构建造出大型拱顶和穹顶建筑。由于混凝土和钢筋的线性系数相近，且有牢固的粘结力，所以常用钢筋弥补混凝土抗拉强度低的缺点，这大大拓宽了混凝土的适用面。钢筋混凝土材料的各种力学强度都很高，除了有抗压强度外还有抗拉强度，适合于制造各种类型的结构构件，包括承受弯曲荷载的构件。因此钢筋混凝土在结构布置中具有高强度，并能制成相当细的杆件，也能用来建造大跨度结构和多层、高层结构。

6.1.3.2   建构特征

混凝土与砖石相比，最大优势在于它在施工过程中是以流体状态出现的，这会产生三个重要结果：首先，这意味着其他材料能够很容易地加到混凝土里面以增强它的性能，如制成钢筋混凝土；其次，流体状态的混凝土可以浇筑成各种各样的形状，而在内部钢筋的配合下又能让复杂的几何形状同时具有结构性能；第三，浇筑过程允许各构件之间进行有效连接，由此产生的结构有很好的整体性，大大增强了结构的性能。

利用混凝土的流动性也易于实现结构效率很高的结构模式，其中以钢筋混凝土薄壳最为优异，这些壳体的实效很高，100m 或更大的跨度已经出现，壳体厚度只有几十毫米。很好的结构整体性还让人们有可能建造出雕塑般的建筑形象来表达特定的建筑含义，这是其他结构材料所无法做到的。尽管混凝土能够浇筑成复杂的几何形体，但人们通常还是比较偏爱比较简单的形状，因为这样做在施工中比较经济。因此大多数钢筋混凝土结构都是由直梁和直柱组成的框架形式，具有简单的矩形或圆形实心截面，用于支撑等厚度的平面板。浇筑这类结构的模板制造和安装都很简便，因此价格便宜，并且还能在相同的建筑中重复使用。虽然这样布置的结构效率并不高，但在跨度小的结构中却是很理想的。而在需要更大跨度的地方，则采用更为有效的截面和断面，常采用的作法是肋形板和楔形梁断面。

6.1.4 钢材

钢是一种具有良好结构性能的材料，在抗拉和抗压方面都具有高强度，几乎可能等效地抵抗轴向拉力、轴向压力和弯曲类荷载。钢的密度高，但强度与重量之比也高，因此只要结构形式能确保材料被有效利用，钢构件的组成不会超重，但在承担弯曲荷载的地方，需要考虑材料在截面和断面上的有效分布。

6.1.4.1 物理特征

钢材的种类很多，性能差别也很大，而用于结构工程的钢材却具备一些相同的物理性能：

（1）自重轻而承载力大，属于轻质高强材料，如钢屋架的重量只有混凝土屋架重量的1/4 至 1/3，因此钢结构能承受更大的荷载，跨越更大的跨度。

（2）钢材更接近于匀质等向体，设计时就是利用其弹性工作阶段变形很小，与力学计算中采用的假定相符合这一特性，所以与其他结构材料相比，钢结构中的实际内力与力学计算结果最为吻合。

（3）钢材的塑性与韧性好，为结构的安全可靠性提供了充分的保证。当钢材被拉断时，伸长率可达 20% ~30%，而且在变形过程中有明显的屈服点和塑性变形阶段，因此钢结构在一般情况下不会因偶然荷载或局部荷载而突然断裂破坏，与砌体和混凝土等脆性材料相比，钢构件具备更大的结构可靠度。

（4）钢材的耐火性差，从常温到150℃，性能变化不大，超过 150℃后强度和塑性将急剧下降，到达 600℃，强度几乎降为零。相比之下，砌体结构和钢筋混凝土结构有更高的耐火能力。

（5）钢材的耐腐蚀性较之砖、混凝土等材料差了很多，这决定了其表面处理方法的重要性。

（6）钢材导热、导电性强，这决定了钢结构与围护构件的构成关系，以防止冷（热）桥效应的产生。

（7）钢材具备可焊性，除此之外还可以采用粘接、铆接、螺栓连接等多种方式，使不同构件之间、钢材与其他材料之间的连接更加方便，这是非金属类材料所难以比拟的。

6.1.4.2 建构特征

钢构件的形状很大程度上受到钢材制造工艺的影响，按照制造工艺的不同钢材可分为热轧钢材、冷轧钢材和铸钢三种类型。在建筑中使用的钢结构构件大部分都是由热轧型材制成的，它们各边平行、截面相等，并且相邻边垂直，这对于结构的布置和整体形状有重要的影响。近年来，已经研制出多种方法，能将热轧结构钢构件弯曲成弧形断面，扩大了结构用钢的形式范围。结构钢构件还可以通过铸造形成非常复杂的特定形状，然而生产铸钢构件仍存在许多问题，需要在整个过程中保证铸造方法正确、质量统一，因此铸钢构件在现代建筑时期还较少应用，但随着技术的进步使它在当代重新焕发生机。

制造工艺也在多方面影响着钢结构所能达到的实效水平。通常不可能生产出专门用途的特定截面，因为这需要有专门的设备，并且所需资金远远超出单个项目的预算成本，出于经济考虑往往采用标准截面型钢，这就要在实效方面作必要的让步。解决的办法是采用特制构件，这些特制构件是由标准部件焊接在一起制成的，如 I 形截面可以由三块平钢板焊接而成，但制造成本要大于采用标准轧制钢材。仅使用轧制钢材作为构件的另一个缺陷是截面总是标准恒定的，因此沿长度方向上是等强度的，而多数结构构件在不同截面上的内力是不相同的，要求构件沿长度方向具有不同的强度。当然，也可以在有限范围内改变所需要的截面尺寸。例如，一个 I 形截面构件在进深方向上能够通过从腹板上切掉一两个翼缘，将腹板切成楔形面，然后再将翼缘重新焊上的做法加以改变。同样，按照上述方法楔形 I 形梁也可以通过三块平板焊在一起而形成一个 I 形截面。

总的来说，钢是一种可靠性能好、强度大的材料。它能够生产出轻质细长的结构，具有一种整洁、精度高的视觉效果。它也能生产出大跨度或高层结构。尽管生产过程对于钢框架的形状有一定的限制，但垂直的、边与边平行的杆件产生出来的整体形状非常规则，同样受人青睐。

6.1.5 结构玻璃

长期以来，由于自身性能的限制，玻璃只能用于门窗采光。随着钢化玻璃及夹胶玻璃的出现，使玻璃在强度和安全性能方面都得到保证，从而玻璃越来越多地作为结构构件，在结构体系中承担部分或全部的结构承载功能。

6.1.5.1 物理特征

除力学性能外，结构玻璃与普通玻璃的性能相同，自重为 2500kg/m^3，热膨胀系数为 9×10^{-6}，与钢材相近，这使得钢材和玻璃能够用于同一结构，发挥各自特长。另外，玻璃的耐腐蚀性能强，可抵抗强酸的侵蚀，因此玻璃结构的防腐费用较低。

目前，结构用玻璃主要类型有 3 种：普通浮法玻璃、钢化玻璃和半钢化玻璃。普通浮法玻璃是平板玻璃的一种，在力学性能上有点像混凝土，是一种脆性材料，抗压性能好、抗拉性能差，应力应变关系表现为线性，弹性模量在 70~73GPa 之间，约为钢材弹性模量的 1/3，经过热处理后玻璃的性能可显著改善，淬火玻璃的抗弯强度则可超过 120MPa，甚至可达到 200MPa；钢化玻璃是一种预应力玻璃，通常使用化学或物理的方法，在玻璃表面形成压应力，玻璃承受外力时首先抵消表层应力，从而提高了承载能力，改善了玻璃的抗拉强度，抗弯强度是浮法玻璃的 3~5 倍，抗冲击强度是浮法玻璃的 5~10 倍，提高强度的同时亦提高了安全性；半钢化玻璃又叫强化玻璃，是介于普通浮法玻璃与钢化玻璃之间的一个品种,生产过程与钢化玻璃相同,仅在淬冷工位的风压有区别,冷却能小于钢化玻璃。它兼有钢化玻璃的部分优点,如强度高于普通浮法玻璃,表面压应力在24~52MPa,同时又回避了钢化玻璃平整度差,易自爆,一旦破坏即整体粉碎等不尽如人意之处。

上述三种玻璃根据要求还可以制成夹胶玻璃、中空玻璃等。夹胶玻璃至少由两片玻璃通过一层弹性和抗拉性能较好的薄膜PVB夹合而成,其抗冲击、隔声、遮阳等性能明显优于单片玻璃。更重要的是夹层玻璃有很好的残余强度,即在所有单片玻璃破碎的情况下,通过薄膜使整个玻璃单元在一定时间内和一定荷载下不脱离。中空玻璃至少由两片玻璃组成,其间由空气层(一般为8~16mm)分隔开,中空玻璃一般用于保温、隔声、遮阳要求比较高的玻璃结构中。

6.1.5.2　建构特征

总的来看,结构玻璃材料的连接可以分成两大类:一是用结构胶粘结,二是采用金属件连接。目前结构用玻璃胶主要是硅酮密封胶。而采用金属件连接则是借助于机械加工的金属连接件将玻璃与玻璃或玻璃与金属连接起来,金属材料一般为不锈钢或铝,连接方式又可分为通过摩擦连接和点式连接的多种方式,主要包括夹板连接、补丁板式连接、MJG连接、螺栓连接和球铰连接几种情况。

(1)硅酮密封胶连接

使用结构硅酮胶连接玻璃是普遍采用的玻璃连接方法。该方法的优点是荷载分布均匀;缺点是对施工环境有一定要求,连接处变形较大,时间长可发生小的蠕变。

(2)夹板连接

由于玻璃的抗压强度较高,因此玻璃可以采用夹板连接的方式,即首先将接触面进行表面处理(喷砂或酸蚀),将其处理粗糙后,用带有垫片的两片钢板夹住玻璃,通过拧紧螺栓使钢板和玻璃之间产生足够的摩擦力。这种连接的优点是连接处无应力集中,但要精确地确定结合层的摩擦系数有一定困难。在这种连接中,玻璃上可以钻孔,也可以不钻孔。当钻孔时,螺栓杆在荷载作用下并不与孔壁接触,因此孔不需要精制。

(3)补丁板式连接

这种连接是在玻璃板边缘或角部打孔,用螺栓穿过,并将两片金属夹板夹紧,且与支承结构连接,金属夹板与玻璃之间用结构胶粘结,螺栓杆与孔壁之间有一定间隙,故也无须精密制孔。

(4)MJG连接

MJG(Minimum Joint Glass)的连接法是对补丁板式连接的改进,也是一种摩擦连接。将4块相邻玻璃的角部放置在带有十字肋的底板上,底板固定于支承结构上,再用一根主螺栓穿过盖板,将盖板与底板连接,同时将玻璃压紧,玻璃板与底板和盖板之间放置垫片,4块玻璃板之间放置间隔条,这种连接可避免在玻璃上打孔。

（5）螺栓连接

直接在玻璃上打孔，将螺栓穿过孔，拧紧螺栓将玻璃固定，栓头和栓杆分别与玻璃板面和孔壁接触，并传递荷载。螺栓连接对玻璃板几乎是完全约束，连接处容易产生很高的应力集中，故常用于玻璃板面较小、荷载不大的情形下。为了减少孔边的应力集中，要对孔壁进行精磨抛光，还可使用垫圈弹簧板等"软连接"加以改进。

（6）球铰连接

这是目前应用最广泛的一种连接形式。其方法是在玻璃角部打孔，在孔中安装夹具。由于夹具和孔要紧密配合，故对孔的精度要求较高，同时孔壁也要求抛光。在将多块玻璃连接在一起的情况下，一般需要钢爪先和玻璃板角部的球铰螺栓连接，然后再与支承结构连接。常见的钢爪一般有 H 形和 X 形两种。H 形最初使用于法国的拉·维莱特科学城工程，因此也称为拉·维莱特体系，它的构造较复杂，这种构造的肢间实际上为机构，玻璃板不仅可以自由地在平面内转动，还可以产生平面外相对运动，以适应主体结构的变形；X 形爪的构造简单，应用也很广泛，爪的各肢间为刚接，约束了玻璃板在平面内的运动。

6.1.6　膜材

膜材是 20 世纪中期出现的新型建筑材料，它是高分子聚合物涂层与基材层按所需要的厚度、宽度，通过某些特定的加工工艺粘合在一起的产物，具有质地柔韧、厚度小、重量轻、透光性好的特点。

到目前为止，在世界范围内常用的结构膜材有三种：PTFE 膜材，由聚四氟乙烯（PTFE）涂层和玻璃纤维基层复合而成，且 PTFE 的含量大于 90%；PVC 膜材，由聚氯乙烯（PVC）涂层和玻璃纤维基层复合而成；加面层的 PVC 膜材等，由 PVC 涂层和聚酯或聚氨酯基布复合，并在表面满涂聚偏氟乙烯（PVDF）或聚氟乙烯（PVF）。

6.1.6.1　物理特征

膜材料具有独特的材料性能，随着材料技术的进步，它的性能也在不断发展，相对于传统材料而言某些方面的优势越来越大。

（1）力学性能

中等强度的 PVC 膜，其厚度仅 0.61mm，但它的拉伸强度相当于钢材的一半；中等强度的 PTFE 膜，其厚度仅 0.5mm，但它的拉伸强度已达到钢材的水平。膜材料的弹性模量较低，这有利于形成复杂的曲面造型。

（2）光学性能

膜材都具有透明或半透明的光学性能，特别是 PTFE 膜能允许光谱中很宽范围的光线通过，甚至可以比玻璃透过更多有益于植物生长的光线。

（3）**隔声性能**

单层膜隔声仅有 10dB 左右，因此往往用于隔声要求不太高的活动场所。提高膜结构的隔声效果需要借助其他手段。

（4）**防火性能**

一般认为 PTFE 膜材是不可燃材料，PVC 膜材是阻燃材料，它们都能满足目前世界各国的防火规范。

（5）**保温性能**

单层膜材料的保温性能介于砖墙和玻璃之间，采用双层膜结构，夹层填充空气可以提高保温性能。同其他材料制成的建筑一样，膜结构建筑内部也可以采用其他方式调节内部温度，例如在内部加挂保温层，运用空调采暖设备等。

（6）**耐久性能**

一般来说，PTFE 膜材的寿命在 25 年以上，PVC 膜材的寿命为 10~15 年。

（7）**自洁性能**

由于 PVC 材料对紫外线的化学不稳定性，在阳光照射下涂层易离析发黏，粘附灰尘，不易被雨水冲刷掉。加面层的 PVC 膜材能有效地改善自洁性。PTFE 膜材自身则具有很好的防污染自洁性能。

膜材料的这些性能和膜结构紧密地结合在一起，结构的需要推动材料的发展，而材料的不断革新也促进各种新型的膜结构建筑出现。

6.1.6.2 建构特征

膜结构的主要建筑材料是钢材和膜材，在设计过程中尤其需要考虑到膜材料的加工制作特点。

（1）**剪裁**

在对膜材进行剪裁之前需要进行剪裁分析，即在预应力状态下的曲面形体上寻求合理的裁剪位置及其分布，然后按照一定的方法将三维曲面展开为二维平面。分析过程中还要考虑到膜材的内应力问题，原因是膜材在加工成型设备上运行时是属于硬定型，高分子链被强迫沿某一方向进行拉伸，在使用中，如果温度、湿度合适，高分子链即会回缩至自由状态，造成整体结构变形。尤其在对膜材进行热合焊接时，更要使热熔合缝两边的膜材充分释放内应力。蠕变也是设计中要考虑的一个问题，膜材在受牵拉力的作用下，随着时间的推移，本身会越来越松弛，因此在设计时要增加预调装置，以便在日后可以随时将膜材绷紧。

（2）**连接**

膜结构中的膜体单元要由多个较小的膜片和背贴条用热熔合的方式焊接在一起，焊接方案应根据排水方向和膜片连接节点确定。膜体与钢结构或两个膜体之间用带有螺栓的夹板连接，夹板的规格及夹板间的间距均需要经过严格的设计。

本节讨论的结构材料性能与建构特征，决定了建筑结构逻辑的基本特征，是建筑形态建构创作中进行结构物化表现的最基本依据，也是进一步研究的基础。

6.2 力学逻辑的物化表现

每种材料都有其独特的属性，这些属性决定了它的结构逻辑与其他材料的差异性。结构逻辑的重点在于力学逻辑，其优劣的判断依据在于结构内力传递与建筑形式是否统一。一般说来，建筑的形式应与材料形成的承重结构具有一致性，即形式要满足结构作用力的传递，而建筑中为传递各种荷载形成的结构受力关系又必须与结构材料的力学性质相符合，这是任何建筑得以坚固、稳定存在的条件。

6.2.1 受力状态的精确表达

"形是力的图解"原是英国动物学家汤普森（D·Arcy Thompson）的名言，随着结构设计理论的完善，已成为当代许多重视技术依据产生形式的建筑师普遍认同的信条。经建筑师和结构工程师紧密配合，根据力学计算可以让结构材料的用量和分布更加精确。在以杆件类型构件为主的空间结构体系中，这一点表现得尤为清晰。

钢结构的一个重要特征是构件的受力状态可以是显性的，经过精心设计的钢结构能够明确地表达材料的实际受力状态，这是其他结构材料不能比拟的。因此，结构受力的明晰、建造逻辑的真实成为钢结构建筑表现的重点。尼古拉斯·格雷姆肖建筑事务所和安东尼·亨特工程事务所合作设计的伦敦滑铁卢火车站的屋顶是借助结构受力图发展出最终形式的一个典型范例。设计师出于减小钢结构构件尺寸的考虑，选用三铰弓弦拱作为屋顶的主要结构，由于站台空间的不对称，屋盖结构需要在一侧陡然升起，而另一侧则较为平缓。这种非对称形式在重力荷载作用下，两侧的结构要分别产生上、下不同方向的弯矩。设计师顺应了这一内力分布特征，因势利导地将两侧拱形桁架的受拉弦和腹杆布置在与结构弯矩相一致的位置。整个车站屋顶造型既与内部使用功能高度统一，又实现了结构材料的优化布置，同时借助非对称的结构形态活跃了建筑形象（见图6-1）。

由德国GMP事务所设计的2000年汉诺威世博会13号展厅，其结构构思与滑铁卢车站非常类似。为了获得无柱的室内空间，设计者采用了一种索－拱复合结构，拱的两侧拉杆在外面，

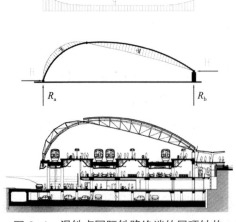

图6-1 滑铁卢国际铁路终端的屋顶结构

拱的中间拉杆在内部，拱结构的巧妙设置使得结构外形与弯矩图非常形似，保证了结构的高效，拉与压的内力平衡也体现出钢结构特有的力学逻辑（见图6-2）。

在以上两个实例中，以结构形态形成的建筑形态都做到了"形是力的图解"，这是设计者采用结构内力分析方法来进行形态设计的结果，实现了结构逻辑表现的极致。应当指出的是，此类结构更适合用杆件类型构件来实现，这恰恰与钢材的初始状态相一致。而对于同样具有优异力学性能的钢筋混凝土来说，由于需要进行整体浇筑，而且模板系统也不宜过于复杂，使得它无法实现这种从整体到细部都与受力状态精确吻合的结构。除钢结构外，现代木结构中用叠层木材作压杆、钢索作拉杆，也可以实现结构形态与内力分布的吻合，上一章提到的特拉弗西桥就属这种情况，如图5-21所示。

（a）外观

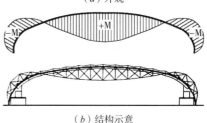

（b）结构示意

图6-2 汉诺威世博会13号展厅结构

6.2.2 结构理性的美学诠释

现代建筑的结构表现源自理性主义的设计方法，而结构理性是现代建筑的一个重要思想成分。所谓的结构理性有两层含义：一是用理性的方法分析和设计建筑结构；二是从美学的高度理解建筑结构。从结构理性的角度出发，建造的目的往往希望达到对建筑结构清晰明确的表达。从美学上对结构形式的选择，除了必备的结构合理性，以及与功能理性的统一，还必须使结构与建筑形式之间达到某种关联，这个关联的要旨在于建筑形式是否能满足结构上作用力的传递，就是说要按照材料和结构体系的特有逻辑来处理形式问题。换句话说，在用结构理性的方法分析结构时，目的是对结构进行一些特殊的处理，使其达到非同一般的表现效果，而且只有这样才能做到结构表现。

6.2.2.1 钢结构的结构理性表现

福斯特设计的雷诺汽车展销中心是一个利用暴露钢结构表达结构理性的典型实例，但整体形式却是基于理性与美学的双重考虑。从外部看，这个建筑以42个标准单元构成，每个单元的平面尺寸都是24m，独特的桅杆悬挂式结构更多是出于使该建筑成为雷诺公司的广告代言形象，而就纯粹的结构需求而言则有小题大做之嫌。即便如此，该建筑的结构布置也并非表现出绝对真实的受力状况。这个结构清晰地表达了屋顶的重力，而对风荷载作用下的吸力没有给予明确表达。在对这个问题的处理上，也表现出建筑师与结构工程师处理问题的不同态度。结构工程师发现向上的风力与向下的重力荷载非常接近，单纯从结

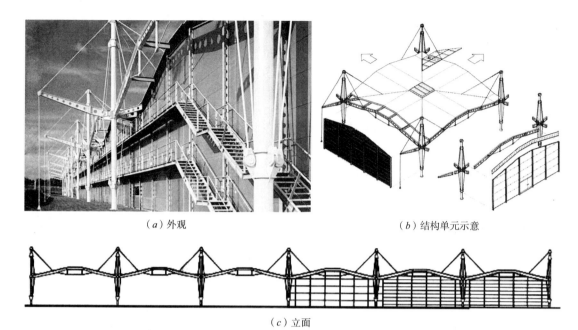

（a）外观　　　　　　　　　　　　　　　（b）结构单元示意

（c）立面

图 6-3　雷诺汽车展销中心的悬挂式结构

构设计出发的处理办法是给予二者以同等的重视。但建筑师指出这里需要一种价值的判断，以决定对二者同样对待或是对其中之一优先表达。结构工程师建议将拉杆做成管状，使其既能承压又能受拉，但建筑师希望拉杆是绷紧的，希望结构工程师让梁可以承受向上的力，即使这意味着梁不得不做得大些。最终的解决办法是目前看到的形式：增加了屋顶的重量，采用了一种相对较重的矿棉屋顶保温层，这样，结构可以抵御五十年一遇的风力，重力就比风力得到了更加明确的表达（见图 6-3）。由此可以看出，建筑形象的最终确定并不一定是建筑师对力学逻辑的完全忠实，而是出自建筑师对结构表现的倾向，恰恰是由于建筑师对结构材料特质的把握才使得作品中的个人特色得以展现。

6.2.2.2　现代木结构的结构理性表现

现代木结构建筑通常都反映了不同于传统木结构建筑的审美价值观，更多地遵循现代建筑技术和现代美学观念。并且，现代技术使得木材成为匀质材料，在理论计算方面也实现了突破，特别是在使用先进的计算机技术后，建筑师可以设计出多变复杂的木结构和前所未有的造型。此外，与传统木结构建筑的粗梁大柱不同，现代木材加工技术可以把木构件加工制造得非常精细，建筑形态呈现出不同以往的精细与通透。

圣地亚哥·卡拉特拉瓦的建筑中采用木结构的并不多，但其中却不乏精品，瑞士卡沃·窝连中学是其中的一个。建筑师通过几个不同房间屋顶结构的设计充分展示了木材的结构表现力。位于校园中部的圆形大厅教室直径达 10 余米，采用 20 个特殊造型的木结构单元呈放射状共同组合成屋面的结构体系。每个结构单元呈 V 字形，类似于折板结构，构造呈 18° 角，各构件的上边通过连接件互相组合形成整个屋架系统。整个结构从本质上来说仍然是最基本的简支体系，但建筑师通过艺术化的加工使整个结构具有了某种生命力，站在大厅中向上望去，木构件之间的空间呈现出花瓣般的图形效果。在校园门厅的结构设计中，建筑师运用

（*a*）大厅教室屋面结构

（*b*）门厅的木拱结构

图 6-4 卡沃·窝连中学

全新的方式演绎了人们对拱结构的理解。屋顶的结构由四榀特别设计的木拱结构组成，每榀木拱结构包括下部的三铰椭圆木拱、架设于木拱之上的分枝、顶部的连接拱和底部的混凝土支座组成。下部的木拱是主要的结构构件，但它的弧度较大，无法直接承担屋面结构。建筑师巧妙的在主拱和呈微弧形的屋面之间设计了细密的木杆件作为结构的过渡，通过这样一种分枝结构将屋面的荷载传递到主拱之上。如果严格的从结构需求出发，支撑屋面的荷载也许并不需要如此众多的木杆件，但建筑师意在通过对杆件在三维空间的组合变换，强化空间结构体的概念，充分表现结构的内在张力。置身于室内，独特的结构形式给人一种棕榈树叶的意象，或是某种生物体的体内。自然光线从两侧经过细密木栅的过滤进入室内，形成丰富变幻的光影效果（见图 6-4）。

建筑师费依·琼斯和莫里斯·詹宁斯建筑事务所（Fay Jones and Maurice Jennings Architects）设计的美国加利福尼亚州斯基罗斯礼拜堂（Skyrose Chapel）是罗斯·希尔斯纪念公园（Rose Hills Memorial Park）的一部分，地处俯瞰洛杉矶和卡塔琳娜群岛的半山腰，用作举行婚礼或追悼仪式，有时也作为音乐厅。该礼拜堂高 26m，也被作为基地一带的灯塔。但由于它高而陡的屋面在视觉上一直延伸到地平线，使整个建筑体量并不觉得格外高大，与周围的环境关系十分协调。礼拜堂内部有一处气势恢宏的大厅长达 37m，顶部设有采光天窗，视觉效果可与任何古典教堂相媲美。建筑的结构材料采用一种高强度冷杉木，木结构屋架主要由一整套竖直和斜交的构件组成，位于最外侧的竖向木构件同钢骨架的外侧平齐，直接支撑屋面结构，底层的 X 状木构件依附其上并将左右两侧的木立柱相连，同时向上支撑悬挑出去的屋面。垂直和斜向构件的重复使用形成了一种迷人的韵律感，反而淡化了对原本结构体系的解读，呈现出一种神秘的视觉效果。建筑师对构件连接的处理手法更被奉为经典，竖向的支撑构件和斜向的连接件都被设计得极为精巧，立柱的效果宛如一颗颗大树，斜向木构件通过制作精美且富有装饰作用的钢节点加以连接，仿佛木构件只是简单地靠在一起，在视觉上现代而又有韵律感的处理达到了极致，对竖向线条的强调使其产生了一种哥特式教堂的空间感受，而这一切又体现得那么自然，没有任何冗余的装饰（见图 6-5）。整栋建筑是如此的

（a）外观

（b）中央大厅

图 6-5　斯基罗斯礼拜堂

图 6-6　汉诺威世博会木结构大屋顶

迷人，没有建筑师对细节的执著追求将不可想象。

托马斯·赫尔佐格设计的 2000 年汉诺威世博会大屋顶是现代建筑设计在木结构建筑方面又一令人印象深刻的例子。该结构物具有巨大、舒展的形体，由 10 个边长 40m×40m、高度超过 20m 的大木伞组成。上部为复合木材制成的双曲面网格壳体，这也是首次将木结构用于大面积的鞍形曲面（见图 6-6）。构成壳体的木构件纤细而轻盈，其尺寸都是通过结构计算得出的，在美学与结构上达到了一种平衡。每个单元中间部位坚实的竖向结构与上面向外出挑的屋顶，是通过一组木质悬臂构件来结合的，竖向结构则由整根的树干做成的柱子组成。如此巨大的结构还需要有能够抵御足够风荷载的支撑，在通常情况下支撑多为钢构件，而在该建筑中支撑构件也是通过薄片状的平木板来做成的。

总体看来，当今基于现代工业基础之上的木结构形态具有以下特征：（1）充分发掘和实现木材的材料性质。在工业化和科学技术的大力支持下，木材的材料性能被极大地发掘和施展，这既反映在各种合成木材的发明、生产和运用，也反映在越来越多的巨型木结构空间的涌现。（2）与其他材料组合造型。新的木结构建筑发展，在体系上并不仅限于木材自身，这与传统的木构体系有着本质的区别。在连接方式上多用金属和胶粘剂，在建筑外观上表现为与金属和玻璃的有机结合。（3）现代审美标准的造型原则。与传统木构体系的审美观念不同，新的木结构建筑是遵循现代建筑技术和现代美学观念的，简约、精确、可读性强、材料本色化等成为主要特征。

6.2.2.3 钢筋混凝土结构的结构理性表现

对于钢筋混凝土结构来说，真正开始利用钢筋混凝土结构的优越性能并与建筑形式创作相结合是在现代主义运动期间发展起来的，赖特、柯布西耶等第一代现代建筑大师都具有娴熟运用钢筋混凝土结构的才能，他们的设计都是新技术、新材料的结晶。

20世纪中期以来，一些有工程师背景的建筑家，在钢筋混凝土结构的艺术表现方面做出了开拓性的贡献，他们创造的崭新建筑形式是对结构力学特征的美学诠释，对现代建筑的发展影响深刻。西班牙工程师和建筑家爱德华多·托洛哈是在钢筋混凝土结构，特别是薄壳结构上最早取得突破的人，他设计的建筑在当时极具挑战性，代表作品墨西哥新诺拉教堂具有优美的马鞍形薄壳屋顶。另一位西班牙出生的建筑家费利克斯·坎德拉，他在托洛哈的基础上进一步发展了钢筋混凝土薄壳结构，他设计的莲花形薄壳结构的玛拉尼阿列斯餐馆，以及墨西哥城"圣塔菲住宅区"内的钢筋混凝土薄壳悬臂式遮阳篷，都是钢筋混凝土结构表现的优秀作品。

奈尔维更是把钢筋混凝土建筑的结构理性与艺术表现完美融合，创作出以罗马小体育宫、罗马大体育宫、都灵展览馆、皮内利大厦等为代表的一系列不朽作品，由此被誉为"混凝土的诗人"。钢筋混凝土壳体结构的日臻完善也促进了建筑师的创作，还在国际式风格盛行的时候，埃罗·沙里宁（Eero Saarinen）独自突破刻板单调的密斯传统，成为有机功能主义的主将。肯尼迪国际机场的美国环球航空公司候机楼（1956年）是沙里宁奠定有机功能主义的里程碑建筑，由4片钢筋混凝土壳体组成的屋顶让建筑看起来像是一个展翅飞翔的大鸟，并且无论是建筑的内部还是外部，基本没有标准几何形态，完全以有机形式来设计，同时又保持了现代建筑的功能化以及现代建筑材料和非装饰化的基本特征。

在当代，喜欢利用钢筋混凝土材料来实现结构理性表达的建筑师同样不乏其人，西班牙的圣地亚哥·卡拉特拉瓦是其中的杰出代表。他设计的西班牙阿尔克伊市公共大厅，平面为一个梯形，位于市政广场的地下，长90m，高9m，宽7~16m，其基本的支承结构是钢筋混凝土拱，在大厅窄的一端为单跨拱，在宽的一端拱结构演化成双跨，这种变化是借助于一根纵向的混凝土梁来完成的，这条纵向梁在大厅窄端位于空间的顶部，而在宽的一端则支撑在地面上。巧妙的构思和优雅的钢筋混凝土构件、清晰的结构特点，使建筑获得了诗意般的美感（见图6-7）。

法国里昂塞特拉斯火车站是卡拉特拉瓦的另一个优秀的作品。这个建筑由月台的长廊大厅和与之垂直的36m高的主站厅，以及联系车站和机场候机楼的高架人行道组成，具有表现主义风格。建筑的长廊则是利用重复排列的人字形构件构成，截面随内力分布而变化，由弧线形钢筋混凝土框架支撑。充分利用了混凝土的可塑性实现了结构传力的优化，同时强烈的韵律感也让混凝土结构显得轻灵优美（见图6-8）。

（a）外观

（a）单拱结构　　　　　　　　（b）双拱结构　　　　　　　　（b）内部

图6-7　阿尔克伊市公共大厅

图6-8　里昂塞特拉斯火车站
的长廊

从上述分析中可以看出，对结构理性的诠释关键在于从结构的力学逻辑中发展出符合美学的形式，结构不但要追求技术上的完美，还要具备艺术的意义。从美学的角度理解建筑结构，正是在多种合理的可能性之下对结构技术的艺术升华。

6.2.3　结构形式的特征再现

表现结构之美必然要将结构的某些属性显露出来，但结构系统的暴露程度并不是建筑艺术和使用质量所必不可少的标准，这个问题牵涉到技术、功能和经济上的综合考虑。对结构的表达往往表现出建筑师对材料的深层理解和对结构的独具匠心。

密斯到美国之后，他的建筑特征主要集中在对钢框架结构表现潜力的探索方面。由于钢框架结构的技术特征，以及20世纪中期的制造工艺水平的限制，密斯的钢框架结构没能像砖石砌体和钢筋混凝土那样直接暴露在外，更无法形成像后来高技派建筑中的那种精美的暴露结构。此外，为了满足美国的建筑防火规范要求，当时的钢结构框架一般都要包裹在混凝土当中。在这种情况下，结构如何得到表达成为密斯面对的突出问题。

密斯的解决方法是以同为金属类的表层材料来再现内部真正的结构，而且这一再现的表层与真正的结构又是分离的，它们之间通过清晰的构造连接保持着相互的独立性。密斯这种不失结构逻辑的再现性表达在芝加哥湖滨公寓和西格拉姆大厦中达到顶点（见图6-9）。在湖滨公寓的立面上，密集的H形钢做成的窗棂形成后面隐匿在混凝土中的H形钢柱的视觉再现，而在西格拉姆大厦的立面上更是采用透明的平板玻璃，把紧贴其后的结构梁直接展现出来。当建筑真正的结构无法实现本体性（ontological）表达时，密斯通过具有相同性质的面层材料实现了对结构本体特征的再现性（representative）表达，直观展现在人们面前的结构特征仍然属于金属而非混凝土。为了解决本体与再现的矛盾，在对于结构的暴露或是表现中，密斯让建筑的表层材料发生角色的拓展与转换，在表述自身含义的同时又承担起再现结构本体的职责，这是密斯在长期现代建筑实践中探索出的对真实性表达的全新途径。

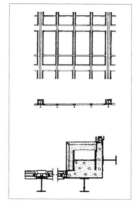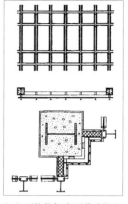

（a）湖滨公寓幕墙构造　（b）西格拉姆大厦幕墙构造

图6-9　湖滨公寓和西格拉姆大厦幕墙构造

美国明尼苏达州的联邦储备银行是另一个例证，建筑形象对结构体系进行了暗示性的说明。该建筑为了形成底层的大空间，采用了悬挂式结构体系，上部各层楼板的荷载通过下垂抛物线形的吊索传递给两侧的巨型支架，该吊索是两根悬链状的钢索，靠近外立面各有一根。由于技术方面的因素，结构无法真正暴露在外，而是通过建筑立面的玻璃幕墙再现了主体结构的特征（见图6-10）。

图6-10　美国明尼苏达州联邦储备银行

整幢建筑的幕墙表面处理成两种肌理形式，准确地标示出悬索的轮廓位置，幕墙底部与悬索的下边缘齐平，带有竖向和水平向划分的棂框则标志着主体建筑中立柱和楼板的位置。悬索以上部分的玻璃幕墙后退约1m，只能看到竖向棂框。该建筑空旷的底座、坚实的顶冠、精巧的钢索链以及明亮的玻璃窗和悬挂在两座坚实混凝土塔楼间的箱形钢梁等这些单元构件，交相辉映，充分表现了结构的逻辑。

事实上，自现代建筑以来，支承结构与围护结构的分离已是十分普遍的现象，包括应用最为广泛的框架结构（无论是钢框架结构还是钢筋混凝土框架结构）在内，建筑中的支承结构往往无法直接暴露在外。这时，结构的再现性表达就成为对此类建筑进行结构表现的主要手段，通过这种并非直接展现本体特征的再现性表达，同样可以"透视"出建筑的结构本质。

6.2.4　结构自由度的挖掘

19世纪以来，人类不断开发出具有更加优异力学性能的新材料，结构材料朝着越来越轻质高强化的方向发展。其中，钢和钢筋混凝土对建筑的影响最为显著，让现代建筑的面貌焕然一新。由于钢和钢筋混凝土在抗拉和抗压方面都有很高的强度，因此几乎适合建造各种类型的结构构件，这为现代建筑结构提供了空前的自由度。正是对结构自由度的合理挖掘，让现代建筑师能在一定程度上摆脱从前那种用砖石材料支撑建筑的苛刻约束，可以放开手脚，更多从其他角度出发去创作形式更加自由的理想建筑。这也从另一个方面说明了材料进步对当今世界建筑形式多样化作出的巨大贡献。

6.2.4.1 钢结构的形式自由

在当代建筑中，由于钢结构的几何复杂性有助于非线性形体的塑造，因此易于形成有机形态的建筑结构。它能在保留结构设计的理性同时，充分展现有机主义美学的生命力。如 B·富勒的蒙特利尔世博会美国馆，在技术理想与建筑现实之间、在功能与美学之间，找到了准确的契合点。从形态构成上说是有机的；从空间结构上说是充分建筑化的；从审美效果上说极具艺术表现力和感染力。

同样在大型公共建筑中，当代的建筑师往往选择不同于埃罗·沙里宁的方法，他们更愿意采用钢结构来进行有机形态表现，并取得了更为轻巧、更为合理的形象效果。如威尔金森（Chris Wilkinson）设计的斯特拉特福德地铁站，安德鲁（Paul Andreu）设计的戴高乐机场第二航空港 F 候机厅，还有浦东国际机场等。以斯特拉特福德地铁站为例（见图 6-11），该车站连接多个单独的铁路系统，有三条铁路线通过该车站，车站下面还有一条暗河。面对如此复杂的场地条件和功能要求，建筑师的解决办法是简单而又大胆的，以巨大的棚架、矩形的平面这种简单的方式解决复杂的问题。大片的玻璃墙面上，由挑出的屋面投下大片的阴影，由玻璃和金属屋面围成的空间被铁路线分成两部分。钢梁的曲线基本是椭圆的四分之一，钢梁的后端架在混凝土的步行道上，钢梁的截面高度和宽度都随着长度方向变小，表达出内力的变化。每一根悬挑的大梁由倾斜的钢杆支撑，钢杆由中间的管状构件连接，再由对角线分布的斜向支撑连接成一个整体跨过南立面，全部荷载仅以四根支柱支撑，以避开铁路线和暗河。在这里，没有刻意地表现力量，相反，高大的曲线形式与各个方向的铁路线是一种很好的融合。

（a）外观

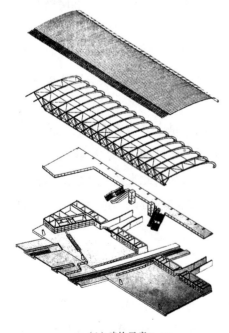

（b）建构示意

图 6-11 斯特拉特福德地铁站

6.2.4.2 钢筋混凝土结构的形式自由

由于钢筋混凝土具有优异的力学性能，钢筋混凝土框架结构体系的结构整体性十分出色，几乎可以任意形式向水平和垂直方向连续扩展，并且钢筋混凝土整体结构中的悬臂梁、板又具有很强的悬挑能力，也为建筑形式创作提供了极大的自由度。同时，还可以利用混凝土的可塑性，按弯矩剪力图线支模浇筑曲线形的梁、变截面的柱等，让构件在完全符合应力分布的情况下，形成丰富的个性化的构成元素，这种三维空间结构的发展也为结构表现提供了新的素材。

钢筋混凝土在造型方面的自由度非常大，它可以做出砌体结构所无法实现的造型，而不必受对称或几何形体限制，它还可以表现出建筑的动感，并且易于形成一气呵成的感觉，这些都要得益于混凝土在初始状态时所具有的流动性和可塑性。从某种程度上可以认为，模板支架的形式决定了混凝土构件的形式，进而又决定建筑的体量和造型。混凝土材料的这一特点为建筑师留下了广阔的造型创作余地。在现代建筑早期的表现主义代表作品爱因斯坦天文台中，建筑师门德尔松（Eeic Mendelsohn）在设计时充分利用混凝土的可塑性，塑造了一个看上去神秘混沌的形体。但遗憾的是，建造这座建筑时，正值一战刚刚结束，混凝土和钢材奇缺，只能大部分改用砖来替代，并通过表面抹灰、粉刷与混凝土融为一体。另一座建于20世纪20年代的表现主义作品——歌德派第二活动中心，则是完全用素混凝土建造的，建筑的造型同样充分展现了混凝土的可塑性，具有奇异的形体魅力（见图6-12）。

二战后，用混凝土建造的具有浪漫色彩的有机形体建筑大量涌现，朗香教堂、悉尼歌剧院等都是代表性作品。另外，柯布西耶的马赛公寓、昌迪加尔行政中心，外观形象宛如巨大的现代雕塑品，充分体现了混凝土材料的体量感和塑形美感。柯布西耶的混凝土建筑造型方式影响了许多新一代建筑师，其中包括保罗·鲁道夫、前川国男、丹下健三、贝聿铭等，他们的作品又将混凝土塑造的现代建筑美学特征提升到了一个新的高度。

当代的一些前卫建筑师也热衷于使用混凝土来塑造具有动感、扭转特征的建筑形态，扎哈·哈迪德就是其中的代表性人物。她设计的维特拉消防站，建筑呈细长形，全部用混凝土浇筑，建筑主体外壁的倾斜，开口部位斜向的切削，内部的墙壁和家具的倾斜，以及上部的醒目位置设有一个长而薄宛如刀刃的屋顶，都呈现出向长轴方向的流动感。扎哈的另一个建成作品费诺科技中心也完全用未加装饰的混凝土浇筑而成，由于位于城市中的一个交通混杂地段，建筑主体由若干漏斗状的锥形结构支撑而起脱离地面，首层在很大程度上保持了通透性，从而让原本厚重、巨大

图6-12 歌德派第二活动中心

图6-13 费诺科技中心

（a）外观

（b）内部

图6-14 梅赛德斯－奔驰博物馆

的混凝土体量看上去具有了轻盈的飘浮感。这种极度夸张的动态结构氛围，反映出混凝土构筑的活力和奇异之处，代表了当代混凝土建筑美学表现的新方向（见图6-13）。不可忽视的一点是，前卫的建筑形象总是与结构工程方面的成就分不开，费诺科技中心采用了最先进的计算机系统及软件来辅助结构设计，施工时又应用了自密实混凝土和复杂的模板技术。

另外，荷兰UN工作室设计的麦比乌斯住宅则是利用混凝土连续无缝的特点来表现其灵感——麦比乌斯带，这个数学模型是将一个平坦的带子扭曲后首尾相接而形成一个圈。从拓扑学角度来看，它只有一个面，面上的任何一点都可以从面上的另一点到达。建筑师用不规则的混凝土和玻璃，创造出一系列由坡道和台阶相互连通的空间，建筑大量采用混凝土现浇的方式，内部空间也大部分采用了水泥饰面，以保持内外的一致性。类似的结构还应用在他们后来设计的斯图加特梅赛德斯－奔驰博物馆中（见图6-14）。该建筑无论是室内布局还是外观形象都呈三叶形，两条不断交叉的螺旋状坡道把位于9个不同标高的展览空间连接起来，方便参观者改变参观路线。整幢建筑具有有机功能主义的形态特征，建筑师正是利用混凝土的塑形特点让非线性的结构形态与展览功能复杂地结合一起。可以看出，建筑师在塑造上述具有动感、塑性、模糊的建筑形态时几乎不约而同地选择混凝土结构来实现，混凝土创造了一个个不可思议的奇迹，也推动了现代建筑形式语言的发展。

应当注意的是，建筑毕竟无法完全摆脱结构和材料的束缚实现随心所欲的创造。对于那些形体和跨度都不太大的建筑，利用优质结构材料带来的结构自由度能产生较大的形式自由，而对于体育馆、展览馆、影剧院等大跨建筑而言，采用拱、壳、悬索、平板网架等尊重材料力学性质的屋盖结构，并在此基础上完成建筑的形式设计仍然十分必要，否则形式最终即使能够实现，也要付出高昂的经济代价。

6.2.5　传统结构方式的现代传承

作为传统的结构材料，砖石砌体和木材建造的建筑形态特征早已为人们所熟知。因此，在现代建筑创作中，建筑师对于传统的结构材料仍习惯从其传统结构方式所特有的结构逻辑中来寻找新的表现出路。

6.2.5.1　拱形砌体结构的现代传承

砖石是西方传统建筑的主要材料，中等的受压强度、很小的受拉强度和比较高的密度是砖石具有的共同物理特征，这决定了拱成为传统砌体建筑的主要结构形式。经过长时间的意识积淀，砖石材料与拱形结构之间的内在关联已深深根植于人们的头脑之中，这对现代砌体结构的形式表现产生了突出影响。

路易斯·康对于如何使用砖来建造现代建筑表现出了极大的兴趣。对于康来说，寻找砖的"正确的"表达方式是问题的关键，他曾以与砖反复对话的口吻表达他的思想："当你用砖进行设计时，你必须问砖它想成为什么或是它能做什么。砖说：我想做拱券。而你说：建造拱券太费力了，而且很花钱。我认为在你的洞口中使用混凝土也一样完美。但是砖却回答到：你说得没错，不过你如果问我喜欢什么，那么我会说我喜欢拱券"。在康看来，"尊重"砖的"意志"就在于设法开发它的结构可能性，如果只用它来做表面覆层，就等同于削减了它的自然属性。拱形结构的特征是康表现砖的主要角度，他从这种砖适宜的结构特征入手获得了支配整个建筑造型的解决办法。

在印度艾哈迈达巴德经济管理学院的设计中，康在墙面开洞处使用了砖砌薄拱和钢筋混凝土拉杆的复合结构，这样的形式巧妙地将砖的抗压性能与钢筋混凝土的抗拉性能结合在一起，让二者共同工作。此外，为了抵抗地震力的破坏，康在同结构工程师商讨后，还在洞口处设置砖砌反拱形成双拱结构，同样从结构受力出发拓展了砖拱在现代建筑中的应用方式，因为地震所产生的垂直力正好与重力相反，但作用效果却十分相似（见图6-15）。康对砖结构的表现成就了雕塑般的建筑造型，也成就了结构的浪漫主义之美。

在英国新汉普郡菲利普学院埃克塞特图书馆的设计中，康使用几乎独立承重的砖墙垛包裹内部的钢筋混凝土框架结构，砖墙与砖墙之间用砖砌平拱紧密联结起来，并且墙垛的宽度随着高度的增加而减小，这种处理是与砖砌体的"承重方式"相符合的（见图6-16）。但就结构的真实性而言，

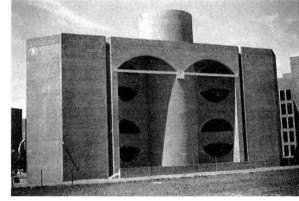

图6-15　印度艾哈迈达巴德经济管理学院

图6-16 埃克塞特图书馆的砖砌外墙

（a）外观

（b）节点

图6-17 1992年塞维利亚世界博览会
"未来馆"

这里的砖墙垛收分并非要追求乱真的效果，砖拱的弦高也远远低于真正承重需要的高度，实际上看到的砖墙只是结构的象征，为了澄清结构的真实情况，康在转角处留出洞口，还原出作为表层存在的砖砌体的本来面目。

现代结构技术也促进了石砌拱结构的革新。工程师彼得·赖斯（Peter Rice）为1992年塞维利亚世博会与Martorell Blhigas Mackay合作的作品"未来馆"采用了抗压石材与抗拉钢索结合的技术。在这种技术中，拉紧的钢索穿过石块把它们紧压在一起。由于石材中有天然的纹路和缝隙，在承受压力作用时比较容易破碎和产生裂缝，采用这一技术解决了上述问题。赖斯利用当地石材技术预制了长5m、宽0.8m的组件，并借助计算机分析，最终完成了这一现代石材建筑的"飘逸"立面（见图6-17）。类似的技术还被应用在伦佐·皮亚诺设计的教士朝圣教堂中，出于抗震方面的考虑，该教堂的石砌拱结构中加入了预应力钢索以减少石块在拉力作用下开裂的危险。

6.2.5.2 木构传统的现代传承

传统的木结构技术从内在的发展机制到外在价值表现都反映出一种明确的连续性，传统的木结构建筑形式亦表现为自然环境和地方文化的产物，技术与自然、技术与人文在适宜技术的层次上达到了高度的和谐。在现代建筑运动中，具有全新技术体系支持的当代木结构在物质层面上对区域环境条件的限制已经逐步减弱，技术理性对木结构发展的支配作用逐步上升。但是反映传统文化的价值需求在木结构的最新运用领域并没有减弱，许多传统的文化主题通过新的技术手段和处理手法得到了重生，出现了许多凝聚文化精髓的不朽之作。许多地区原有的木构文化伴随着使用方式的延续得到了很好的传承，在高度的工业文明背后依然是对传统文化的认同。

安藤忠雄设计的南岳山光明寺新殿就利用现代木结构技术重新诠释了日本的木构传统（见图6-18）。光明寺位于日本四国岛的西条市，新殿在已有250多年历史的旧殿之侧，用全新的集成木材建造，同时又体现出传统精神的内涵。新建筑完全摒弃了传统的寺庙形象，屋顶的式样也似是而非，但站在殿前仰望，新殿依然表现出

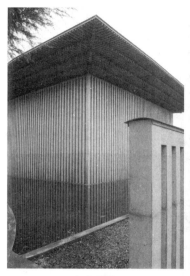

（a）外观　　　　　　　　　　（b）内部

图6-18 南岳山光明寺

传统建筑飞檐翘角的峥嵘气象，木条装修的墙面在水池中形成倒影，气氛宁静而庄重，建筑漂浮在水池之中，似乎失去了重量感。新殿室内第一眼看去仍然是充满了传统寺刹殿堂的氛围，但稍微留心就可以看出来，在这里，比之传统的封闭和昏暗，更多的是表现出了开放和明朗。殿内结构由四个一组的四组柱子支撑，柱子被分拆成精巧的束柱形式，顶上梁架系统以等截面木材的纵横梁交错而成，形成独特的多层叠加的结构风格，屋顶由一片轻巧的薄板构成。这种结构虽然是新的，建造方法简单、实用，体现出现代建筑的理性和技术，但是其形式又富于日本传统木结构的韵味，形不同而意相同，一以贯之的仍然是日本传统建造技艺的精巧和细腻。新殿的外墙是由150mm见方的方木按150mm的间距阵列而成，方木之间镶嵌的是高达8m的玻璃板，形成表皮状的外墙，显然又是一种典型的现代设计。

同样，在欧洲的许多地区，传统的木结构建筑工艺也作为当地文化的重要一环而加以保护，并在工业化的浪潮中保持了其独有的品质。在这里现代技术对传统木构建筑的影响是循序渐进的，对传统形式和空间的关注也依然是现代建筑师非常侧重的因素，并通过多种方式加以表达。在许多新建的木结构建筑中，建筑师通过对传统空间形式的重塑和对传统工艺的发掘使其与原有的建筑体系有机的结合，对传统价值的体现使木结构建筑依然保持了旺盛的生命力。

6.2.6 新材料的结构创新

建筑的发展历史表明，每当出现新的优良建筑材料时，土木工程就会有新的飞跃式发展，建筑的形式也会产生与之相对应的革命性变化。在当代，许多原有建筑材料的力学性

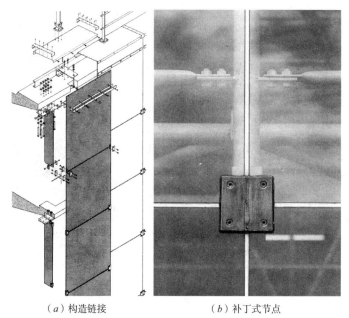

（a）构造链接　　　　（b）补丁式节点

图6-19　威利斯·费伯和杜马斯大厦幕墙

能得到大幅度改良，与此同时，轻质高强的全新结构材料也不断涌现，这为建筑创作提供了新的契机。在众多新型结构材料中，结构玻璃和膜材可以堪称代表，由它们产生的新结构已塑造出一大批更具有时代气息的崭新建筑形象。

6.2.6.1　玻璃结构

长期以来，由于力学性能所限，普通玻璃只能用于建筑采光，即便在一些早期的现代建筑中，它也仅作为一种透明的围护材料来使用，单块玻璃的尺寸一般较小，整体透明效果在很大程度上受到支撑结构的限制。由于钢化玻璃及夹胶玻璃的出现，玻璃结构在当代建筑中的用量越来越大，也让建筑的形象更加通透、轻盈。

（1）全玻璃幕墙

由诺曼·福斯特设计的威利斯·费伯和杜马斯大厦，主体是一座3层钢筋混凝土建筑，其弧形的正立面采用了补丁板式连接的全玻璃幕墙（见图6-19）。从楼顶到地面每层有两列玻璃，下面玻璃的重量由通过连接的上层玻璃承担，最上面一块玻璃通过两块平板悬挂在一个转轴上。为抵抗水平荷载，每一层的上面一块玻璃板带有玻璃肋支承，而下面玻璃没有玻璃肋，节省了室内空间。这样每层上面一块玻璃为对边支承，下面一块玻璃为四点支承。玻璃肋与面板之间，竖向为滑动连接，使玻璃肋并不承担面板的竖向荷载。将幕墙在顶端吊挂起来，可以使表面平整，在水平荷载作用下可有微小摆动，避免应力集中。在该建筑之后，应用各种连接方式的全玻璃幕墙建筑大量涌现。

（2）玻璃-钢组合幕墙

这种幕墙结构使用广泛，形式多样。其中，巴黎的拉·维莱特科学城幕墙为此类结构的先驱，同时也是典型的代表作品。该幕墙的主体结构是立面为32m×32m的框架，由直径300mm不锈钢管焊接而成。为了提高框架整体的刚度，每层由一水平桁架加强，桁架由直径为30~55mm的拉杆组成，并施加预应力。整个框架由同样大小的8m×8m的单元格子构成，每个格子固定了16块2m×2m的钢化玻璃。每单元中的一列4块玻璃吊挂于上端梁，玻璃间用H形钢爪连接，用以传递竖向荷载。每两行玻璃交接处有一水平索桁架作为玻璃的水平支承，两端固定于主体框架上。索桁架由撑杆和两套相对的抛物线桁拉索组成，其顶点相距600mm，撑杆是截面较大的圆钢。索桁架的形状是为了保证在风压力和风吸力两种不同的情况下，始终有一端的钢索张紧抵抗风力，并通过撑杆给玻璃以水平支撑。为了防止当一边的钢索张紧时另一边钢索松弛变形，钢索中预先施加了预拉力。由于索桁架的两条索有两个交点，使桁架平面外为不稳定体系，有绕以交点的连线为轴转动的趋势，但是由于玻璃面板在其平面内刚度很大，因而可以通过刚度较大的撑杆对索桁架的转动加以约束。玻璃面板通过和索桁架共同工作，保证了索桁架的稳定性（见图6-20）。在吸收拉·维莱特科学城幕墙的基本设计思想基础上，世界上不

（a）外观　　　　　　（b）节点效果

图6-20　巴黎拉·维莱特科学城幕墙

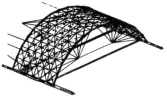

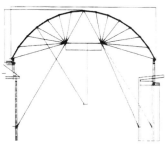

（a）内部效果　　　　　　（b）结构示意

图6-21　马克西姆博物馆的玻璃屋顶

少地方建造了类似结构形式的幕墙或采光顶。这些玻璃幕墙的共同特征是结构面积均较大，金属支承构件纤细，结构体系简单，在此玻璃不仅起到传递竖向荷载和稳定作用，还会在水平荷载作用下，与支承体系共同工作提供侧向刚度。

（3）顶棚

由于玻璃的抗压强度非常大，在钢材等其他抗拉材料的配合下，还可以将玻璃用于拱形屋顶，使其所受主要应力为压应力，形成具有较大跨度的水平玻璃结构。德国奥格斯堡市马克西姆博物馆的玻璃屋顶，是在原有的古建筑上加建的。屋顶为柱面壳体，结构长37m，跨度14m，高4.5m，玻璃总面积为560m²，每块玻璃1.16m×0.95m，为双层24mm厚半钢化夹胶玻璃（见图6-21）。屋面的每一条拱带是由14块玻璃组成，相邻的玻璃板

图6-22　英国玻璃博物馆

数目是由计算优化的，因为数目过多会使节点数增加，不仅增加了制作施工的费用，也使结构显得零乱，降低通透性；而数目过少，则曲面不够光滑，建筑外形不够美观，力学上则由于玻璃板受压力方向与板面角度加大，使板跨中的附加弯矩增大，同时节点夹板对玻璃的约束弯矩也将加大。沿结构的纵向，玻璃的连接完全一样，屋顶整体的四边均由钢管与原有建筑形成封闭的支承体系，故每条玻璃拱带的侧向稳定是有保障的。预应力钢索体系也是组成该屋顶结构不可或缺的部分，该体系分成两组：第一组为在结构竖直面内沿轴线设置的放射线索，索的纵向间距为3.85m，间隔4块玻璃；第二组钢索体系为在玻璃板平面内成对交叉的预应力钢索，这组钢索保证了当一块玻璃破碎后，结构仍能保持稳定，同时与第一组钢索一起加强结构整体性。

另外，幕墙结构中应用的玻璃与索桁架或单层索网的组合方式也同样可使用于屋顶结构，在这里玻璃板起到结构作用与在玻璃幕墙中类似。

（4）全玻璃建筑

由结构玻璃面板和肋条通过结构胶粘接后可以制成完全的玻璃结构建筑。由于没有其他结构材料的辅助，建筑整体可以完全通透。但受到玻璃材料力学性质的限制，这种建筑的规模一般不会太大。

位于英国Kingswinford的玻璃博物馆用于展出本国17世纪、18世纪的玻璃制品。其1994年的扩建部分为全玻璃建筑，使用全玻璃既符合博物馆的主题，又不遮蔽原有建筑（见图6-22）。扩建部分长11m，宽5.70m，高3.5m，玻璃肋间距1.10m。整个建筑外露的连接均为粘接，肋宽分别为200mm和300mm两种规格，分别用于支撑墙面和屋面，均为总厚度32mm的三层夹胶玻璃。屋面玻璃板宽1.1m，由中空玻璃组成，可以承受雪荷载和清洁检修的上人荷载。

（5）其他玻璃结构

用钢化夹胶玻璃还可以制成楼梯、雨篷、柱、桥、罩棚等水平承重结构或构件，只是跨度一般都较小或需要用钢构件辅助承载。另外，在一些当代建筑中，楼板甚至也用透明的玻璃板来制作，让整个建筑从里到外都变得轻盈通透。福斯特设计的香港汇丰银行，以及埃里克·范艾克（Erick van Egeraat）设计的鹿特丹伊哲萨斯商学院都采用了透明玻璃作楼板（见图6-23）。

图 6-23　鹿特丹伊哲萨斯商学院

（a）1970 年大阪世博会日本馆

（b）日本东京穹顶

图 6-24　充气式膜结构建筑

6.2.6.2　膜结构

膜结构建筑从结构方式上可以概括为充气式、张拉式和骨架式三类，它们各自不同的结构体系特征决定了膜结构建筑不同的造型特征。

（1）**充气式膜结构**

充气式膜结构分为气承式膜结构和气肋式膜结构两种。气承式膜结构是将膜材固定于屋顶结构周边，利用送风系统让室内气压上升到一定压力后，使屋顶内外产生压力差，以抵抗外力。由于跨中不需要任何支撑，因此气承式膜结构适用于大跨度建筑，并有施工快捷、经济效益高的优点，但需进行 24 小时送风，在持续运行及机器维护费用上的成本较高，气压自动控制系统和融雪热风系统性能不稳定也会引发事故，且室内高气压会使人感到不适。气肋式膜结构，是由充气后具有拱形支撑能力并用膜肋分隔的独立密闭仓构成的屋盖体系，它是充气式膜结构的主要应用方式。与气承式相比，气肋式膜结构的优越性在于当某一个密闭仓漏气时不至于影响结构的整体承载性能，且室内为常压气体环境。（见图 6-24）

（2）**张拉式膜结构**

以膜材、钢索及支柱构成，利用钢索与支柱在膜材中导入张力以达到稳定的形式，膜面一般为负高斯曲面，具有体形丰富、舒展流畅、自然柔美的特点，易于产生独特的建筑造型。一般适用于中小跨度的结构，也适合用于大跨度体育场的看台挑棚。但这种结构体系受力分析复杂，对施工精度要求高，因此设计、加工和施工的难度都比较大。（见图 6-25）

（3）**骨架式膜结构**

在以钢材或木材形成封闭、稳定的骨架体系后，再在上面或其中铺设膜材的结构形式。常用的骨架体系有钢桁架、网架结构、索网结构和索穹顶结构等。在骨架式膜结构中，由于骨架体系自身独立，膜材自身的强大结构性能发挥不足，建筑的造型一般取决于支撑骨架的造型。（见图 6-26）

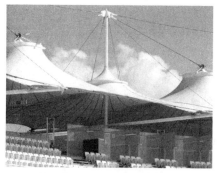

（a）皇家板球场芒德看台

（b）圣地亚哥会议中心

图6-25 张拉式膜结构建筑

（a）日本出云穹顶

（b）曼谷国际机场

图6-26 骨架式膜结构建筑

膜材是一种柔性的结构材料，在预应力作用下表面张力相同，而表面积最小，这决定了膜结构建筑形态的最基本特征。由于膜结构建筑的形式与材料和结构之间的高度关联性，使得体现技术逻辑的材料和结构语言成为其最重要的表达手段，从而让膜结构建筑具有了全新的形象：

（1）曲线与曲面的形体。膜结构建筑不同于其他建筑之处在于其结构体系的不同以及由此带来的曲线、曲面所表达的空间和造型效果。其基于拉力传力体系的结构体系使得整个膜结构建筑的形象变得轻盈而飘逸，在膜结构建筑的设计建造中合理利用这个特性可以达到良好的视觉效果，同时也能与环境很好融合。

（2）力与美的平衡。膜结构建筑的美一方面体现在它的轻巧和以曲线、曲面所表达的全新建筑形态，另外一方面膜结构建筑的艺术性体现在预应力结构体系表现出的力的平衡上，力学平衡本身是膜结构设计所必要的，进而也成为了膜结构建筑造型的基础。这种平衡包括各个视觉要素之间力感的平衡，也包括结构整体形式的稳定感。对称是一种很好的体现平衡与稳定的方式，但是平衡与稳定并不意味着对称，膜结构建筑用轻巧的形式创造出一种动态的平衡与稳定，形式美感与以往全然不同。

（3）单元组合的韵律与节奏。膜结构建筑基于合理受力的简单基本单元，对其进行重复排列可以取得很好的艺术效果，如英国皇家板球场芒德看台。但是这种艺术效果的取得也不仅仅是造型上的简单重复，这其中包括对力学、美学、施工等全方位的综合考虑。同样，利用膜结构自由变化的形态特点，让基本单元的体量突变或渐变，可以打破简单的连续性重复，取得富有变化的艺术效果。与其他建筑的不同之处在于，膜结构建筑所表现出的韵律与节奏美完全是对结构自身形式规律的反映。

（4）内在呈现的比例与尺度。比例与尺度一直是建筑美学研究的重要内容，在膜结构建筑中也是一样。但膜结构建筑由于其轻巧的屋顶体系消除了人们的压抑感，粗壮有力的支撑增加了人们的安全感，屋面的轻快与支撑的强壮形成了鲜明的对比，这种在尺度上的夸张表现收到非常好的艺术效果。另外，膜结构建筑创造的大空间也与其结构形式很好的对应，大而轻巧是对其最多的评价。所以膜结构建筑所体现出来的与传统不同的比例关系，以及空间尺度与造型的关系，让我们从另外的角度来理解膜结构建筑的比例与尺度上的美感：结构形式与空间具有高度的一致性，且空间的比例关系需要和采用的结构形式相对应。

（5）材料配置的精确与优化。膜结构的建筑形式是建立在经过精确计算的结构设计之上的，这种计算包括对膜结构的受力分析，也包括外形的计算机模拟分析。膜结构的精确与优化体现在材料的配置上，可以说，膜结构是通过最少的材料来围合最大空间的一种结构形式，最能符合自然规律。因此从这个意义上讲，膜结构建筑的美学评价也是以精确、经济、优化为标准的。

6.3　建造逻辑的物化表现

在古代，建筑的设计者与建造建筑的匠师往往是同一个人，这使得他们能在充分了解当时建造工艺的情况下来把握建筑形式。我国传统木构建筑就是建立在高度规范化的材料建造体系之上的。《营造法式》中规定："凡屋宇之高深，名物之短长，曲直举折之势，规矩绳墨之宜，皆以所用材之分以为制度焉"。并且把"材"分为八等，要求根据房屋大小、等第高低而采用适当的"材"。随着建筑行业内部分工越来越细，今天的建筑师已成为一种独立的职业，专门从事建筑设计中某一特定范围内的工作，尽管如此，了解符合时代要求的材料建造工艺仍是一名优秀建筑师必要的素质。

6.3.1　构件制作决定的结构形态特征

建筑是由成千上万个构件组成的，构件的特征会对由它组成的建筑形式产生直接影响。中国传统的木构建筑由于受原木规格和连接工艺的限制，一直难以制成大尺寸的木构件，因此也决定了我国古代极少有高大的单体建筑。20世纪叠层木工艺的出现解决了木构件面临的这一窘境。叠层木材是一种通过将较小的矩形截面实心木材粘合在一起组成具有大截面的矩形构件制品。通过这种工艺，木构件甚至可以制成大型的拱或拱形桁架，从而扩展了其在当代建筑中的应用范围。由此可见，结构材料的存在状态、构造方式等因素同样对建筑的形态特征起着决定性的作用。

6.3.1.1 符合构件状态的适宜形态

各种结构材料制成的构件就存在状态而言彼此之间的差异极为显著，这一方面形成了建筑结构物化的制约条件，要求建筑师在形式创作过程中必须考虑相关因素，另一方面如果从符合构件状态的角度出发，也可以创作出与之相适宜的建筑形态。

以砖石砌体为例，由于砖石是由较小的块状基本单元组成，它们的砌筑方式多样而且简便，在不需要精密的设备或尖端技术的情况下通过砌块的偏移、旋转或者悬挑就能较轻易地生产出复杂的几何形体。这样一来，利用小块的砖石材料就可以砌筑出体量多变甚至是有机形状的建筑形态。在位于易北河边的德累斯顿犹太教堂中，出于遵从场地的几何形状以及教堂必须朝向东方的考虑，建筑呈现出自下而上的扭转形象。建筑师没有使用混凝土材料来建造这样一个扭曲的形体，而是使用高强度的砌块砌成，整个砌体结构由40层砌块逐渐扭曲形成，最底一层砌块与基地的轮廓线保持一致，以此为基准每层砌块往东逐渐偏移55mm，在顶部达到了精确的朝向角度，最终砌筑出了一个稳定且扭曲的建筑形体（见图6-27）。

图6-27 德累斯顿犹太教堂

图6-28 那帕山谷葡萄酒厂

未经过加工或只经过简单加工的毛石最接近于石材的自然形态，它们表现出粗糙、狂野、棱角分明的特点，并且便于就地取材，不同地区的毛石也有其各不同的特征。因此，运用毛石砌筑的手法易于达到让建筑与自然环境有机融合的目的。另外，在现代建筑设计中，经常用天然的石墙与光滑的混凝土和玻璃等人工材料形成对比，同时也成为建筑与自然环境之间的媒介。甚至有一些别出心裁的设计，建筑师在承重的混凝土之外用金属管分格，每个格子中间固定有细金属丝编结成的金属筐，然后将选择好的天然石块放入筐中，不用坐浆嵌缝，每块石头都很完整，同时又是墙面纹理的一部分，暗示建筑与自然环境的联系。赫尔佐格－德梅隆设计的美国加州那帕山谷葡萄酒厂就是这样一个例子（见图6-28），金属筐中的石块按上大下小堆砌，目的是利用石块的间隙让墙体上部具有通风功能，也展示了现代工业技术对传统建造方式的改造能力。在阳光照射下，石头墙产生出变化万千的光影效果。

在2000年汉诺威世博会中，彼得·卒姆托设计的瑞士馆更反映出建筑师对材料存在状态的深刻理解。卒姆托被誉为一个"天生的现象学家"，他对建筑结构的处理更多地来自材料自身存在的状况。建筑现象学试图去除任何现有的"成见"以获得真实的感知和真正的意义，认为建筑所表达的不应该是外在的思想和意义，而应该是从建筑自身感受到的。这种感受是通过建筑自身精致的营造和构造、材料和细部的认真推敲和设计来获得的。作为持有这种思想并在设计中身体力行的当代建筑师，卒姆托在展馆中用99堵木墙做成建筑的支承结构，形成

图6-29　2000年汉诺威世博会瑞士馆

迷宫一般的线性排列，其中布置展览空间、天井和自由活动区，层层木方叠成的墙体成为容纳各种事件的活动装置。作为博览会的展示建筑，瑞士馆是临时性的，但这也成就了这座"本真"的木结构建筑。卒姆托放弃榫卯而采用金属拉杆对木头进行施压，长木条在经纬方向相互搭接，用钢拉索与弹簧固定，由此衍生出格栅顶棚以加强结构刚性，其上再搁置由整张镀锌铁皮折叠形成的屋面排水沟，用近似于木材厂材料堆放的方式，木材获得了最大限度的存在自由（见图6-29）。

6.3.1.2　节点连接构件的表现

在众多类型的建筑构件中，节点连接构件的设计是建筑师不可回避的问题之一，同时也对于建筑形态的细部刻画起着至关重要的作用，细致入微的构造设计既是建筑结构的延续，又能增强形式的表现力。

以钢结构建筑为例，当代大多数钢材都是在工厂中经热轧或冷轧制成，出于经济性原因铸造钢构件则较少应用，热轧和冷轧后成型的钢材在形状上具有一些共同特点：即直边、侧面平行和等截面。由这些型材加工成的钢构件在形式上同样较为单一，一定程度上限制了钢结构建筑形体的丰富性，钢构件的这种特点并非完全对建筑形式不利，钢材与其他材料的构造方式存在差别，在钢结构建筑中，细部设计大量以构造节点的方式显现出来，因此在各种结构类型的节点构件中，钢构节点对建筑形态特征的影响最具代表性。高技派建筑师正是顺应这种特点，把大量精力投入到节点连接构件的设计上，创造出许多造型规整、结构暴露、构造精美的优秀作品。

从结构的角度上看，钢结构节点的作用是体现力的平衡，包括结构系统在强度、刚度、稳定性三方面的综合考虑。从美学的角度上看，外露的节点也是空间中材料形态美的合理构成，体现出结构构思、材料力学特性和精美的加工工艺在环境中的表现力，增强了建筑空间艺术的整体感染力。精湛的构造节点已成为当代钢结构建筑形态特征不可缺少的一部分。

（1）精确的节点组成

节点组成的精确性是当代钢结构建筑的一大特征。电子信息技术的飞速发展，使数字技术以前所未有的力量冲击着人们的生活，审美的内容和方式也在发生着巨大的变化。钢节点的设计需要精确的计算和精密的加工，计算机程序化设计和装配的构造节点已深深地烙上了数字化的痕迹，复杂的构造技术、拉压杆件的力感和金属准确的连接都强烈地展示着科技的力量，迎合了人们对高科技的信赖和需求。

由理查德·罗杰斯设计的英国4频道电视台总部是成功运用精细节点的例子（见图6-30）。在街道的拐角处，罗杰斯设计了一道弧形的玻璃幕墙，两端由圆柱形金属楼梯间和露明电梯结束，玻璃幕墙由竖向网架支撑，采用钢爪连接，透明的玻璃和金属板相互辉映，光可鉴人。透过清晰的玻璃幕墙，数以千计的钢构节点与杆件相连，复杂而精密，组成了韵律感极强的金属网格，展示了建筑技术的动人美感。

钢材的特点决定了它在建造中易于加工的优点，建造技术的发展已经将一部分建造过程转移到工厂中，这些都促成了钢结构建筑构造节点精确的特点，解读一个钢结构建筑的细部构成，它的复杂程度甚至可以与汽车零件的精细程度相比。当代钢结构建筑的建筑构件一般在工厂里加工为半成品，高质量的加工工艺保证了构件组合的精密，各种构件的作用清晰明确，保证了现场的组合安装，减少了现场工序。其连接方式已从原来的焊接转变为螺栓连接为主，使施工更为方便。这样的建造方式给建筑师的工作带来很大的影响，建筑师不仅要在构造节点设计上花费大量的精力，而且要与制造商的关系更为密切，两方面的紧密合作成为必需，只有这样的密切合作才可能制造出相对周期短，甚至只适用于某些单独项目的工程部件。

（2）节点的力学逻辑

各种单一构件通过节点连接在一起构成复合构件，而结构节点的本质是力的传递，因而其建造的逻辑就是清晰明确地表达节点的力学状态。在钢结构设计中，设计者不仅需要对材料的性能有充分了解，而且还要对各种连接方式有良好的把握，这样才能成就高品质的建筑。随着技术的进步，材料连接方式的类型与范

（a）外观

（b）内部

图6-30 英国4频道电视台总部

畴不断扩展，为钢结构建筑的表现潜力提供了更好的支持。在可持续发展思想的影响下，构件的成形与连接不仅要考虑建造，还要对其拆除与循环利用进行考虑，这对设计与建造都有重要意义。

钢结构节点连接往往是清晰明确的，概括起来有以下5种类型：（1）相贯节点，这种连接简洁、方便，适应性强，目前很流行。（2）球节点，又分为焊接球节点和螺栓球节点。焊接球节点适用于圆钢管连接，构造简单，传力明确，连接方便；螺栓球节点工厂化程度高，构造美观，体现技术美。（3）板式连接节点，也分为焊接板式连接节点和螺栓板式连接节点。（4）销栓式节点，是一种允许转动的连接，构造精美，经常应用在杆件与索的连接中。（5）铸钢节点，具有工业化程度高、工艺精美、整体性好的特点，很有发展前景。

钢结构节点按受力约束条件又可分为刚接和铰接，当代建筑师明显表现出对铰式节点的偏爱。虽然铰式节点在力学上并不一定是优越的，但因为它对力学逻辑的表达更为清晰，对视觉的表现意义更强，而且更有利于现代的施工方式，故受到建筑师的青睐。最常见的铰式节点包括铆接和销栓连接，铆接是一种永久式的连接方式，在当代典型的钢结构中已很少见到铆接的方式，其原因除了不利拆卸外，还因为铆接在建造过程中会造成比较大的噪声。销栓连接是最重要的非永久性连接方式，它的优点是易于紧固、对施工条件要求低、容易拆卸。销栓节点可以承受轴向力和剪力，高强销栓的出现更是扩大了这种连接方式的应用范围。当代钢结构建筑的铰式节点在视觉上甚至与力学抽象模型接近，其原因一部分来自于加工技术的进步，另一部分则源于建筑师对建造逻辑清晰性的追求，当构造形式与计算模型可以做到完全吻合时，随之带来的不仅是结构性能的高效，还有视觉上的明了。

（3）节点的强调与展示

当代钢结构建筑对材料的处理和对构造的思考成为很多建筑师设计的出发点，而节点的暴露既是技术发展的结果，又与建筑师的建造观念密切相关。暴露使得建造逻辑更加清晰，使观者对材料和构造方式一目了然，可以更加强调材料的特性、真实地传达连接方式，增强视觉体验。并且，技术的发展使得节点的构造更加精美，节点本身具有了技术美学的含义。

由于富于表现力的钢构架常常暴露在外，所以外露的构造节点自然构成了建筑形象的有机组成部分，也具有很强的装饰作用。装饰是任何时代的建筑师都要考虑的问题之一，在建筑的发展中，它也经常引起颇多的争议，但装饰却能够在各种反对的呼声中保持顽强的生命力。较之古典建筑的雕刻、纹样等"附加性装饰"，现代建筑更加强调"本体性装饰"，是对建筑本体（结构、构造等）进行的必要修饰，它的产生源自技术、构造和材料的客观需要，用来增强建筑的艺术表现力。而对于当代钢构建筑而言，主要是利用构件（包括其

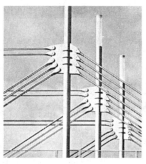

图 6-31　销栓式节点

间的连接）本身具备的精准、清晰的美学品质来完成装饰这一使命。当代钢结构建筑的构造节点多由拉杆、钢索和销子、螺栓等构件组成，这种"本体性装饰"应被看作是依靠材料及其结构的固有性质获得的，它是建筑整体不可分割的一个组成部分（见图 6-31）。这种结构的装饰作用显然是以理性的态度为基础的，不能损害结构的受力性能，然后对连接部位的构造处理进行艺术化的加工，发掘其内在的美感。当然，也不排除对某些构件进行适度的夸张，使其效果更加明显，这样可以吸引观者的注意力，也有助于说明构造的逻辑，这正是当代钢结构建筑中细部节点做法多种多样的原因。

6.3.2　施工工艺决定的结构形态特征

任何一个好的结构构思，都要经过结构工程施工的检验。在结构构思的过程中，只有了解具体的施工工艺，周密考虑到结构施工时可能遇到的问题，才能把结构方案的创造性与其具体实施的现实性很好地统一起来，并且还可以因势利导，以其作为建筑形态创作的契机。

6.3.2.1　对手工艺建造的表现

即使是在现代社会，世界上的许多地区仍保留着手工艺建造房屋的传统，手工艺建造方式能让建筑形态承载更多的地域文化特色。以砖石建筑为例，由于砌块的尺寸比较小，必须要用很多数量的砌块组合在一起才能形成砌体结构。在满足基本结构和围护要求的前提下，砖石材料在砌筑时存在着多种可能性，各种砌筑方式又都有其不同的表现力，砌块材料的拼贴组合方式和处理手法的多种可能性使得砌筑的表现丰富多彩。在砌筑时，将单块或者成组的砌块挑出或者退入墙表面，可以在建筑立面上形成丰富的三维效果，砌块的进退凹凸，可以形成对比，也可以通过成组的砌块在立面上形成点、线、面，或者组合成各式各样的装饰性图案，特别是采用符合模数的砌块进行砌筑时，建筑师可以使用很少的几种基本形状通过不同的方式组合形成各种三维效果。阿尔托关注每一块砖的个性以及它们组合产生的肌理特征，在珊纳特塞罗市政厅的建造过程中，他让工匠在砌筑时将砖块微微转动一个角度，并使灰浆嵌缝向内凹进，从而增加墙面表情的丰富程度。在贝克学生公寓，

（a）阿尔托的建筑

（b）维多利亚风格建筑

图 6-32　砖砌墙体表面

他又选择了一些粗糙的甚至起翘变形的砖，一起组合在墙面上，有些歪斜的砖块看上去像要坠落一般。在穆拉特塞罗（Muuratsalo）的避暑别墅中，阿尔托将不同的砌筑方式进行穿插拼贴，墙体成为各种类型各种纹理砖的展示台（见图 6-32）。阿尔托认为，砖的本质就是那独具特色的肌理，正是这一点使砖成为华丽的立面"装饰"。阿尔托把砖墙的肌理作为饰面来进行表现的做法与森佩尔的饰面理论在本质上是一致的，只是森佩尔时代的维多利亚风格砖砌墙体表面更具有织物图案效果。

6.3.2.2　对机械化和标准化建造的回应

从 20 世纪开始，施工机械化开始成为建造房屋的主要方式，并极大地促进了几乎同时期出现的钢筋混凝土材料的应用。由于混凝土在施工初期呈流体状态，浇筑过程中许多构件之间可以进行有效的连接，由此产生的连续结构具有很好的整体性，并符合大规模机械

图 6-33　蒙特利尔"安居"住宅群

化生产要求。勒·柯布西耶凭借其敏锐的洞察力，在埃纳比克体系的基础上，把钢筋混凝土材料特征与机械化施工方式结合在一起，发展出著名的"多米诺"体系（Domino Principle）。所谓骨牌架构，就是以一个钢筋混凝土框架为基本单元，方便制造与复制，并且能以类似骨牌排列的方式连接起来。骨牌架构是钢筋混凝土框架结构的原型，因其具有造价低廉、不易变形且容易施工的特点一直被广泛应用。后来，柯布西耶又以骨牌架构为依托，提出了著名的新建筑五点原则，对现代建筑形态发展影响深远。

　　除能现场制作外，现代建筑的构件也多在工厂进行标准化预制，然后再到现场组装。由于受工艺的限制，预制构件往往少有细部，重复而冷漠，缺少人性化。但经过精心的设计与巧妙的安排，用标准化的混凝土预制构件也能建造出动人的形式。摩什·赛弗迪（Moshe Safide）设计的蒙特利尔"安居"住宅群，由 15 种不同平面类型的独立预制钢筋混凝土装配式盒子体系组成，实现了对建筑构件标准化生产和可持续建造的形象表达（见图 6-33）。建筑形体穿插堆砌、层叠而上，生动地反映出"生长"的可能性。

6.3.2.3　对建造过程的记录

　　混凝土需要通过浇筑成形的特点也成为建筑师表现的对象。路易斯·康一直以"尊重材料的意志"的方式进行严谨而又富含诗意的设计，他善于利用结构材料的自然属性实现具有独创性的想法。康一贯倡导应保留并揭示建造过程留下的痕迹，这种痕迹既是不同构件之间的清晰连接，也是同一构件表面的工艺留痕。因而，从结构上和表现上都显示出康所说的"建筑如何被建造的记录"。这种痕迹的记录既反映了建造上的真实性，同时也具有了源于建造工艺的装饰效果。对于钢筋混凝土结构，他认为应该更多体现材料的建造方式，而并非揭示某种虚幻的内在本质。在萨尔克生物研究所的设计中，他特别使用了柚木面的胶合板作模板，并极为细心地让模板留下浇筑过程的痕迹，以此产生一种精妙的构造装饰效果（见图 6-34）。模板上的接缝在墙体表面留下了一条条纤细起伏的线脚，它们微微高出墙面，在阳光的照射下，产生出深深的阴影，墙面上整齐排列的圆孔，则是由施工过程中固定模板的螺栓留下的。在金贝尔美术馆中，康在基础位置的混凝土墙体上也使用了同样的表现手法，但在拱顶和柱子的连接处虽然也有模板的接缝，却经过了刻意的掩饰，这是为了保证它们看上去为一体化的结构构件。

比萨尔克生物研究所更进一步，在孟加拉达卡的议会中心设计中康把带状大理石置于混凝土浇筑的缝隙处，同样实现了对建造过程的真实记录，而经过精心设计的材料搭配更赋予了建筑贵族般的气质（见图6-35）。这一做法充分证明了康对节点表现的重视，即使在面对看似为整体的钢筋混凝土结构时也是如此。在1954年的一次演讲中，康明确地描述了这种出于直觉的设计方法："像建造一样的方式去画图，用铅笔自下而上"，并停止于"浇筑和建造的节点处，然后在此作以记号"。按此方法，康把原本被钢筋混凝土结构的连续性所掩盖的某些特质清晰地展现在世人面前。也正是凭借这种基于理性而又超越理性的直觉和感悟，康的作品最终实现了对工程技术和数学公式的超越，获得了人类最高层次的品质。

图6-34 萨尔克生物研究所的混凝土墙

6.3.2.4 对装配工艺的契合

在一定程度上，建筑物平面和空间布局及其结构方案，往往取决于结构施工的起重设备和吊装方式，尤其以大跨建筑更为明显。

对于大跨建筑来说，预制装配可以节约模板，提高工效，但如何吊装则往往是实施中的一个难题。因此，预制装配的大跨度结构方案，必须密切结合吊装工程一齐考虑。由于结构形式不同，有的可以在地面拼装，然后总体提升就位安放，如平板网架；有的则需要在设计标高上进行拼装，

图6-35 孟加拉达卡议会中心的混凝土墙

如装配式薄壳。一般说来，地面拼装再总体提升的经济效果要好，但需要较多的起重设备和一定的施工经验；而高空作业则需要搭设临时脚手架，并且施工难度也会增加。针对后一种情况，若在设计过程中预先考虑到合理的装配程序，如通过合理安排主次级结构，先吊装骨架再吊装骨架上的组合构件，情况就会明显得到改观，不但可以方便操作，还可以省时、省工、节省开支。

跨度越大，结构施工的吊装问题和模架问题就越突出。为此，探索更加有利的新结构体系和新结构形式，无疑将具有更大的经济意义和实用意义。自20世纪80年代以来，航

天科学中"展开机构"技术思想被引入到建筑领域，借助这种思想可以优化巨型预制构件的运输和装配工艺，出现了以潘达穹顶体系和索穹顶体系为代表的新型大跨结构。以潘达穹顶为例，它可以在地面上拼装，并且在装饰材料及设备施工完成的状态下开始升顶作业，最大限度地减少了支撑模架，具有施工速度快且安全、经济的特点（图5-64）。这种大跨结构在建设施工中的有效性已被国内外许多工程实例所证实。

6.3.3 复杂结构形态的数字化生成

古代的结构形态完全是通过经验来确定的，在手工生产条件下，如欧洲中世纪许多教堂都是经过数百年的时间才能建成。经过无数次的失败才留下后人得以敬仰的辉煌建筑作品。近现代结构形态建立在力学、材料学等科学基础上，但由于设计手段和材料加工方面的限制，极大地制约了对复杂结构形式的探索。正在来临的信息化社会以数字技术为依托，对结构形态的影响十分巨大，新的结构计算方法和找形方法随着新型结构材料及其加工方法一同出现，让设计与建造一体化的"生成式建筑"成为可能。借助数字化技术，一方面推动了非线性结构形态设计的发展，另一方面也为大量异型构件的精确加工提供了条件。

首先，现代数字化的设计方式对结构构思产生了明显的影响。计算机运算速度的加快和储存量的加大，使各种复杂空间结构的静力和动力计算问题迎刃而解。同时由于计算时间的缩短和计算精度的提高，人们不但可以较方便地采用各种较复杂的结构形式，而且还可以进一步对各种结构形态进行经济比较以取得优化结果。过去由于计算手段的限制，尽管人们在制订结构方案时也希望进行多方案比较，大量时间都消耗在构件的分析和计算上。计算机仿真技术用于工程结构试验的仿真模拟更具意义。由于结构工程试验规模大、费时费力而使许多人望之兴叹。仿真技术的优点在于它不受空间尺寸和时间长短的限制，可以提供完整清晰的数据和图形，省时、省力、省钱，减少试验量甚至代替一些无法进行的现场试验。

计算机应用还为建筑和结构专业的密切配合提供了充分的技术条件。建筑师和结构工程师都利用 ACAD 等同样的计算机设计平台进行设计，大量利用数字化的三维模型来直观地研究空间要求、结构形态和建筑造型，并通过数字化的三维模型共同研究和交流，沟通的效率和可靠性都大大提高。能归纳为数学公式的简明结构形态虽然对于结构计算、构件加工和安装仍然是最理想的，但更复杂的几何形状也可以通过计算机技术来充分地把握。结构工程师不再高度信赖数学公式确定曲面，计算机可以快速方便地计算出三维屋盖结构模型中的内力分布和获得构件参数。因而具体工程中出现了许多看起来十分自由的曲面屋盖结构形式。

自由复杂的建筑体形及结构形态设计得益于计算机技术的应用，使数控异型切割成

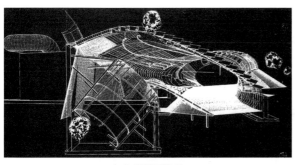 

（a）计算机模型　　　　　　　　　　　　　　（b）外观形体

图6-36　哈姆斯泰德水展馆的数字化设计与建造

为可能。数据直接来源于计算机模型，激光切割，以获得高精确度。当今世界上已建成的非线性形体建筑大都采用了数字化设计手段和加工方法。由NOX建筑师事务所和宗涅维尔特工程局联合设计的哈姆斯泰德水展馆就是这样一个实例（见图6-36）。这是一座展示水的建筑，由咸水馆和淡水馆两部分组成。无论是在视觉效果还是在环境氛围上，这一建筑都无与伦比。无窗的展厅里，任何造型都不是平直的，即使地板也是如此。墙体和地板相互融入其中，难以辨别，照明设施及空调管道蜿蜒穿越屋顶。该建筑设计过程并不是一帆风顺的，设计并不是问题，材料的局限性才是最大的难题。开始时的设计方案很精致，但是造价太高，风险太大，同时还要花费大量的研究时间。考虑到这些影响因素之后，结构工程师决定采用传统的建筑材料及结构形式，这与建筑造型方面的标新立异大相径庭。施工建造过程更像是使材料变形的过程，而不是创造建筑造型的过程。正如结构工程师范德斯特指出的那样，该建筑使用了相对来说比较传统的建筑材料："一开始，建筑师将其主要精力放在几何造型的设计上。设计过程的阶段是通过计算机进行的；在后面几个阶段中，还用到了比例模型。接下来结构工程师的任务不是进行大量的荷载计算工作，而是选择能够成曲面造型的材料"。起初咸水馆的设计为平滑流动的变形虫造型，设计小组将其比喻为搁浅的鲸鱼。后来用CAD设计的建筑造型将曲面变为硬脊骨或棱角，结构由工字形截面拱组成，截面拱间布置压型钢板，钢板上涂有绝缘材料及黑色抗磨损的聚亚氨酯涂层，内墙表面为粗帆布。设计小组本希望完全采用混凝土结构或由一家钢铁公司或造船公司建造。征询投标人意见后，两家公司皆因结构不同寻常而开价不菲，而且全混凝土结构造价也相当高，最终还是采用拱梁设计方案，梁与梁之间纵向由水平的圆钢管相连。咸水馆大约高出水平面12m，由悬挑出的混凝土楼板支撑，同时增加钢梁以加大结构刚度。通过加厚混凝土板并将其紧固在一组桩头上等措施来防止建筑向海中倾斜。在计算机上设计的淡水馆好像是一个巨大的"蚰蜒"，同时还产生一系列截面图形。每一个截面都有不同的曲线，而且都用正弦曲线表示。这也是最终的结构方案，即由一系列平均跨度为16m的拱确定任意一点的横截面形状。拱由C

形冷轧薄壁檩条连接在一起，同时三层夹板通过螺栓加固，这样就可固定最后的柔性不锈钢沥青复合屋面了。一些工字截面拱梁（C 形截面檩条的每边均放置在梁的内部翼缘上）也是具有大直径的曲线梁。为了达到这样的结构，相关的梁从中部截断，各自呈曲线，再将它们焊接在一起。檩条必须与三层夹板成直角，因此有些结构内部会产生附加应力，檩条截面应当相应增大。造型确定之后，就开始进行下一阶段的研究工作，解决如何确定该建筑屋面的问题。经过研究与辩论之后，设计小组最终采用一种柔性薄不锈钢，表面涂抹沥青材料。在石油化工行业中，这一材料常用于输送管道及危险物品的涂层，可以流进很细的管中，把相邻的钢板层黏结在一起，因此这种材料特别适合复杂的三维结构。

由弗兰克·盖里建筑事务所和 SOM（芝加哥分公司）联合设计的毕尔巴鄂古根海姆博物馆同样是应用数字化技术进行设计和建造的代表性作品（见图 6-37）。原先的构想是基本结构使用钢筋混凝土，但 SOM 的结构工程师认为使用钢结构会更好，因为钢筋混凝土结构的费用较高而且几乎不可能在超过 30m 的空中向各种不同的模具中浇注混凝土。经过大量的几何分析，工程师们最后得出结论，使用 3m 封闭式正方形网格构可以支撑复杂的表层弯曲，能够符合弯曲表面所需的密度，而且构件尺寸适中，能够从装配车间运送到施工现场。这样一来，每一根构成基础网格的钢构件都不相同。竖直构件是工字钢柱，其中一个翼缘朝外；水平构件为方形管，对角连接构件为圆形管，开始设想在节点处采取焊接，但最后决定还是采用螺栓连接，原因是可以用电脑控制切割钢构件，这样不会使螺栓孔排列不齐。与多数钢结构不同的是，一般的钢结构中只有一个加劲斜撑，而本结构中的每个网格正方形中都有一个加劲斜撑，再加上倾斜、扭转的形式使这个结构有足够的刚度。虽然构件长度不同，但网格连接和平面布局都保持连续性，这样大大简化了计算而且便于 CAD-CAM（计算机辅助设计 – 计算机辅助制造）制造。节点设计是整个结构设计的关键，它必须允许相邻构件有角度变化以满足曲面结构，从尺寸和重复性的经济原则考虑，还尽量使节点能够通用。SOM 设计的依据是水平垫板在车间加工焊接在竖向工字柱上，以便用螺栓连接水平构件，同时焊接角撑板为圆形斜撑杆提供螺栓连接。这就符合下面的制作程序，即 3m 高的桁架上形成"镶边"——基本网格高度的部分，形成的刚度等级较高，这样可以运到现场，与相邻构件用螺栓连接。为了确保准确地定位，这些"镶边"要求在车间与相邻装配件进行试验安装。对建筑表面维护材料（钛表层和石灰石覆层）的设计与加工也应用了数字化技术，在设计过程中，盖里最初的模型是通过数字化全息摄影建一个三维金属丝结构模型，后又运用法国计算机程序 CATIA 对建筑整体形式进行最终调整，该程序曾用于设计幻影战斗机和波音 –777。由于种种原因，模型不能切割并形成钛表层，但可用来对镶板进行引导和定位。用同样的程序可切割大量石灰石覆层的双曲率表面。

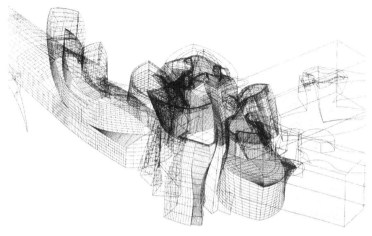

（a）计算机模型

（b）基本结构

图6-37 毕尔巴鄂古根海姆博物馆的数字化设计与建造

如果说手工业时代产品的特征是每件都渗透着创作者的个性，那么工业时代的特征则是标准化，同样的产品大量生产。而信息时代在计算机辅助设计和制造的帮助下，从设计到生产的周期大大缩短，效率大幅度提高，产品可能像工业时代之前的手工业时代一样再次重视个性化的特征。

6.4 本章小结

结构材料的特征包括力学特征，也包括由构件制作、建造工艺、生产加工所决定的建造特征，结构的物化表现应该是对结构材料综合特征的综合呈现。与各自的结构材料特征相符合，各种结构都具有相应的构造连接方式、适宜结构形式，以及由此产生的建筑空间特征和美学表现方向，具体内容在表6-1中作归纳总结。

不同结构类型的物化表现特征比较

表 6-1

	材料特征		构造连接方式	适宜结构形式		结构形态的空间特征	美学表现方向
	力学特征	其他特征		竖向结构	水平结构		
砌体结构	单纯抗压；密度较高	块状、尺寸相同或相近	砂浆砌筑；金属拉接	墙；柱	拱；穹顶	厚重、强调体积感	抗压性能；地方特色；手工艺传统
现代木结构	拉压均可；密度较低	工厂生产；便于机械加工	金属节点；胶粘	柱；组合柱	梁；拱；多种空间结构	产生温暖、柔和的空间氛围	现代木结构技术；传统文化；与自然融合
钢筋混凝土结构	拉压均可；结构性能优异	复合材料；初始流体状态；可现浇、预制	整体连接	墙；柱；异型支撑	梁；板；壳体	厚重与开放并存，强调空间与实体的对话	优异的力学性能；体量感；造型美感；浇筑工艺
钢结构	拉压均可（索单纯抗拉）；轻质高强	等截面直边杆件（铸钢除外）；便于机械加工	焊接；铆接；销接	柱；格构柱	梁；拱；悬索；悬挂；多种空间结构	轻块、强调空间的开放性	清晰的力学逻辑；复杂的几何形状；精美的构造节点
玻璃结构	抗压；有一定抗弯强度	多种光学性能	结构胶粘接；金属件连接	幕墙	拱形屋顶；楼板	透明，强调内外空间的融合	通透、轻盈的效果；精美的构造节点
膜结构	单纯抗拉	化学合成；柔性材料；薄膜状	热融合焊接；夹板连接	充气式；张拉式；骨架式		飘逸、结构形式与空间高度一致	力与美的平衡；轻柔的曲面形体

第7章 本篇结语——一种基于结构因素的建筑形态创作方法

建筑形态架构体系的建立，为多层面、多角度的建筑形态研究提供了逻辑架构，也成为建立形态建构创作方法的理论基础。考虑到要在现实设计中具有可操作性，设计方法一般都需要以建筑形态架构体系所涉及的某一类因素为切入角度，然后再进行系统化的深化发展。建筑中的结构因素具有自然科学的特征，这决定了结构建构方法能具有更多的理性成分，更能符合建筑的本体规律。结构受力学规律支配，其整体形状、受力特点、构件的粗壮与精巧、适用范围等都体现着建筑本体的内在规律。同时，结构与材料也总是有着密切的关系，建筑的结构甚至建筑本身都是材料按照结构规律组织起来的物化实体。并且，在方案设计阶段，建筑专业与结构专业的关联程度最大，结构专业介入的时间也最早，如果以积极的态度看待结构、善加运用结构，则可以由被动变为主动，让结构上升为建筑创作的一种表现手段。这表明，基于结构因素的建筑形态创作可以成为实现建筑本体与表现相契合的一种途径。

7.1 结构建构方法模式

以建筑形态的逻辑架构为基础，从结构角度出发来建立结构建构方法模式，可以作为一种基于结构因素进行建筑创作的一般化方法程序。方案设计的形式深化过程一般表现为从形式产生—形式发展—形式确定的三个渐进式阶段，虽然各阶段之间并非简单的线式排列关系，但总体的设计操作要按此过程逐步深化，具体的结构建构方法也要与这一过程相吻合。并且，建筑形态架构体系中的个别形态架构经常要在建筑创作的不同阶段，或同一阶段的不同层面发挥主要作用，它们的相关因素在结构建构方法中也不能用简单的并列关系来看待。基于上述考虑，本书建立起具有广泛适用性且符合建筑系统化要求的结构建构方法模式（见图 7-1），具体表述为：

（1）结构作用阶段

结构作用阶段的操作，重点在于利用结构规则导出具有基本形式特征的结构架构。在结构应用层面，结构作用机制体现为建筑形态与建筑结构的关系，以此说明结构建构方法模式的适用范围；在专业合作层面，结构作用机制体现为建筑师与结构工程师的合作关系，以此表明运用结构建构方法模式对专业合作方式的要求；在设计操作层面，结构作用机制代表着结构因素在建筑创作中的最初介入方式，以此找出符合结构规则的形式操作起点。

（2）结构整合阶段

为了满足建筑形态的系统化要求，避免由于片面强调结构因素给建筑创作带来的负面作用，需要对建筑所涉及的结构因素与其他系统因素进行整合，这种整合是在遵循结构正确性的原则下进行的，并让结构成为建筑整体形态的有机组成部分。在结构整合阶段，首先让结构架构与功能架构、环境架构中的相关系统因素相互作用，再进一步引入有机架构的相关因素，让功能架构和环境架构在自然层面得到提升，并一同反映到结构架构中，通过上述三种整合方式实现结构形态的变形发展。通过对建筑形态建构的结构整合方式进行归纳与总结，有助于拓展建筑创作中结构运用的思路与手法，使结构建构方法模式具有实用价值。

（3）结构物化阶段

结构物化是让建筑形态所依附的结构形态符合结构材料自身的特征，在此基础上形成物化的建筑形态。结构材料除了具有相关力学特征外，同时还具有符合材料自身状况的，由生产加工、构件制作、建造工艺所决定的其他特征，结构的物化应该是对结构材料综合特征的综合呈现。通过对现代建筑以来大量应用的结构类型进行分析，包括砌体结构、木结构、钢筋混凝土结构、钢结构、玻璃结构和膜结构等。在结构物化阶段，让建筑形态所依附的结构形态与符合结构材料特征的形式架构相互作用，形成物化的结构形态，在此基础上最终确定具体的建筑形式，并实现源于物质技术又超越物质技术的建筑美学表达。最终，让结构建构方法模式得到深化和具体化。

应当注意的是，结构建构方法模式中所包含的三个阶段都需要与结构专业进行合作，并且这三个阶段之间乃至同一阶段内部也都不是简单的线式排列关系，在实际操作中经常要交织在一起。

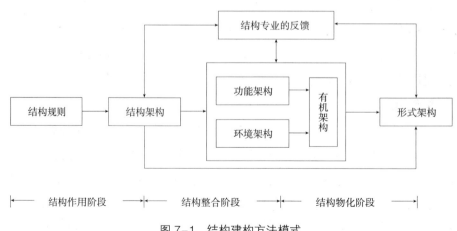

图 7-1　结构建构方法模式

7.2　方法论层面的几点创新

结构建构方法模式在建筑形态创作方法层面的创造性成果可以归纳为以下 3 点：

(1) **提出系统化建筑形态的结构建构方法**

结构建构方法代表着基于结构逻辑的建筑形态建构创作一般方法程序，总体包括结构作用、结构整合、结构物化三个既层层递进又相互交叉的操作阶段。在结构作用阶段，利用结构规则导出具有基本形式特征的结构架构，作为建筑形态创作的形式起点；在结构整合阶段，首先让结构架构与功能架构、环境架构中的相关系统因素相互作用，之后引入有机架构的相关因素，让功能架构和环境架构在自然层面得到提升，并一同反映到结构架构中，通过上述三种整合方式实现结构形态的变形发展；在结构物化阶段，让建筑形态所依附的结构形态与符合结构材料特征的形式架构相互作用，形成物化的结构形态，在此基础上最终确定具体的建筑形式，并实现源于物质技术又超越物质技术的建筑美学表达。

(2) **提出把结构体系作为建筑形态建构起点的观点**

根据建筑类型学的基本理论，结构体系具有形态类型的特征。首先，结构体系是通过众多具体结构总结出来的结构规则，体现受力平衡关系的结构体系几何图形可以作为类型图成为进一步形式操作的起点。其次，基本的结构体系还具有进一步变形的能力，可以发展出丰富多样的新形态类型，为具体建筑中的形式操作提供了多样化的可能性。让结构体系具有类型学的意义，实现了结构规则在建筑学领域的角色转换，为建筑创作提供了具有自然科学特征的形式逻辑依据，同时也拓展了类型学设计方法的应用方式。

(3) **提出建筑形态建构的结构整合途径和结构物化表现方式**

在建筑形态建构创作中，结构因素与相关系统因素的整合应以遵循结构正确性原则为前提，结构正确性原则既有服从于自然法则的内涵，也是实现作品艺术表现力的手段。以此为条件，提出把结构与内部功能、结构与外部环境、结构与仿生理念作为结构整合的三种途径，并总结了其中的具体整合方式。具体的建筑结构还应与自身的结构材料特征相符合。结构材料的特征包括力学特征，也包括由生产加工、构件制作、施工工艺所决定的建造特征，结构的物化表现应该是对结构材料综合特征的综合呈现。通过对结构材料的综合特征进行总结，在此基础上提出了符合结构力学逻辑和建造逻辑的建筑形态物化表现方式。

参考文献

［1］周正.建筑设计与技术 [M].北京：清华大学出版社，2007.

［2］（美）肯尼思·弗兰姆普敦.现代建筑：一部批判的历史 [M].张钦楠，等译.北京：生活·读书·新知三联书店，2004.

［3］（德）埃德加·博登海默.法理学——法律哲学与法律方法 [M].邓正来，译.北京：中国政法大学出版社，1999.

［4］吴良镛.面向二十一世纪的建筑学——北京宪章、分题报告、部分论文.1999.

［5］顾大庆.中国的"鲍扎"建筑教育之历史沿革——移植、本土化和抵抗 [J].建筑师，2007，（1）5-15

［6］梅季魁，刘德明，姚亚雄.大跨建筑结构构思与结构选型 [M].北京：中国建筑工业出版社，2002.

［7］朱辉军.电影形态学 [M].北京：中国电影出版社，1994.

［8］（英）理查德·韦斯顿.材料、形式和建筑 [M].范肃宁，陈佳良，译.北京：中国水利水电出版社，知识产权出版社，2005.

［9］侯幼彬.中国建筑美学 [M].哈尔滨：黑龙江科学技术出版社，2002.

［10］侯幼彬，李婉贞.中国古代建筑历史图说 [M].北京：中国建筑工业出版社，2002.

［11］（古罗马）维特鲁威.建筑十书 [M].高履泰，译.北京：知识产权出版社，2001.

［12］Joseph Rykwert.On Adams House in Paradise.Museum of Modern Art，1981.

［13］Marc-Antoine Laugier.An Essay on Architecture.Hennessey & Ingalls，1977.

［14］中国科学院自然科学史研究所.中国古代建筑技术史 [M].北京：科学出版社，2000.

［15］梁思成.中国建筑史 [M].北京：百花文艺出版社，1998.

［16］刘育东.建筑的涵意 [M].天津：天津大学出版社，1999.

［17］楼庆西.中国古建筑二十讲 [M].北京：生活·读书·新知三联书店，2001.

［18］梁思成.清式营造则例 [M].北京：中国建筑工业出版社，1981.

［19］吴焕加.中国建筑：传统与新统 [M].南京：东南大学出版社，2003.

［20］陈志华.外国古建筑二十讲 [M].北京：生活·读书·新知三联书店，2002.

［21］（法）罗兰·马丁.希腊建筑 [M].张似赞，张军英，译.北京：中国建筑工业出版社，1999.

［22］（英）约翰·B·沃德-珀金斯.罗马建筑 [M].吴葱，张威，译.北京：中国建筑工业出版社，1999.

［23］（法）路易斯·格罗德茨基.哥特建筑 [M].吕舟，洪勤，译.北京：中国建筑工业出版社，2000.

［24］（日）斋藤公男.空间结构的发展与展望——空间结构设计的过去·现在·未来 [M].李小莲，徐华，译.北京：中国建筑工业出版社，2006.

［25］吴焕加.论现代西方建筑 [M].北京：中国建筑工业出版社，1979.

［26］王英健.外国建筑史实例集——西方近代部分 [M].北京：中国电力出版社，2006.

［27］（英）尼古拉斯·佩夫斯纳.现代设计的先驱者——从威廉·莫里斯到格罗皮乌斯 [M].王申祜，王晓京，译.北京：中国建筑工业出版社，2004.

［28］萧默.伟大的建筑革命.北京：机械工业出版社，2007.

［29］吴焕加.现代西方建筑的故事 [M].北京：百花文艺出版社，2005.

［30］吴焕加.外国现代建筑二十讲 [M].北京：生活·读书·新知三联书店，2007.

［31］（英）彼得·柯林斯.现代建筑设计思想的演变 [M].英若聪，译.第二版.北京：中国建筑工业出版社，2003.

［32］（荷）伯纳德·卢本等.设计与分析 [M].林尹星，译.天津：天津大学出版社，2003.

［33］（美）肯尼思·弗兰姆普敦.建构文化研究——论 19 世纪和 20 世纪建筑中的建造诗学 [M].王俊阳，译.中国建筑工业出版社，2007.

［34］Robin Middleton. "Viollet-le-Duc, Eugène-Emmanuel", Macmillan Encyclopedia of Architects，vol.4：327 ugène-Emmanuel Viollet-le-Duc.Lecture XII, Disciurses on Architecture.rans.Benjamin Bucknall. Grove Press，1959.

［35］史永高.材料呈现 [M].南京：东南大学出版社，2008.

［36］Harry Francis Mallgrave.Modern Architectural Theory-A Historical Survey.Cambridge University Press，2005.

［37］（德）汉诺-沃尔特·克鲁夫特.建筑理论史——从维特鲁威到现在 [M].王贵祥，译.北京：中国建筑工业出版社，2005.

［38］（英）罗宾·米德尔顿，戴维·沃特金.新古典主义与 19 世纪建筑 [M].邹晓玲，等译.北京：中国建筑工业出版社，2000.

［39］季元振.结构理性主义的现实意义——关于中国建筑业现状的思考 [J].世界建筑，2000，（2）：61-63

［40］刘锡良.现代空间结构 [M].天津：天津大学出版社，2003.

［41］梅季魁.现代体育馆建筑设计 [M].哈尔滨：黑龙江科学技术出版社，1999.

［42］（德）温菲尔德·奈丁格等.轻型建筑与自然设计——弗雷·奥托作品全集 [M].柳美玉，杨璐，译.北京：中国建筑工业出版社，2010.

［43］同济大学，清华大学，南京工学院，天津大学.外国近现代建筑史 [M].北京:中国建筑工业出版社，1982.

［44］布正伟.结构构思论——现代建筑创作结构运用的思路与技巧 [M].北京：机械工业出版社，2006.

［45］姚亚雄.建筑创作与结构形态 [D].哈尔滨：哈尔滨工业大学建筑学院，2000.

［46］王受之.世界现代建筑史 [M].北京：中国建筑工业出版社，1999.

［47］李乃桢，张利 . 当代中国建筑结构理性的缺失 [J]. 世界建筑，2008，（2）：120–123

［48］Eduard Sekler.Structure，construction and tectonics，Structure in Art and Science.George Brazilier，Inc.，1965

［49］张彤 . 真实的设计 [J]. 建筑学报，2004，（9）：74–75

［50］陈孝堂 . 超高层建筑结构体系方案优选 [J]. 建筑结构，2010（6）：182–188

［51］（瑞士）皮亚杰 . 结构主义 [M]. 倪连生，王琳，译 . 北京：商务印书馆，1996.

［52］刘先觉 . 现代建筑理论 [M]. 北京：中国建筑工业出版社，1999.

［53］张帆 . 当代美学奇葩——技术美学与技术艺术 [M]. 北京：中国人民大学出版社，1990.

［54］（挪）诺伯格 · 舒尔茨 . 场所精神——迈向建筑现象学 [M]. 施植明，译 . 台北：田园城市文化事业有限公司，1984.

［55］万书元 . 当代西方建筑美学 [M]. 南京：东南大学出版社，2001.

［56］卫大可，刘德明，晁军 . 建筑形态的结构逻辑 [J]. 华中建筑，2006，（1）：58–61

［57］（英）安格斯 ·J· 麦斯唐纳 . 结构与建筑 [M]. 陈治业，童丽萍，译 . 第二版 . 北京：中国建筑工业出版社，2003.

［58］（日）伊东丰雄建筑设计事务所 . 建筑的非线性设计——从仙台到欧洲 [M]. 慕春暖，译 . 北京：中国建筑工业出版社，2005.

［59］孟宪川 . 试论仙台媒体中心建筑师与结构师的合作 [J]. 建筑师，2008，（1）：55–61

［60］汪丽君 . 广义建筑类型学研究 [D]. 天津：天津大学建筑学院，2002.

［61］（德）海诺 · 恩格尔 . 结构体系与建筑造型 [M]. 林昌明，罗时玮，译 . 天津：天津大学出版社，2002.

［62］P·L· 奈尔维 . 建筑的艺术与技术 [M]. 黄运昇，译 . 北京：中国建筑工业出版社，1981.

［63］张利 . 重温"陈词滥调"——谈结构正确性及其在当代建筑评论中的意义 [J]. 建筑学报，2004，（6）：24–26

［64］百通集团 . 大师足迹 [M]. 北京：中国建筑工业出版社，1998.

［65］马国馨 . 丹下健三 [M]. 北京：中国建筑工业出版社，1989.

［66］（美）伦纳德 R. 贝奇曼 . 整合建筑——建筑学的系统要素 [M]. 梁多林，译 . 北京：机械工业出版社，2005.

［67］（德）英格伯格 · 弗拉格等 . 托马斯 · 赫尔佐格——建筑＋技术 [M]. 李保峰，译 . 北京：中国建筑工业出版社，2003.

［68］项秉仁 . 赖特 [M]. 北京：中国建筑工业出版社，1992.

［69］Richard Saul Wurman.What Will Be Has Always Been.The Words of Louis I.Kahn.Rizzoli，1986.

［70］李大夏 . 路易 · 康 [M]. 中国建筑工业出版社，1993.

［71］Thomas Leslie.Louis I.Kahn：building art，building science.George Braziller，nc.，2005：156–157

［72］ Hong Kong Stadium，Sport?llenbau und B?deranlagen，Category A，1997（5）：6-9

［73］（英）萨瑟兰·莱尔.结构大师 [M].香港日瀚国际文化有限公司，译.天津：天津大学出版社，2004.

［74］ Welsh Myths.The Architectural Review.2000，（4）：65-67

［75］ Charles Jencks.Introduction—Millennium Time-Bomb.AD，1999，（11-12）：4-5

［76］ Nicholas Grimshaw & Partners，Chamber of Commerce，The Architectural Review.1999，（1）：58-67

［77］ Vinoly Takes Tokyo Forum.PA.1990，（1）：27-38

［78］ Europas zweites Mobiltheater：Der Musical Dome in K?ln.Bauen mit Textilien.1997：33-38

［79］ Donald Watson and Kenneth Labs.Climatic Design：energy-efficient building principles and practices. McGraw-Hill，1983：256

［80］ 韦湘民，罗小未.椰风海韵——热带滨海城市设计 [M].北京：中国建筑工业出版社，1994.

［81］ 索健.当代大空间建筑形态设计理念及建构手法简析 [J].建筑师，2005，（6）：44-50

［82］ 单军.记忆与忘却之间——奇葩欧文化中心前的随想 [J].世界建筑，2000，（09）：74

［83］ 王建国，张彤.安藤忠雄 [M].北京：中国建筑工业出版社，1999.

［84］ Mirko Zardini.Tadao Ando，Rokko Housing.Electa/Casabella，1986.

［85］ 卫大可，郭春燕.一种理性的形式"转换"方法探究——兼谈满洲里国门建筑方案构思 [J].哈尔滨： 哈尔滨工业大学学报，2008，（增刊）：289-292

［86］ 卫纪德，卫大可.预应力混凝土空腹板楼盖的研究与实践 [J].北京：工业建筑，2007，（04）：91-95

［87］ Passenger Terminal，Stuttgart Airport.Architectural Design.1993，（7-8）：64-67

［88］ 窦以德，等.诺曼·福斯特 [M].北京：中国建筑工业出版社，1997.

［89］ 戴志中，杨震，熊伟.建筑创作构思解析——生态·仿生 [M].北京：中国计划出版社，2006.

［90］ Richard C.Levene，Fernando Marquez Cecilia.圣地亚哥·卡拉特拉瓦 1983-1993[M].邓思玲，刘航， 译.台北：圣文书局股份有限公司，1996.

［91］ 尹培桐.黑川纪章与"新陈代谢"论 [J].世界建筑，1984，（6）：115

［92］ 赵辰.木质建构——关于国际当代木构建筑的发展 [J].世界建筑，2005，（8）：19-21

［93］ 卫大可，刘德明，郭春燕.材料的意志与建筑的本质 [J].建筑学报，2006，（5）：55-57

［94］ 沈克宁.建筑现象学 [M].北京：中国建筑工业出版社，2008.

［95］ 吴爱民.金属结构建筑表现形态研究 [D].哈尔滨：哈尔滨工业大学建筑学院，2002.

［96］ 高冬梅.技术与艺术的和谐表达——建筑中的混凝土 [J].新建筑，2006，（1）：58-63.

［97］（匈）久洛·谢拜什真.新建筑与新技术 [M].肖立春，李朝华，译.北京：中国建筑工业出版社，2006.

［98］ Anink，David，Boonstra，Chiel and Mak.John Handbook of Sustainable Building，An Experimental Preference Method for Selection of Materials for Use in Construction and Refurbishment.James & James

（Science Publishers），1996.

［99］ Berge，Bjom.The Ecology of Building Materials.Architectural Press，2000.

［100］ Gibb，Alistair G.F.Off-site Fabrication：Prefabrication，Pre-assembly and Modularisation.Whittles Publishing，1999.

［101］ IIIston，J.M.Construction Materials.E & FN Spon，1994.

插图资料来源

［1］ 图 1-1　最早的棚屋，维特鲁威

（英）理查德·韦斯顿.材料、形式和建筑[M].范肃宁，陈佳良，译.北京：中国水利电力出版社，北京：知识产权出版社，2005.

［2］ 图 1-2　第一舍，维奥莱特–勒–杜克

（英）理查德·韦斯顿.材料、形式和建筑[M].范肃宁，陈佳良，译.北京：中国水利电力出版社，北京：知识产权出版社，2005.

［3］ 图 1-3　原始屋架，阿贝·洛吉埃

（英）理查德·韦斯顿.材料、形式和建筑[M].范肃宁，陈佳良，译.北京：中国水利电力出版社，北京：知识产权出版社，2005.

［4］ 图 1-4　"巢居发展序列"和"穴居发展序列"

侯幼彬.中国建筑美学[M].北京：中国建筑工业出版社，2009.

［5］ 图 1-5　余姚河姆渡遗址的建筑构件

侯幼彬，李婉贞.中国古代建筑历史图说[M].北京：中国建筑工业出版社，2002.

［6］ 图 1-6　西安半坡遗址 F24

侯幼彬，李婉贞.中国古代建筑历史图说[M].北京：中国建筑工业出版社，2002.

［7］ 图 1-7　土坯建筑

（英）理查德·韦斯顿.材料、形式和建筑[M].范肃宁，陈佳良，译.北京：中国水利电力出版社，北京：知识产权出版社，2005.

［8］ 图 1-8　英格兰巨石聚落

http：//www.wallcoo.com/nature/.

［9］ 图 1-9　沼泽阿拉伯人的芦苇房

（英）理查德·韦斯顿.材料、形式和建筑[M].范肃宁，陈佳良，译.北京：中国水利电力出版社，北京：知识产权出版社，2005.

［10］ 图 1-10　五台山佛光寺大殿梁架结构示意图

刘敦桢.中国古代建筑史（第二版）[M].北京：中国建筑工业出版社 1984

［11］ 图 1-11　由木结构转化为石砌结构的多立克神庙建构示意

（英）理查德·韦斯顿.材料、形式和建筑[M].范肃宁，陈佳良，译.北京：中国水利电力出版社，北京：知识产权出版社，2005.

［12］ 图 1-12　多立克、爱奥尼克柱式

陈志华.外国古建筑二十讲[M].北京:生活・读书・新知三联书店,2002.

[13] 图 1-13 希腊神庙建构示意

(荷)伯纳德・卢本,等.设计与分析[M].林尹星,译.天津:天津大学出版社,2003.

[14] 图 1-14 混凝土墙和拱券的做法

陈志华.外国古建筑二十讲[M].北京:生活・读书・新知三联书店,2002.

[15] 图 1-15 罗马大角斗场(a)外观(b)平剖面

(a)刘育东.建筑的涵意[M].天津:天津大学出版社,1999.

(b)陈志华.外国古建筑二十讲[M].北京:生活・读书・新知三联书店,2002.

[16] 图 1-16 古罗马输水道

http://image.baidu.com/.

[17] 图 1-17 夏尔特尔主教堂结构示意

陈志华.外国古建筑二十讲[M].北京:生活・读书・新知三联书店,2002.

[18] 图 1-18 哥特教堂肋架券、墩、柱、飞券示意(a)剖面示意(b)建造示意

陈志华.外国古建筑二十讲[M].北京:生活・读书・新知三联书店,2002.

[19] 图 1-19 罗马万神庙(a)室内(b)平剖面

(a)(英)理查德・韦斯顿.材料、形式和建筑[M].范肃宁,陈佳良,译.北京:中国水利电力出版社,北京:知识产权出版社,2005.

(b)(英)约翰・B・沃德-珀金斯.罗马建筑[M].吴葱,张威,译.北京:中国建筑工业出版社,1999.

[20] 图 1-20 君士坦丁堡索菲亚大教堂结构示意(a)剖视图(b)建造过程

陈志华.外国古建筑二十讲[M].北京:生活・读书・新知三联书店,2002.

[21] 图 1-21 佛罗伦萨主教堂穹顶结构剖视图

(英)安格斯・J・麦斯唐纳.结构与建筑(第二版)[M].陈治业,童丽萍,译.北京:中国建筑工业出版社,2003.

[22] 图 1-22 罗马圣彼得大教堂

http://image.baidu.com.

[23] 图 2-1 对悬臂梁做力学实验(1780 年)

萧默.伟大的建筑革命[M].北京:机械工业出版社,2007.

[24] 图 2-2 埃纳比克体系

(美)肯尼思・弗兰姆普敦.建构文化研究——论 19 世纪和 20 世纪建筑中的建造诗学[M].王俊阳,译.北京:中国建筑工业出版社,2007.

[25] 图 2-3 玻璃暖房

www.greatbuildings.com.

［26］图 2-4　煤溪谷铁桥

（英）尼尔·帕金.世界70大建筑奇迹[M].姜镔，吉生，惠君，译.桂林：漓江出版社，2004.

［27］图 2-5　福斯铁路桥

（英）尼尔·帕金.世界70大建筑奇迹[M].姜镔，吉生，惠君，译.桂林：漓江出版社，2004.

［28］图 2-6　布鲁克林大桥

（英）尼尔·帕金.世界70大建筑奇迹[M].姜镔，吉生，惠君，译.桂林：漓江出版社，2004.

［29］图 2-7　巴黎国家图书馆

王英健.外国建筑史实例集——西方近代部分[M].北京：中国电力出版社，2006.

［30］图 2-8　杜克将铸铁和石材构件结合在一起的结构设想

（英）理查德·韦斯顿.材料、形式和建筑[M].范肃宁，陈佳良，译.北京：中国水利电力出版社，北京：知识产权出版社，2005.

［31］图 2-9　三千人音乐厅方案

（荷）伯纳德·卢本，等.设计与分析[M].林尹星，译.天津：天津大学出版社，2003.

［32］图 2-10　阿姆斯特丹股票交易所

（英）乔纳森·格兰锡.20世纪建筑[M].李洁修，段成功，译.北京：中国青年出版社，2002.

［33］图 2-11　辛克尔在库普夫格拉本地区的一系列作品

（美）肯尼思·弗兰姆普敦.建构文化研究——论19世纪和20世纪建筑中的建造诗学[M].王俊阳，译.北京：中国建筑工业出版社，2007.

［34］图 2-12　伦敦圣潘克拉斯车站

（英）理查德·韦斯顿.材料、形式和建筑[M].范肃宁，陈佳良，译.北京:中国水利电力出版社，北京：知识产权出版社，2005.

［35］图 2-13　伦敦"水晶宫"内景

（英）乔纳森·格兰锡.20世纪建筑[M].李洁修，段成功，译.北京：中国青年出版社，2002.

［36］图 2-14　巴黎世博会机械馆

王英健.外国建筑史实例集——西方近代部分[M].北京：中国电力出版社，2006.

［37］图 2-15　埃菲尔铁塔

王英健.外国建筑史实例集——西方近代部分[M].北京：中国电力出版社，2006.

［38］图 2-16　巴黎大都会地铁站入口

（英）丹尼斯·夏普.20世纪世界建筑——精彩的视觉建筑史.胡正凡，林玉莲，译.北京：中国建筑工业出版社，2003.

［39］图 2-17　表现钢结构与玻璃结合的早期现代建筑（a）德国通用电气公司透平机车间（b）阿尔费尔德的法古斯工厂（c）德意志制造联盟科隆展览会办公楼

（英）乔纳森·格兰锡.20世纪建筑[M].李洁修，段成功，译.北京：中国青年出版社，2002.

［40］图 2-18 巴黎富兰克林路 25 号乙公寓

（英）乔纳森·格兰锡.20 世纪建筑 [M].李洁修，段成功，译.北京：中国青年出版社，2002.

［41］图 2-19 都灵菲亚特工厂（a）外观（b）混凝土梁柱

（a）（英）丹尼斯·夏普.20 世纪世界建筑——精彩的视觉建筑史 [M].胡正凡，林玉莲，译.北京：中国建筑工业出版社，2003

（b）（英）理查德·韦斯顿.材料、形式和建筑 [M].范肃宁，陈佳良，译.北京：中国水利电力出版社，北京：知识产权出版社，2005

［42］图 2-20 表现钢筋混凝土结构特征的早期现代建筑（a）罗比住宅，弗兰克·劳埃德·赖特（b）卡萨米拉公寓，安东尼·高迪（c）戈德曼—萨拉齐大厦，阿道夫·路斯（d）爱因斯坦天文台，埃里希·门德尔松

（英）乔纳森·格兰锡.20 世纪建筑 [M].李洁修，段成功，译.北京：中国青年出版社，2002.

［43］图 2-21 布雷斯劳展览会世纪会堂

（英）丹尼斯·夏普.20 世纪世界建筑——精彩的视觉建筑史 [M].胡正凡，林玉莲，译.北京：中国建筑工业出版社，2003.

［44］图 2-22 巴黎奥利飞艇库

（英）乔纳森·格兰锡.20 世纪建筑 [M].李洁修，段成功，译.北京：中国青年出版社，2002

［45］图 2-23 罗伯特·马亚尔设计的混凝土桥

（英）丹尼斯·夏普.20 世纪世界建筑——精彩的视觉建筑史 [M].胡正凡，林玉莲，译.北京：中国建筑工业出版社，2003.

［46］图 2-24 勒·柯布西耶的多米诺体系

（英）理查德·韦斯顿.材料、形式和建筑 [M].范肃宁，陈佳良，译.北京：中国水利电力出版社，北京：知识产权出版社，2005.

［47］图 2-25 代表性现代主义建筑（a）包豪斯校舍，格罗皮乌斯（b）巴塞罗那博览会德国馆，密斯（c）萨伏依别墅，勒·柯布西耶（d）芬兰帕米欧疗养院，阿尔瓦·阿尔托

（英）丹尼斯·夏普.20 世纪世界建筑——精彩的视觉建筑史 [M].胡正凡，林玉莲，译.北京：中国建筑工业出版社，2003.

［48］图 2-26 代表性国际式风格建筑（a）纽约利华大厦，SOM（b）联合国总部大楼（c）芝加哥西格拉姆大厦，密斯

（英）丹尼斯·夏普.20 世纪世界建筑——精彩的视觉建筑史 [M].胡正凡，林玉莲，译.北京：中国建筑工业出版社，2003.

［49］图 2-27 代表性粗野主义建筑（a）巴黎马赛公寓，勒·柯布西耶（b）昌迪加尔议会中心，勒·柯布西耶（c）耶鲁大学艺术与建筑学院，保罗·鲁道夫（d）仓敷县市政厅，丹下健三

（a）／（d）（英）乔纳森·格兰锡.20 世纪建筑 [M].李洁修，段成功，译.北京：中国青年出版社，

2002.

（b）/（c）（英）丹尼斯·夏普.20世纪世界建筑——精彩的视觉建筑史 [M]. 胡正凡,林玉莲,译.北京：中国建筑工业出版社,2003.

[50] 图2-28 代表性典雅主义建筑（a）纽约林肯文化中心,菲利普·约翰逊（b）底特律韦恩州立大学麦格雷戈会议中心,雅马萨奇（c）1964年西雅图世博会科学馆庭院,雅马萨奇

（b）（英）丹尼斯·夏普.20世纪世界建筑——精彩的视觉建筑史 [M]. 胡正凡,林玉莲,译.北京：中国建筑工业出版社,2003.

[51] 图2-29 代表性有机功能主义建筑（a）约翰逊制蜡公司内部,赖特（b）墨西哥城花园水上餐厅,费利克斯·坎德拉（c）纽约古根汉姆美术馆,赖特（d）美国环球航空公司候机楼,埃罗·沙里宁（e）萨土拉斯TGA车站,圣地亚哥·卡拉特拉瓦

（a）/（e）（英）乔纳森·格兰锡.20世纪建筑 [M].李洁修,段成功,译.北京：中国青年出版社,2002.

（b）/（d）（英）丹尼斯·夏普.20世纪世界建筑——精彩的视觉建筑史 [M]. 胡正凡,林玉莲,译.北京：中国建筑工业出版社,2003.

[52] 图2-30 代表性高技派建筑（a）伦敦劳埃德总部大楼,理查德·罗杰斯（b）斯特拉斯堡欧洲人权法庭,理查德·罗杰斯（c）香港汇丰银行,诺曼·福斯特（d）西班牙塞维利亚世博会英国馆,尼古拉斯·格雷姆肖

（a）/（b）/（c）百通集团.大师足迹 [M].北京：中国建筑工业出版社,1998.

（d）（英）丹尼斯·夏普.20世纪世界建筑——精彩的视觉建筑史 [M]. 胡正凡,林玉莲,译.北京：中国建筑工业出版社,2003.

[53] 图2-31 毕尔巴鄂的古根汉姆艺术博物馆,弗兰克·盖里（a）外观（b）钛金属板表皮

（英）乔纳森·格兰锡.20世纪建筑 [M].李洁修,段成功,译.北京：中国青年出版社,2002.

[54] 图2-32 代表性新现代主义建筑（a）华盛顿国家美术馆东馆,贝聿铭（b）洛杉矶保罗·盖地中心,理查德·迈耶（c）洛杉矶太平洋设计中心（二期工程）,西萨·佩里

（英）乔纳森·格兰锡.20世纪建筑 [M].李洁修,段成功,译.北京：中国青年出版社,2002.

[55] 图2-33 罗马小体育宫的网格穹窿形薄壳屋顶

（英）丹尼斯·夏普.20世纪世界建筑——精彩的视觉建筑史 [M]. 胡正凡,林玉莲,译.北京：中国建筑工业出版社,2003.

[56] 图2-34 巴黎国家工业与技术中心

http://image.baidu.com/.

[57] 图2-35 新奥尔良"超级穹顶"网壳施工

（英）尼尔·帕金.世界70大建筑奇迹 [M].姜镔,吉生,惠君,译.桂林：漓江出版社,2004.

[58] 图2-36 卡尔加里体育馆

http：//image.baidu.com/.

［59］图 2-37　东京代代木体育馆

（英）丹尼斯·夏普 . 20 世纪世界建筑——精彩的视觉建筑史 [M]. 胡正凡，林玉莲，译 . 北京：中国建筑工业出版社，2003.

［60］图 2-38　温哥华 BC 广场体育馆

http：//image.baidu.com/.

［61］·图 2-39　慕尼黑奥运会体育场

http：//sports.eastday.com/.

［62］图 2-40　亚特兰大"佐治亚穹顶"（a）外观（b）内部

刘锡良 . 现代空间结构 [M]. 天津：天津大学出版社，2003.

［63］图 2-41　2020 年 20 栋世界最高建筑

（美）安托尼·伍德，（英）菲利普·欧德菲尔德 . 李靳，译，汤岳，校审 . 高层建筑设计的全球趋势研究 [M]// 梅洪元，朱莹 . 高层建筑创作发展 . 北京：中国建筑工业出版社，2009：10-13.

［64］图 4-1　概念转换形式的总体架构

［65］图 4-2　建筑形态架构体系

［66］图 4-3　斯温登电子工厂大楼

（英）丹尼斯·夏普 . 20 世纪世界建筑——精彩的视觉建筑史 [M]. 胡正凡，林玉莲，译 . 北京：中国建筑工业出版社，2003.

［67］图 4-4　伦敦滑铁卢国际铁路中转站（a）顶棚结构（b）建构示意

（a）（英）乔纳森·格兰锡 . 20 世纪建筑 [M]. 李洁修，段成功，译 . 北京：中国青年出版社，2002.

（b）（英）丹尼斯·夏普 . 20 世纪世界建筑——精彩的视觉建筑史 [M]. 胡正凡，林玉莲，译 . 北京：中国建筑工业出版社，2003.

［68］图 4-5　布理莫橡胶厂

（英）乔纳森·格兰锡 . 20 世纪建筑 [M]. 李洁修，段成功，译 . 北京：中国青年出版社，2002.

［69］图 4-6　耶鲁大学冰球馆

（英）丹尼斯·夏普 . 20 世纪世界建筑——精彩的视觉建筑史 [M]. 胡正凡，林玉莲，译 . 北京：中国建筑工业出版社，2003.

［70］图 4-7　伦敦千年穹顶

（英）乔纳森·格兰锡 . 20 世纪建筑 [M]. 李洁修，段成功，译 . 北京：中国青年出版社，2002.

［71］图 4-8　约翰·汉考克大厦

（英）乔纳森·格兰锡 . 20 世纪建筑 [M]. 李洁修，段成功，译 . 北京：中国青年出版社，2002.

［72］图 4-9　西尔斯大厦

（英）乔纳森·格兰锡.20世纪建筑[M].李洁修，段成功，译.北京：中国青年出版社，2002.

［73］图4-10　香港中国银行大厦

［74］图4-11　维利斯、弗伯和杜马斯办公大楼

（英）理查德·韦斯顿.材料、形式和建筑[M].范肃宁，陈佳良，译.北京：中国水利电力出版社，北京：知识产权出版社，2005.

［75］图4-12　伦敦劳埃德总部大厦的入口雨篷

（英）萨瑟兰·莱尔.结构大师[M].香港日瀚国际文化有限公司，译.天津：天津大学出版社，2004.

［76］图4-13　雷诺汽车展销中心

（英）丹尼斯·夏普.20世纪世界建筑——精彩的视觉建筑史[M].胡正凡，林玉莲，译.北京：中国建筑工业出版社，2003.

［77］图4-14　蓬皮杜艺术中心（a）外观（b）悬臂牛腿

（a）（英）乔纳森·格兰锡.20世纪建筑[M].李洁修，段成功，译.北京：中国青年出版社，2002.

（b）（荷）伯纳德·卢本，等.设计与分析[M].林尹星，译.天津：天津大学出版社，2003.

［78］图4-15　北京2008年奥运会主体育场（a）主体结构示意（b）次级结构示意（c）外观

李兴钢.国家体育场设计[J].建筑学报.2008，（8）：1-17.

［79］图4-16　CCTV总部大楼

张利.重温"陈词滥调"——谈结构正确性及其在当代建筑评论中的意义[J].建筑学报.2004，（6）：24-26.

［80］图4-17　伦敦圣保罗大教堂（a）外观（b）结构示意

（a）（英）尼尔·帕金.世界70大建筑奇迹[M].姜镔，吉生，惠君译.桂林：漓江出版社，2004.

（b）（英）安格斯·J·麦斯唐纳.结构与建筑（第二版）[M].陈治业，童丽萍，译.北京：中国建筑工业出版社，2003.

［81］图4-18　仙台媒体中心

（英）理查德·韦斯顿.材料、形式和建筑[M].范肃宁，陈佳良，译.北京：中国水利电力出版社，北京：知识产权出版社，2005.

［82］图4-19　最初的意向草图，伊东丰雄

（日）伊东丰雄建筑设计事务所.建筑的非线性设计——从仙台到欧洲[M].慕春暖，译.中国建筑工业出版社，2005.

［83］图4-20　无梁楼板与管筒的关系草图，伊东丰雄

（日）伊东丰雄建筑设计事务所.建筑的非线性设计——从仙台到欧洲[M].慕春暖，译.中国建筑工业出版社，2005.

［84］图 4-21　管状柱的平面设计方案草图，佐佐木睦朗

（日）伊东丰雄建筑设计事务所．建筑的非线性设计——从仙台到欧洲 [M]．慕春暖，译．中国建筑工业出版社，2005.

［85］图 4-22　仙台媒体中心空间 - 结构示意

http：//www.google.com.hk/.

［86］图 4-23　管状柱断面明确后，伊东的平面布局草图

（日）伊东丰雄建筑设计事务所．建筑的非线性设计——从仙台到欧洲 [M]．慕春暖，译．中国建筑工业出版社，2005.

［87］图 4-24　迪朗的建筑类型示意

（荷）伯纳德 · 卢本，等．设计与分析 [M]．林尹星，译．天津：天津大学出版社，2003.

［88］图 4-25　史卡戴克的大型结构组件类型研究

（荷）伯纳德 · 卢本，等．设计与分析 [M]．林尹星，译．天津：天津大学出版社，2003.

［89］表 4-1　形态作用结构体系的适用材料与跨度范围

（德）海诺 · 恩格尔．结构体系与建筑造型 [M]．林昌明，罗时玮，译．天津：天津大学出版社，2002.

［90］表 4-2　向量作用结构体系的适用材料与跨度范围

（德）海诺 · 恩格尔．结构体系与建筑造型 [M]．林昌明，罗时玮，译．天津：天津大学出版社，2002.

［91］表 4-3　截面作用结构体系的适用材料与跨度范围

（德）海诺 · 恩格尔．结构体系与建筑造型 [M]．林昌明，罗时玮，译．天津：天津大学出版社，2002.

［92］表 4-4　面作用结构体系的适用材料与跨度范围

（德）海诺 · 恩格尔．结构体系与建筑造型 [M]．林昌明，罗时玮，译．天津：天津大学出版社，2002.

［93］图 5-1　雷里体育馆

梅季魁，刘德明，姚亚雄．大跨建筑结构构思与结构选型 [M]．北京：中国建筑工业出版社，2002.

［94］图 5-2　泰晤士河谷大学学术资源中心

大师足迹．百通集团，中国建筑工业出版社，1998.

［95］图 5-3　东京代代木体育馆

（a）（英）丹尼斯 · 夏普．20 世纪世界建筑——精彩的视觉建筑史 [M]．胡正凡，林玉莲，译．北京：中国建筑工业出版社，2003.

（b）（英）乔纳森 · 格兰锡．20 世纪建筑 [M]．李洁修，段成功，译．北京：中国青年出版社，2002.

[96] 图 5-4 斯伦贝谢研究实验室

（美）伦纳德 R. 贝奇曼 . 整合建筑——建筑学的系统要素 [M]. 梁多林，译 . 北京：机械工业出版社，2005.

[97] 图 5-5 产品大厅和中心能源工厂（a）意向草图（b）外观

（德）英格伯格 · 弗拉格，等 . 托马斯 · 赫尔佐格——建筑 + 技术 [M]. 李保峰，译 . 北京：中国建筑工业出版社，2003.

[98] 图 5-6 吉达航空港

（英）乔纳森 · 格兰锡 . 20 世纪建筑 [M]. 李洁修，段成功，译 . 北京：中国青年出版社，2002.

[99] 图 5-7 德国曼海姆花园展览馆

（英）丹尼斯 · 夏普 . 20 世纪世界建筑——精彩的视觉建筑史 [M]. 胡正凡，林玉莲，译 . 北京：中国建筑工业出版社，2003.

[100] 图 5-8 普赖斯塔楼

项秉仁 . 莱特 [M]. 北京：中国建筑工业出版社，1992.

[101] 图 5-9 皮雷利大厦

（英）乔纳森 · 格兰锡 . 20 世纪建筑 [M]. 李洁修，段成功译 . 北京：中国青年出版社，2002

[102] 图 5-10 德梅尼尔收藏馆

（英）乔纳森 · 格兰锡 . 20 世纪建筑 [M]. 李洁修，段成功，译 . 北京：中国青年出版社，2002.

[103] 图 5-11 阿尔卑斯温室

阿尔卑斯屋，科尤皇家植物园，里查蒙德，英国 [J]. 世界建筑，2006，（4）：34-37.

[104] 图 5-12 2000 年汉诺威世博会德国馆

（德）英格伯格 · 弗拉格等 . 托马斯 · 赫尔佐格——建筑 + 技术 [M]. 李保峰译 . 北京：中国建筑工业出版社，2003.

[105] 图 5-13 结构形成的服务与被服务空间，萨尔克生物研究所

Thomas Leslie.Louis I.Kahn：building art，building science.George Braziller，Inc.，2005：156-157.

[106] 图 5-14 塞恩斯伯里视觉艺术中心（a）外观（b）剖面

（a）（英）乔纳森 · 格兰锡 . 20 世纪建筑 [M]. 李洁修，段成功，译 . 北京：中国青年出版社，2002.

（b）（美）伦纳德 R. 贝奇曼 . 整合建筑——建筑学的系统要素 [M]. 梁多林译 . 北京：机械工业出版社，2005.

[107] 图 5-15 柏林爱乐乐团音乐厅（a）外观（b）剖面

（英）丹尼斯 · 夏普 . 20 世纪世界建筑——精彩的视觉建筑史 [M]. 胡正凡，林玉莲，译 . 北京：中国建筑工业出版社，2003.

[108] 图 5-16 香港政府大球场

http：//zh.wikipedia.org/

［109］图 5-17　伊甸园工程（a）整体布局（b）气枕局部

（英）萨瑟兰·莱尔.结构大师 [M].香港日瀚国际文化有限公司，译.天津：天津大学出版社，2004.

［110］图 5-18　威尔士国家植物园大型温室（a）外部（b）内部

（英）萨瑟兰·莱尔.结构大师 [M].香港日瀚国际文化有限公司，译.天津：天津大学出版社，2004.

［111］图 5-19　威廉·赫顿——扬格地球动力中心

（英）萨瑟兰·莱尔.结构大师 [M].香港日瀚国际文化有限公司.译.天津：天津大学出版社，2004.

［112］图 5-20　广州新体育馆

郭明卓.建筑与环境——广州新体育馆设计的启示 [J].建筑学报，2002，（3）：49-53.

［113］图 5-21　特拉弗西桥（a）外观（b）立面

（英）萨瑟兰·莱尔.结构大师 [M].香港日瀚国际文化有限公司，译.天津：天津大学出版社，2004.

［114］图 5-22　京都美秀美术馆

Miho Museum[J].新建築，1996，（9）：107-116.

［115］图 5-23　直岛当代美术馆

直岛当代美术馆及加建工程，香川县，日本 [J].世界建筑，2003，（6）：82-85.

［116］图 5-24　巴塞罗那电信塔

（英）乔纳森·格兰锡.20 世纪建筑 [M].李洁修，段成功，译.北京：中国青年出版社，2002.

［117］图 5-25　柏林股票交易所及商会（a）外观（b）柱子看似支撑着楼板，实为楼板吊挂在拱顶上（c）结构示意

（英）萨瑟兰·莱尔.结构大师 [M].香港日瀚国际文化有限公司，译.天津：天津大学出版社，2004.

［118］图 5-26　梅塞德斯·奔驰汽车设计中心

（英）萨瑟兰·莱尔.结构大师 [M].香港日瀚国际文化有限公司译.天津：天津大学出版社，2004.

［119］图 5-27　东京会议中心（a）整体布局（b）内部

Vinoly Takes Tokyo Forum.PA.1990，（1）：27-38.

［120］图 5-28　伦敦劳埃德大厦

（a）/（b）.（英）乔纳森·格兰锡.20 世纪建筑 [M].李洁修，段成功，译.北京:中国青年出版社，2002.

（c）（美）伦纳德 R.贝奇曼.整合建筑——建筑学的系统要素 [M].梁多林译.北京：机械工业

出版社，2005.

［121］图 5-29　里昂歌剧院

简讯 [J]. 世界建筑 .2001,（8）: 13.

［122］图 5-30　卡里艺术中心（a）外观（b）总平面、剖面

（英）丹尼斯 · 夏普 .20 世纪世界建筑——精彩的视觉建筑史 [M]. 胡正凡，林玉莲，译 . 北京：
中国建筑工业出版社，2003.

［123］图 5-31　德国国会大厦

（英）乔纳森 · 格兰锡 .20 世纪建筑 [M]. 李洁修，段成功，译 . 北京：中国青年出版社，2002.

［124］图 5-32　杨经文自宅

（英）丹尼斯 · 夏普 .20 世纪世界建筑——精彩的视觉建筑史 [M]. 胡正凡，林玉莲 . 译 . 北京：
中国建筑工业出版社，2003.

［125］图 5-33　林茨设计中心

（美）伦纳德 R. 贝奇曼 . 整合建筑——建筑学的系统要素 [M]. 梁多林 . 译 . 北京: 机械工业出版社，
2005.

［126］图 5-34　德国贸易博览会有限公司管理楼（a）外观（b）双层玻璃幕墙

（德）英格伯格 · 弗拉格等 . 托马斯 · 赫尔佐格——建筑 + 技术 [M]. 李保峰 . 译 . 北京：中国建
筑工业出版社，2003.

［127］图 5-35　法兰克福商业银行（a）外观（b）平面

法兰克福商业银行总部大厦，德国 [J]. 世界建筑，1997,（2）: 36–38.

［128］图 5-36　伦敦瑞士再保险公司（a）外观（b）结构示意

（英）萨瑟兰 · 莱尔 . 结构大师 [M]. 香港日瀚国际文化有限公司，译 . 天津：天津大学出版社，
2004.

［129］图 5-37　新加坡展览塔楼

新加坡展览塔楼，新加坡 [J]. 世界建筑，2001,（4）: 56–57.

［130］图 5-38　"绿鸟"大厦

简 · 凯普里奇等 ."未来系统"的最新计划 [J]. 世界建筑，2001,（4）: 27–30

［131］图 5-39　奇芭欧文化中心

单军 . 记忆与忘却之间——奇芭欧文化中心前的随想 [J]. 世界建筑 .2000,（09）: 74.

［132］图 5-40　教士朝圣教堂（a）外观（b）内部

教士朝圣教堂，圣吉尔万尼洛特多，意大利 [J]. 世界建筑，2005,（12）: 26–31.

［133］图 5-41　1992 年塞维利亚世博会日本馆

王建国，张彤 . 安藤忠雄 [M]. 中国建筑工业出版社，1999.

［134］图 5-42　小筱邸（a）外观（b）内部

王建国，张彤 . 安藤忠雄 [M]. 中国建筑工业出版社，1999.

［135］图 5-43　2000 年汉诺威博世博会计的日本馆——"超级纸屋"（a）外观（b）内部

超级纸屋——日本馆 [J]. 世界建筑 .2000，（11）：26-28.

［136］图 5-44　满洲里国门方案（a）原型演变示意（b）平面（c）鸟瞰

卫大可，郭春燕 . 一种理性的形式"转换"方法探究——兼谈满洲里国门建筑方案构思 [J]. 哈尔滨

工业大学学报，2008，（增刊）：289-292

［137］图 5-45　迦蒂羊毛厂楼板

（美）肯尼思 · 弗兰姆普敦 . 建构文化研究 [M]. 王俊阳，译 . 北京：中国建筑工业出版社，2007.

［138］图 5-46　圣地亚哥 · 卡拉特拉瓦建筑中的肋架结构

Richar C. Levene，Fernando Marquez Cecilia. 圣地亚哥 · 卡拉特拉瓦 1983-1993[M]. 邓思玲，刘航，

译 . 香港：圣文书局股份有限公司，1996.

［139］图 5-47　哈尔滨工业大学研制的预应力混凝土空腹板楼盖

卫纪德，卫大可 . 预应力混凝土空腹板楼盖的研究与实践 [J]. 工业建筑，2007，（04）：91-95.

［140］图 5-48　斯图加特机场候机楼的树形结构

Passenger Terminal，Stuttgart Airport[J].Architectural Design.1993，（7-8）：64-67.

［141］图 5-49　斯坦斯特德机场候机楼的 V 形柱

窦以德，等 . 诺曼 · 福斯特 [M]. 北京：中国建筑工业出版社，1997

［142］图 5-50　联合车厢制造公司列车修理厂

（英）乔纳森 · 格兰锡 .20 世纪建筑 [M]. 李洁修，段成功，译 . 北京：中国青年出版社，2002.

［143］图 5-51　蒙特利尔世博会美国馆

（英）丹尼斯 · 夏普 .20 世纪世界建筑——精彩的视觉建筑史 [M]. 胡正凡，林玉莲 . 译 . 北京：

中国建筑工业出版社，2003.

［144］图 5-52　郑州大学体育馆

卫大可，刘德明，郭春燕 . 材料的意志与建筑的本质 [J]. 建筑学报，2006，（5）：55-57.

［145］图 5-53　蒙特利尔世博会西德馆

（英）丹尼斯 · 夏普 .20 世纪世界建筑——精彩的视觉建筑史 [M]. 胡正凡，林玉莲 . 译 . 北京：

中国建筑工业出版社，2003.

［146］图 5-54　"母亲圣殿"

（英）丹尼斯 · 夏普 .20 世纪世界建筑——精彩的视觉建筑史 [M]. 胡正凡，林玉莲 . 译 . 北京：

中国建筑工业出版社，2003.

［147］图 5-55　里昂塞特拉斯火车站

索健 . 当代大空间建筑形态设计理念及建构手法简析 [J]. 建筑师 .2005，（6）：44-50.

［148］图 5-56　斯图加特火车

索健. 当代大空间建筑形态设计理念及建构手法简析 [J]. 建筑师.2005，（6）：44-50.

［149］ 图 5-57 "诺亚方舟"方案

简 · 凯普里奇等. "未来系统"的最新计划 [J]. 世界建筑，2001，（4）：27-30

［150］ 图 5-58 天空穹顶

刘锡良. 现代空间结构 [M]. 大津：天津大学出版社，2003.

［151］ 图 5-59 福冈穹顶

刘锡良. 现代空间结构 [M]. 天津：天津大学出版社，2003.

［152］ 图 5-60 堡尚茨利餐厅

Richard C. Levene，Fernando Marquez Cecilia. 圣地亚哥 · 卡拉特拉瓦 1983-1993[M]. 邓思玲，刘航，译. 香港：圣文书局股份有限公司，1996.

［153］ 图 5-61 混凝土纪念亭

Richard C. Levene，Fernando Marquez Cecilia. 圣地亚哥 · 卡拉特拉瓦 1983-1993[M]. 邓思玲，刘航，译. 香港：圣文书局股份有限公司，1996.

［154］ 图 5-62 塞维利亚博览会科威特馆屋顶开启过程

Richard C. Levene，Fernando Marquez Cecilia. 圣地亚哥 · 卡拉特拉瓦 1983-1993[M]. 邓思玲，刘航译. 香港：圣文书局股份有限公司，1996.

［155］ 图 5-63 米勒沃克艺术博物馆

Richard C. Levene，Fernando Marquez Cecilia. 圣地亚哥 · 卡拉特拉瓦 1983-1993[M]. 邓思玲，刘航，译. 香港：圣文书局股份有限公司，1996.

［156］ 图 5-64 潘达穹顶体系 （a）升顶原理 （b）日本浪花穹顶升顶过程

董宇. 大跨建筑结构形态轻型化及表现研究 [D]. 哈尔滨：哈尔滨工业大学建筑学院，2011.

［157］ 图 5-65 韩国体操馆整体张拉结构屋顶 （a）内部效果 （b）屋顶结构布置 （c）屋顶施工顺序

刘锡良. 现代空间结构 [M]. 天津：天津大学出版社，2003.

［158］ 图 5-66 "新陈代谢"建筑 （a）山梨文化会馆 （b）1970 年世界博览会 TB 实验住宅 （c）中银舱体楼

（a）/（c）（英）乔纳森 · 格兰锡. 20 世纪建筑 [M]. 李洁修，段成功，译. 北京：中国青年出版社，2002.

（b）黑川纪章与"新陈代谢"论 [J]. 世界建筑，1984，（6）：115.

［159］ 图 5-67 卡洛斯 · 莫斯利音乐棚的展开过程

（英）萨瑟兰 · 莱尔. 结构大师 [M]. 香港日瀚国际文化有限公司译. 天津：天津大学出版社，2004.

［160］ 图 6-1 滑铁卢国际铁路终端的屋顶结构

卫大可，刘德明，郭春燕. 材料的意志与建筑的本质 [J]. 建筑学报，2006，（5）：55-57.

［161］ 图 6-2 汉诺威世博会 13 号展厅结构

卫大可.建筑形态发展与建构的结构逻辑 [D].哈尔滨：哈尔滨工业大学建筑学院，2009.

［162］ 图 6-3 雷诺汽车展销中心的悬挂式结构

（英）萨瑟兰·莱尔.结构大师 [M].香港日瀚国际文化有限公司译.天津：天津大学出版社，

2004.

［163］ 图 6-4 卡沃·窝连中学（a）大厅教室屋面结构（b）门厅的木拱结构

Richard C. Levene，Fernando Marquez Cecilia.圣地亚哥·卡拉特拉瓦 1983–1993[M].邓思玲，刘航，

译.香港：圣文书局股份有限公司，1996.

［164］ 图 6-5 斯基罗斯礼拜堂

（英）内奥米·斯汤戈.新型木建筑 [M].杨海燕，程艳琴，译.北京：中国轻工业出版社，2002.

［165］ 图 6-6 汉诺威世博会木结构大屋顶

（德）英格伯格·弗拉格.等.托马斯·赫尔佐格——建筑 + 技术 [M].李保峰.译.北京：中国

建筑工业出版社，2003.

［166］ 图 6-7 阿尔克伊市公共大厅

Richard C. Levene，Fernando Marquez Cecilia.圣地亚哥·卡拉特拉瓦 1983–1993[M].邓思玲，刘

航.译.香港：圣文书局股份有限公司，1996.

［167］ 图 6-8 里昂塞特拉斯火车站的长廊

Richard C. Levene，Fernando Marquez Cecilia.圣地亚哥·卡拉特拉瓦 1983–1993[M].邓思玲，刘航，

译.香港：圣文书局股份有限公司，1996.

［168］ 图 6-9 湖滨公寓和西格拉姆大厦幕墙构造

（美）肯尼思·弗兰姆普敦.建构文化研究——论 19 世纪和 20 世纪建筑中的建造诗学 [M].王俊阳，

译.北京：中国建筑工业出版社，2007.

［169］ 图 6-10 美国明尼苏达州联邦储备银行

布正伟.结构构思论——现代建筑创作结构运用的思路与技巧 [M].北京：机械工业出版社，2006.

［170］ 图 6-11 斯特拉特福德地铁站（a）外观（b）建构示意

吴爱民.金属结构建筑形态表现研究 [D].哈尔滨：哈尔滨工业大学建筑学院，2002.

［171］ 图 6-12 歌德派第二活动中心

（英）丹尼斯·夏普.20 世纪世界建筑——精彩的视觉建筑史 [M].胡正凡，林玉莲译.北京：中

国建筑工业出版社，2003.

［172］ 图 6-13 费诺科技中心

沃尔夫斯堡费诺科学中心，沃尔夫斯堡，德国 [J].世界建筑，2006，（4）：68.

［173］ 图 6-14 梅赛德斯 - 奔驰博物馆

梅塞德斯 - 奔驰博物馆，斯图加特，德国 [J].世界建筑，2007，（9）：91.

［174］图 6-15　印度艾哈迈达巴德经济管理学院

李大夏 . 路易 · 康 [M]. 北京：中国建筑工业出版社，1993.

［175］图 6-16　埃克塞特图书馆的砖砌外墙

（英）理查德 · 韦斯顿 . 材料、形式和建筑 [M]. 范肃宁，陈佳良，译 . 北京：中国水利电力出版社，
北京：知识产权出版社，2005.

［176］图 6-17　1992 年塞维利亚世界博览会"未来馆"

朱晓东 . 彼得 · 莱斯——天才的结构工程师 [J]. 世界建筑，2000，（11）：58-63.

［177］图 6-18　南岳山光明寺

李清志 . 安藤忠雄的建筑迷宫 [M]. 北京：中国人民大学出版社，2008.

［178］图 6-19　威利斯 · 费伯和杜马斯大厦幕墙（a）构造链接（b）补丁式节点

刘锡良 . 现代空间结构 [M]. 天津：天津大学出版社，2003.

［179］图 6-20　巴黎拉 · 维莱特科学城幕墙

刘锡良 . 现代空间结构 [M]. 天津：天津大学出版社，2003.

［180］图 6-21　马克西姆博物馆的玻璃屋顶

奥格斯堡市马克西姆博物馆的玻璃屋顶，德国 [J]. 世界建筑，2002，（01）：44-47.

［181］图 6-22　英国玻璃博物馆

刘锡良 . 现代空间结构 [M]. 天津：天津大学出版社，2003.

［182］图 6-23　鹿特丹伊哲萨斯商学院

（英）理查德 · 韦斯顿 . 材料、形式和建筑 [M]. 范肃宁，陈佳良，译 . 北京：中国水利电力出版社，
北京：知识产权出版社，2005.

［183］图 6-24　充气式膜结构建筑（a）1970 年大阪世博会日本馆（b）日本东京穹顶

刘锡良 . 现代空间结构 [M]. 天津：天津大学出版社，2003.

［184］图 6-25　张拉式膜结构建筑（a）皇家板球场芒德看台（b）圣地亚哥会议中心

（a）（英）乔纳森 · 格兰锡 . 20 世纪建筑 [M]. 李洁修，段成功，译 . 北京：中国青年出版社，
2002.

（b）刘锡良 . 现代空间结构 [M]. 天津：天津大学出版社，2003.

［185］图 6-26　骨架式膜结构建筑（a）日本出云穹顶（b）曼谷国际机场

（a）（英）内奥米 · 斯汤戈 . 新型木建筑 [M]. 杨海燕，程艳琴，译 . 北京：中国轻工业出版社，
2002.

（b）卫大可 . 建筑形态发展与建构的结构逻辑 [D]. 哈尔滨：哈尔滨工业大学建筑学院，2009.

［186］图 6-27　德累斯顿犹太教堂

德累斯顿犹太教教堂，德国 [J]. 世界建筑，2005，（12）：40-47.

［187］图 6-28　那帕山谷葡萄酒厂

（英）理查德·韦斯顿.材料、形式和建筑 [M].范肃宁，陈佳良，译.北京：中国水利电力出版社，北京：知识产权出版社，2005.

［188］图 6-29　2000 年汉诺威世博会瑞士馆

2000 汉诺威博览会瑞士馆共鸣箱 [J].德国.世界建筑，2005，（1）：80-89.

［189］图 6-30　英国 4 频道电视台总部

大师足迹.百通集团，中国建筑工业出版社，1998.

［190］图 6-31　销栓式节点

吴爱民.金属结构建筑形态表现研究 [D].哈尔滨：哈尔滨工业大学建筑学院，2002.

［191］图 6-32　砖砌墙体表面（a）阿尔托的建筑（b）维多利亚风格建筑

（英）理查德·韦斯顿.材料、形式和建筑 [M].范肃宁，陈佳良，译.北京：中国水利电力出版社，北京：知识产权出版社，2005.

［192］图 6-33　蒙特利尔"安居"住宅群

高冬梅.技术与艺术的和谐表达——建筑中的混凝土 [J].新建筑，2006，（1）：58-63.

［193］图 6-34　萨尔克生物研究所的混凝土墙

（英）理查德·韦斯顿.材料、形式和建筑 [M].范肃宁，陈佳良，译.北京：中国水利电力出版社，北京：知识产权出版社，2005.

［194］图 6-35　孟加拉达卡议会中心的混凝土墙

（英）理查德·韦斯顿.材料、形式和建筑 [M].范肃宁，陈佳良，译.北京：中国水利电力出版社，北京：知识产权出版社，2005.

［195］图 6-36　哈姆斯泰德水展馆的数字化设计与建造（a）计算机模型（b）外观形体

（英）萨瑟兰·莱尔.结构大师 [M].香港日瀚国际文化有限公司译.天津：天津大学出版社，2004.

［196］图 6-37　毕尔巴鄂古根海姆博物馆的数字化设计与建造（a）计算机模型（b）基本结构

（英）萨瑟兰·莱尔.结构大师 [M].香港日瀚国际文化有限公司，译.天津：天津大学出版社，2004.

［197］图 7-1　结构建构方法模式

文中未标明来源的图片均为作者自制

后 记

在新的历史时期，思考和探索未来建筑发展的道路，已成为建筑理论界和每一位有责任感的建筑师普遍关注的问题。对建筑形态的结构逻辑进行研究正是试图为这种思考与探索架设一个平台，为进一步的建筑创作提供有价值的参考。

在建筑创作中尊重结构逻辑、提倡结构理性是本书的核心观点，也是本书几位作者在多年教学和科研中共同的心得与体会。本书的内容最初源于笔者的博士论文《建筑形态发展与建构的结构逻辑》，考虑到撰写学位论文与著书的差异，本书在论文的基础上对章节篇幅进行了调整，把全书内容分为发展辨析篇和建构创作篇两部分，强化了从结构逻辑的角度对建筑历史发展的梳理，力求能在认识论和方法论两个层面同时展现结构逻辑与建筑形态的内在关联，并对相关文献综述内容和实例做了进一步充实。

本书作为对建筑学基本问题——"形式从何而来"——进行深层次思考的一种尝试，希望能够起到抛砖引玉的作用，引发学界在此方面更多关注和更有价值的探索。同时，我们也深知，由于我们在知识结构、学术水平等方面尚存在着许多不足，书中还会有许多不够全面、不够成熟的观点，因此，热切希望得到学者、同仁的批评指正。

卫大可

2012 年 10 月 26 日